# 高速光纤通信中的信道编码识别与分析

郭晓俊　黄芝平　李龙卿
周　靖　左　震　巴俊皓　著



国防工业出版社
·北京·

## 内 容 简 介

高速光纤通信智能接入技术是指在未知通信发送方及通信协议的情况下，对光传送网中的数据流进行接收和处理，从中识别通信数据所使用的协议，从而实现正确对接。对高速光纤通信信号进行接入是构建模块化、通用化、可重构的软件定义光网络的重要内容，同时也是对现有光传送网进行有效监测的必要手段。智能接入以信号处理、电子信息学、信息论等为理论基础，具有很大的特殊性。例如，信号捕获技术、信号逆向求解分析技术、系统参数的盲识别技术、信号容错处理技术和非标准容器的结构解析技术等，都是区别于常规高速光纤通信的技术领域，具有较高技术难度。基于高速光纤通信系统的骨干光网络是全球互联网的基石，研究面向高速光纤通信系统的智能接入技术可以完善光纤通信理论体系，提高我国互联网监测的信息化、智能化水平。

本书可供光纤通信、光传送网、信息论、编码理论等领域的科学工作者、工程技术人员和高校教师参考，也可作为高校高年级本科生和研究生的教材。

**图书在版编目(CIP)数据**

高速光纤通信中的信道编码识别与分析/郭晓俊等著. —北京:国防工业出版社,2024. 10. —ISBN 978-7-118-13467-4

Ⅰ. TN929. 11

中国国家版本馆 CIP 数据核字第 2024GG3441 号

※

国防工業出版社 出版发行

(北京市海淀区紫竹院南路 23 号　邮政编码 100048)

北京凌奇印刷有限责任公司印刷

新华书店经售

*

**开本** 710 × 1000　1/16　**印张** 15¼　**字数** 288 千字

2024 年 10 月第 1 版第 1 次印刷　**印数** 1—1600 册　**定价** 129. 00 元



国防书店:(010)88540777　书店传真:(010)88540776

发行业务:(010)88540717　发行传真:(010)88540762

# 前　言

当前,光纤通信的应用已遍及长途干线、海底通信、局域网、有线电视等领域。其发展速度之快、应用范围之广、规模之大、涉及学科之多(光、电、化学、物理、材料等),是以前任何一项新技术都不能比的。即使是卫星通信、移动通信,其地面部分的传输也不是无线的,依然得益于光传输技术。

高速光纤通信作为国家和地区间进行有线通信最主要的方式,由于超高速、大带宽、长距离的优势,从它投入运营那一刻起,就立即成为联通各国局域网的主要方式,因此也成为各国进行信息侦测和情报获取的理想对象。高速光纤通信系统中传输的海量信息可能涉及许多国家的政治、经济、文化甚至军事等内容。当前,国内外敌对势力利用信息网络进行的非法活动日益猖獗,各类泄密事件频繁发生,对我国的信息安全构成很大威胁。

信道编码是超高速光纤通信系统中非常重要的环节。为提高信息传输过程的容错性能,通信系统通常需要采用信道编码技术,使接收端能够纠正传输过程中发生的错误,以改善通信质量。信道编码技术包括伪随机扰乱、纠错编码、交织编码、级联编码等。对于高速光纤通信系统中的非合作接入方来说,接收的信息如果含有比较多的传输错误,会为上层的信息判读带来很大的困难,甚至无法还原原始信息。此外,在非合作通信的背景下,对方采用的信道编码方式通常是无法直接获取的,必须依靠技术手段进行破译。同时,研究信道编码的安全漏洞,有助于设计更加安全可靠、破译难度更大的纠错编码结构,以提高自身网络通信的安全性。最后,相关研究成果也可应用于智能通信领域。

本书共7章,可分为五部分,具体内容如下。

第一部分(第1章)首先总结了目前国内外智能接入技术中的信道译码技术以及其他关键技术的研究现状,介绍了本书的主要研究内容及组织结构;然后介绍了当前高速光纤通信中所采用的关键传输技术,在此基础上分析了高速光纤通信信号接收的技术特点和需求;最后给出了高速光纤通信信号智能接收的研究思路,并对其涉及的主要技术问题进行了简要的探讨。

第二部分(第2、3章)首先介绍了高速光纤通信中的帧定位参数识别分析,包括面向同步字的帧定位信息识别分析、无同步字的帧定位信息识别分析,以及高速光纤通信帧定位信息盲检测;然后介绍了高速光纤通信自同步扰码多项式盲检测技术研究,分别提出了信源不平衡条件下的自同步扰码多项式的阶数估计算法，以及一种空载条件下的自同步扰码多项式检测方法。

第三部分（第4、5章）首先将二进制循环码推广到多进制循环码的重要子类——Reed－Solomon码，再进一步推广到包括LDPC码在内的一般线性分组码的情况，并给出在无先验信息的情况下判别编码类型的方法；在对各类编码提出新的、更高性能的参数识别分析算法的同时，给出基于软判决的编码参数识别分析算法及仿真验证。然后针对二进制卷积码的结构与参数识别问题，在对其他学者提出的识别分析算法进行了必要的补充和完善后，提出了其在软判决条件下的推广。最后，提出了一种新的相关攻击法，仿真结果验证了该方法对卷积码编码参数识别分析性能的显著提升。

第四部分（第6章）主要介绍了高速光纤通信中非标准同步数字体系（SDH）信号复用映射结构解析。首先简要介绍了SDH复用映射原理及标准SDH复用映射结构解析方法；然后提出了一种非标准SDH信号复用映射结构解析算法，详细探讨了算法的两个关键问题：SDH负载类型特征提取和自同步扰码生成多项式盲识别算法的实现；最后以接收的实际SDH数据为测试对象，验证了非标准SDH信号复用映射结构解析算法的正确性。

第五部分（第7章）针对实际工程应用中，各种信道编码技术往往不是孤立的，而是综合利用了各种编码手段以实现差错控制的问题，给出了一种综合运用信道编码总体识别分析策略，以及信道编码识别分析方法在信息对抗、攻防两个方面的应用。

本书在编写过程中参考了大量的国内外文献和相关研究成果（列举在参考文献中），在此我们对这些学者和研究人员表达真诚的感谢。本书的出版得到国家自然科学基金（青年科学基金项目：基于自由空间光时频传输的无人机集群分布式时钟同步研究，项目编号：62201598）和国防科学技术大学智能科学学院一流课程体系建设项目的大力支持，在此表示诚挚的谢意！另外，本书的出版还得到国防工业出版社辛俊颖编辑的大力支持，在此表达衷心的感谢！

高速光纤通信中的信道编码识别与分析技术在不断地深入发展，许多研究工作还需要不断地创新进取与日臻完善。尽管我们在编写过程中做了很多努力，但由于水平有限，本书难免存在不足和纰漏，敬请广大读者和专家批评指正。

作　者

2023年5月

于国防科学技术大学

# 目　录

# 第1章　绪　论

“知己知彼，百战不殆”，早在2500年前的春秋时期，孙武就已深刻地揭示了情报与战争之间的密切关系。人类历史发展到当代，情报的搜集范围不再局限于军事领域，还覆盖了包括政治、经济、外交、科技、地理等在内的一系列具有战略价值的领域。美国时任总统卡特曾经这样评价情报的作用：“精确而有用的情报就如同氧气对于我们的健康和幸福那样必要，我国国内生产总值的一半以上都与情报活动有关，情报经常提供必要的活力，为我们点燃创造发明的火焰，帮助我们决策世界上日益复杂的各种问题。”[1] 为了维护国家安全、社会稳定和公众利益，决策者需要准确地掌握当前的国内外形势和及时地发现不利于社会发展的阴谋破坏活动，这些都离不开充分的情报支持和对情报的准确分析，而智能接入技术可以有效地与非合作通信方建立通信，从而有力地支持从目标通信系统中提取情报。

情报获取的能力与电子技术和通信技术的发展密切相关。一方面，随着电子技术的广泛应用，无论是情报获取的覆盖范围还是精度都获得了空前的提高[2-4]；另一方面，通信技术的进步又迫使智能接入技术进行相应的更新或补充，以完成在新的通信体制下的情报搜集任务。在过去30余年中，光纤通信所特有的低损耗和大容量的优势充分显示了其强大的竞争力，逐渐成为当前电信网的主要传输手段。相关资料统计，当今世界信息量的80%以上都是通过光纤通信网络进行传输的[5]，因此如何完成对该网络的智能接入成为一个重要的研究方向。

按照全球信息基础设施(GII)对信息网络层次的描述，信息网络在逻辑上可分为应用层、业务层和传送层，其中传送层包括具体的物理媒质和利用物理媒质进行通信的节点设备。如果按照这个角度划分，光纤传输网则位于分层结构中的传送层，它面向建立于其上的所有通信业务，而又相对独立于各种业务，是一个公用的信息传输平台，承载着大量的包括语音、数据、图像、视频等在内的众多信号类型。信息网络的分层结构如图1.1所示[6]。

在全球信息化浪潮的冲击下，无论是通信业务的种类还是传输信道的容量都获得了巨大发展。一方面，随着互联网业务量的指数级增长，以国际互联网协议(IP)业务为代表的数据业务逐渐改变电信网的业务结构，世界主要通信网络的数据业务量超过传统的电话业务量；另一方面，随着网络用户的迅猛增加、宽带接入技术的广泛应用以及新型宽带通信业务的出现，核心骨干传输网的带宽不断升级。

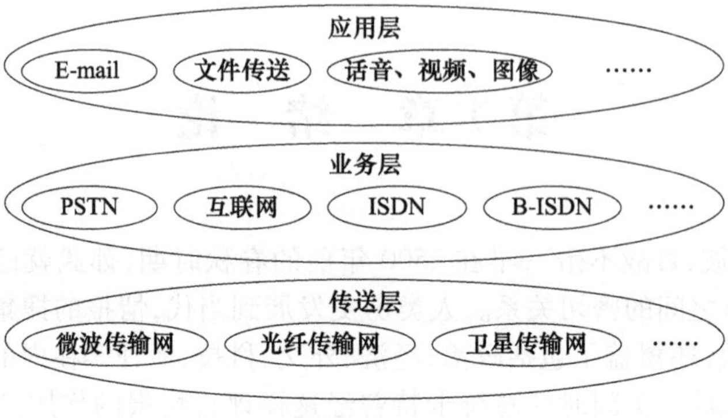


图 1.1　信息网络的分层结构

大量的数据如果不能适当地加以监控,势必会造成国家安全的巨大盲区。本书从维护国家安全、打击犯罪和社会舆情监控的迫切需求出发,研究高速光纤通信系统的智能接入中所需要解决的一系列关键问题,主要包括帧定位参数识别分析、扰码参数识别分析、交织、编码结构与参数识别分析、纠错编码参数识别分析,以及非标准 SDH 信号结构解析等。

# 1.1　高速光纤通信技术与信道编码技术的概念

## 1.1.1　高速光纤通信技术

光纤通信是指将要传送的电报、电话、图像和数据等信号调制到光载波上,并以光导纤维(光纤)为传输媒介的通信方式。与以往的电气通信相比,光纤通信具有很多优点:高速率、大容量、抗干扰、保密性强、高质量、寿命长,可在特殊环境使用等。光纤通信的诞生和发展给世界通信技术带来了划时代的变革,也对人类社会的进步和发展产生了深远的影响。

1966 年 7 月,英籍华裔高锟博士在 PIEE 杂志上发表了一篇非常著名的文章“用于光频的光纤表面波导”,首次在理论上预见了玻璃纤维可以作为传输介质实现光纤通信。1970 年,美国康宁公司率先制造出了世界上第一根损耗系数低于 20dB/km 的光维。在光传输媒介获得突破性进展的同时,美国贝尔实验室也于 1970 年研制出了世界上第一个能够在室温下连续工作的砷化镓半导体激光器,从而为光纤通信找到了合适的光源器件。

低损耗光纤和光源器件的诞生和完善,很快在世界范围内掀起了发展光纤通信的高潮[7-8]。1976 年,美国在亚特兰大开通了世界上第一个实用化光纤通信系统,传输速率为 45Mb/s,中继距离为 10km。1981 年,日本 F－100 光纤通信系统开始商用,传输速率达到 100Mb/s。1985 年,多模光纤通信系统(传输速率为 140Mb/s)商用化,单模光纤通信系统开始进入现场试验阶段。1990 年,单模光纤通信系统进入商用化阶段(阶段 565Mb/s),零色散位移光纤和波分复用(wavelength division multiplexing,WDM)及相干光通信的现场试验逐步展开。1993 年,同步数字体系(synchronous digital hierarchy,SDH)产品开始商用化(阶段 622Mb/s 以下)。1995 年以后,密集波分复用(sense wavelength division multiplexing,DWDM)以其容量大、成本低、透明传输和网络简化等优点,迅速占领市场。

在当今信息网络中,光纤通信网是完成大容量、远距离、高可靠信息传递的基础平台,承载着超过 80% 的信息传递任务[9]。目前,全球在建的商用光纤通信系统基本上都是波分复用系统,同时原有的光纤通信系统也都陆续被改造成 WDM 系统。目前,WDM 系统在我国骨干网和省二级骨干传送网上得到了广泛的应用,基于 2.5Gb/s 和 10Gb/s 的 DWDM 系统已经成为基本的传送平台,基于 10Gb/s 单波速率的 400Gb/s 或 800Gb/s 系统在我国干线建设中已经大量商用。

随着网络化时代的到来,全球信息量急剧增加,特别是 IP 数据业务的爆炸式增长,对光纤通信技术提出了新的更高的要求。概括起来,光纤通信技术将会朝着以下几个方向深入发展:

(1)传输容量不断增加。目前,实用化的单通道传输速率已发展到 100Gb/s 以上,技术日益成熟[10-11]。WDM 相邻频率间隔已由 200GHz 减小到 50GHz 乃至 25GHz,使单根光纤中可传输的波长数不断增加。

(2)超长距离传输。通过提高全光传输的距离、减少电再生点的数量,可降低建网的初始成本和运营成本。目前,实用化的全光传输距离已由 40km 增加到 160km。掺铒光纤放大器(erbium－doped fiber amplifier,EDFA)的出现,为进一步延长无电中继传输距离创造了条件[12-13]。采用分布式拉曼光纤放大器、前向纠错技术(forward error correction,FEC)、色散管理技术,光均衡技术以及高效的光调制格式等,光纤信号的总传输距离可从目前的 600km 增加到 2000km 以上[14-15]。

(3)光传输与交换技术融合的全光通信网络。实用化的点到点通信的 WDM 系统具有巨大的传输容量,但其灵活性和可靠性不够理想。近年来,新技术和新型器件的发展使全光通信网络逐渐成为现实。采用光分插复用器(optical add－drop multiplexer,OADM)和光交叉连接(optical cross connector,OXC)设备可实现光联网[16-17],引入智能化分布式控制平面技术可发展自动交换光网络(automatic switched optical network,ASON)。预计在未来 10 年内,采用数字交叉连接(digital cross connection,DXC)设备的网络将逐步采用 OXC 设备组建光传输网。

(4)多业务承载。随着对光通信的需求由骨干网向城域网转移,光纤传输逐渐靠近业务节点。数据业务的用户希望光通信既能提供传输功能,又能提供多种业务接入功能[18]。

目前已广泛使用的基于 SDH 的多业务传输平台(multi - service transport platform,MSTP),可实现 IP、时分复用(time - division multiplexing,TDM)、异步传输模式(asynchronous transfer mode,ATM)、(以太网)Ethernet 及弹性分组环(resilient packet ring,RPR)等业务的接入处理和传输。图 1.2 给出了当今城域网中广泛采用的狭义 MSTP 协议栈模型[19]。

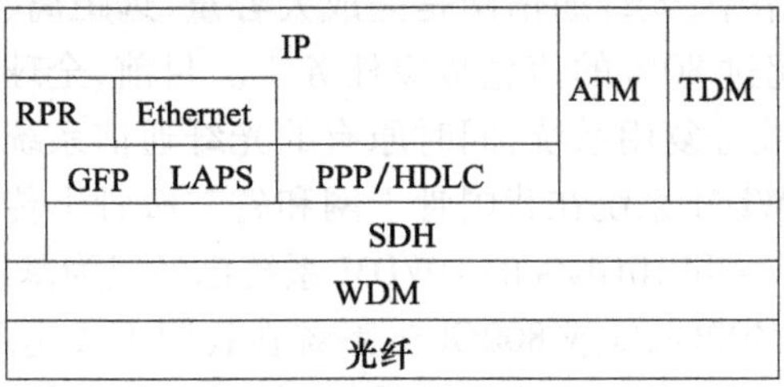


图 1.2 狭义 MSTP 协议栈模型

(5)光接入网络。接入网是信息高速公路的“最后一公里”。然而,现有的接入网仍然是以双绞铜线为主的模拟系统,已成为全网进一步发展的瓶颈。双绞线上的数字用户线路技术(digital subscriber line,xDSL)系统、同轴电缆上的混合光纤同轴电缆(hybrid fiber - coaxial,HFC)系统及宽带无线接入系统只是一些过渡性方案,唯一能够从根本上彻底解决这一瓶颈问题的技术手段是光纤接入网[20-21]。把光纤引入千家万户,将使亿万用户的多媒体信息畅通无阻地进入信息高速公路。

### 1.1.2 信道编码技术

数字信号在通信信道上传输的过程中,由于受到各种加性噪声、码间串扰、信道衰落、色散等干扰的影响,会在接收端失真,从而使接收端接收的信号发生错误。特别是像海底光缆通信、卫星通信、深空通信这种长距离的通信系统,恶劣电磁环境下的短距离无线电通信系统,以及噪声干扰下的水声通信等,传输信息发生错误的概率很大,容错能力是必须解决的关键问题。信道编码为纠正信号在传输过程中发生的错误提供了很好的解决方案。因此,典型的现代数字通信系统通常采用如图 1.3 所示的模型。在发送端和接收端分别加入信道编码和信道译码来对抗信道噪声的影响,以提高通信系统的可靠性。

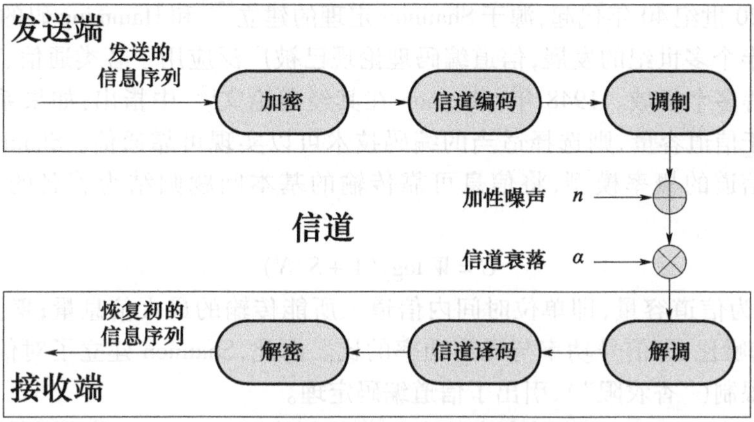


图 1.3　数字通信中的信道编码

在图 1.3 描述的数字通信系统中,信道编码的基本思想:发送端将信息序列按照固定的长度进行分组后,对每个分组进行某种变换,使原来彼此独立、相关性极小的信息码元产生某种相关性,接收端利用这种相关性来检查并纠正信息码元在信道传输中发生的差错[22]。一个分组也称一个“码字”。在编码的过程中,需要在发送的信息序列中加入一些冗余信息,通常称作“校验位”或“监督码元”,输入的信息序列称作“信息位”或者“信息码元”。编码后,发送端将信息码元和监督码元共同组成的码字调制后发往信道。一个简单的纠错编码过程的示意如图 1.4 所示。接收端解调器从信道中接收信号并完成解调和匹配滤波后,还原出带有监督码元的编码分组。进一步地,在信道译码步骤中,运用码元之间的相互关系和相关的译码算法,便可在设计的纠错能力范围之内计算出接收序列中最可能发生错误的位置并予以纠正。最后,将编码过程中加入的冗余信息去掉,再经过一些后续处理便可恢复正确的信息。

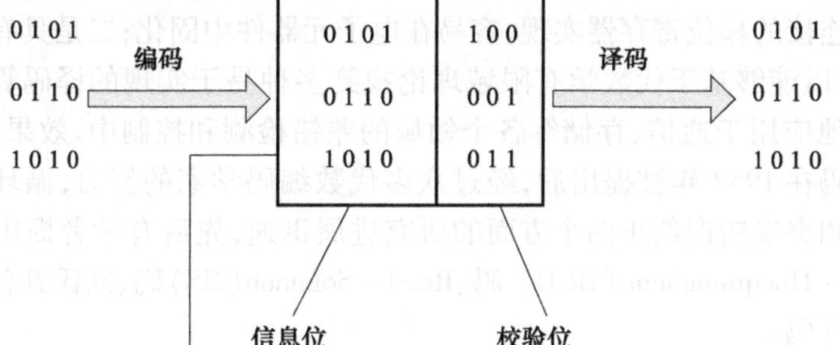


图 1.4　纠错编码过程

从20世纪40年代起，源于Shannon定理的建立[23]和Hamming码的发现[24]并经过半个多世纪的发展，信道编码理论现已被广泛应用于各类通信、存储、仪器系统等多个领域。1948年，Shannon在其经典论文[23]中指出：如果系统的传输率小于信道容量，则选择适当的编码技术可以实现可靠通信。Shannon采用信源和信道的概率模型，将信息可靠传输的基本问题归结为著名的Shannon公式：

$$C = W \log_2(1 + S/N) \tag{1.1}$$

式中：$C$为信道容量，即单位时间内信道上所能传输的最大信息量；$W$为带宽；$S/N$为信噪比，即信号功率与噪声功率的比。由此，Shannon建立了对信道通信的基本限制（“香农限”），引出了信道编码定理。

1950年，Hamming在其发表的论文[24]中提出了Hamming码，是纠错编码研究历史上最早提出的纠错编码。事实上，Hamming码的发现时间早于香农限的提出时间，只是由于技术专利的限制，直到1950年才发表。Hamming码是一种比较简单的线性分组码，并且是一种性能比较好的纠错编码。对于给定分组长度并且能够纠正所有单个错误的分组码，Hamming码需要的冗余位最少[25]。随后出现的Golay码[26]和Reed－Muller（RM）码[27]也是比较经典的编码方式。其中，Golay码是纠正3个错误的最优码的重要例子，RM码具有比较易于实现的纠错译码算法。

卷积码于1955年被Elias提出[28]。分组码编码时，本组的校验元与本组的信息元有关，而与其他各组码元无关。卷积码则不同，它是一个有限记忆系统。当信息分成一个又一个分组后进行编码时，本组的校验元不仅与本组的信息元相关，也与本组之前若干分组输入的信息元相关。另外，卷积码的编码在其发展过程中提出过许多优化方案，例如删余卷积码[29]和咬尾卷积码[30]等。

Prange E在1957年提出了线性分组码的一个重要子类：循环码[31]。有两个原因使得该码引人注目：一是其编码过程和部分译码步骤（校正子计算）可以通过反馈连接的移位寄存器实现，容易在电子元器件中固化；二是具有严格的代数结构，所以能够基于代数学有限域理论找到多种易于实现的译码算法。循环码被广泛地应用于通信、存储等各个领域的差错检测和控制中，效果非常明显。自从循环码在1957年被提出后，经过众多代数编码学家的努力，循环码在随机错误纠正和突发错误纠正两个方面的研究进展迅速，先后有学者提出了Bose－Chaudhuri－Hocquenghem（BCH）码、Reed－Solomon（RS）码、欧氏几何码等优秀的经典循环码。

Turbo码，又称并行级联卷积码，是由Berrou等于1993年在IEEE国际通信大会（ICC′93）上提出的[32]，并在文献［33－34］中得到了进一步的阐述。它巧妙地将卷积码和随机交织结合在一起，实现了随机编码的思想；同时，采用软输出迭代译码逼近最大似然译码。由于其优异的纠错性能，Turbo 码引起了信息与编码理论界的轰动。Turbo 码的提出，更新了编码理论研究中的一些观念和方法，使译码的研究更加倾向于基于概率的软判决译码方法，而不是早期基于代数学理论的译码方法。

1961 年，Gallager R G 在其学术论文和毕业论文中阐述了线性分组码的另一个重要子类：低密度奇偶校验（low density parity check，LDPC）码[35-36]。其主要特点是校验矩阵中的非零项是稀疏且分散的，使分组中的误码对校正子计算的影响仅限于少数几个校正子中。但由于当时计算机技术受限，LDPC 码被忽略了近半个世纪，直到 20 世纪 90 年代末才被重新发现并得到了很大程度的改进和推广，其中基于置信度传播迭代译码的长 LDPC 码被证实是极其接近香农限的一种优越的编码类型[37]，成为 Turbo 码的最大竞争者。并且与 Turbo 码相比，LDPC 码不需要深度交织就可获得好的误码性能，因此得到了更加广泛的应用。

图 1.5 列出了分立的纠错编码类型。在实际的工程应用中，信道编码还需要结合其他技术来提高纠错性能以及实现接收方和发送方之间的同步。如帧定位、伪随机扰乱、交织编码、级联编码、乘积码等技术。其中，帧定位技术用于接收方找到数据帧的起始位置，即同步位置。根据帧定位位置，接收方即可根据收发双方约定的规则从接收到的数据流中抽取编码分组。扰码技术的应用，主要是为了防止信号的数据流中出现较长的连续“0”或者连续“1”，以便接收方进行时钟同步。交织编码、级联编码和乘积码的应用目的都是将突发错误分散到不同的编码分组中，从而提高抵抗突发错误的能力[38-40]。以国际电信联盟（International Telecommunication Union，ITU）建议的光传输网络（optical transport network，OTN）[41]通信协议和第二代卫星数字化视频广播（DVBS-2）[42]为例，其编译码方案都应用了交织编码和级联编码以纠正更多的突发错误，如图 1.6 所示。

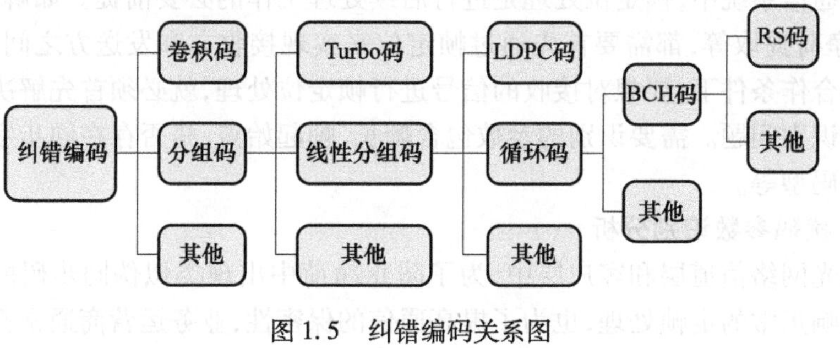


图 1.5　纠错编码关系图

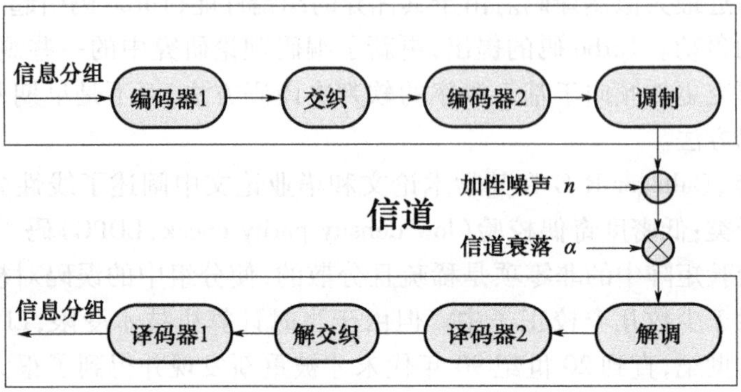


图 1.6 交织编码与级联编码

在实际需求的不断推动下，从 Hamming 码、BCH 码、RS 码，到卷积码、级联码，以及 Turbo 码、LDPC 码，所能达到的性能与 Shannon 限的距离正在不断缩小。这些先进的编码技术已经被广泛应用于许多领域，如卫星通信、光纤通信、深空通信、陆地移动通信、数据存储、数据传输、测试测量、航天测控以及广播电视等。在当今大数据时代背景下，其为世界经济、社会和人们的生产生活提供着越来越可靠的数据服务。

### 1.1.3 高速光纤通信中智能接入面临的主要问题

由于高速光纤通信具有很多与传统电气通信不同的突出特点，以及通信业务商为了增强保密性所采取的日益多样的技术手段，高速光纤通信智能接入工作面临诸多新的挑战。为了有效采集高速光纤通信系统中的海量信息，特别是大量非标准光纤信号中承载的重要业务，首先必须解决好高速光纤通信智能接入所涉及的几个关键问题。

**1. 帧定位参数识别分析**

在通信系统中，帧定位处理是进行后续处理工作的必要前提。如解扰、纠错译码、净荷提取等，都需要首先通过帧定位来实现接收方和发送方之间的同步。而在非合作条件下，要想对接收的信号进行帧定位处理，就必须首先解决帧定位信息的识别问题。需要识别的参数包含帧长、帧起始点、是否存在同步字以及同步字的码型等。

**2. 扰码参数识别分析**

在光网络信道层和客户层中，为了防止净荷中出现类似伪同步码的恶意数据而影响正常的定帧处理，也为了提高通信的保密性，业务运营商通常都会对净荷数据进行加扰处理[43-45]。用于高速光纤通信中的扰码方式分为帧定位扰码和自同步扰码两种，帧定位扰码主要用于光信道层，自同步扰码在客户层数据处理中比较多见[46-48]。从本质上讲,扰码技术与密码学中的流密码是一回事,只是在功能侧重上有所不同。与帧定位扰码对应的是同步流密码,与自同步扰码对应的是自同步流密码。因此,扰码方式的盲检测问题也就是流密码的分析与攻击问题。

与同步流密码相比,自同步流密码系统需要密文反馈,因而其分析工作更为复杂,尚缺乏有效的数学工具[49-50]。从目前公开发表的文献来看,有关流密码分析的绝大部分成果是关于同步流密码方面的,涉及自同步流密码分析的极少。因此,在扰码识别方面,自同步扰码的盲检测是高速光纤通信系统的非合作接入面临的主要难题。

**3. 交织编码结构与参数识别分析**

随着信道编码技术的发展,交织编码和级联编码被更多地应用于高速光纤通信系统中。在简单编码参数盲识别研究的基础上,本书将讨论存在交织编码情况下的交织参数盲识别问题。交织参数包含交织类型(分组交织、卷积交织)、交织的起始点,以及交织深度。

**4. 纠错编码参数识别分析**

在高速光纤通信系统中,为了减少长距离传输中引入的各种噪声的影响,纠错编码技术已被各运营商广泛采用[51-52]。对于非合作接入方来讲,如果不能对接收的信号进行正确的纠错解码,势必影响业务层信息乃至应用层信息的还原效果,最终将使获取的有用情报大打折扣。而正确的纠错解码依赖纠错编码格式的成功分析与识别。

当前,国内外针对纠错编码盲识别的公开文献并不多见,几乎均以传统的电气通信为应用背景,而且其中绝大部分又集中于卷积码的盲识别[53-54]。与传统的电气传输媒介相比,光纤具有独特的信号传输性能,这就决定了应用于高速光纤通信中的纠错编码与应用于传统电气通信中的纠错编码在某些方面存在显著的区别。

**5. 非标准 SDH 信号结构解析**

光纤骨干传输网中的数据流是由低速数据流按照一定的格式复用聚合而成的高速数据流。信息接收系统对接收的高速数据流进行分析,首先需要解析高速数据流的复用格式及其负载类型,然后在此基础上后端设备对高速数据流进行解复用并按负载类型进行分类,最后针对不同的负载采取相应的方法获取有价值的信息。

SDH 传输体制具有良好的前向兼容性和后向兼容性,它提供了一系列标准速率接口,允许接入各种类型的业务信号。具有不同传输速率的各种通信业务首先通过比特调整与相应的标准速率接口相匹配,再经过指针定位和同步复用适配进入 SDH 的同步传输模块 STM-$N$。ITU-T G.707 建议定义了一系列的指示字节用于指示承载信号的复用映射结构及其负载类型，标准的复用映射结构解析正是按照这些指示字节进行的。然而，在实际应用中，有些电信运营商可能会改变这些指示字段的定义，但这并不会影响其承载的数据。在实际的光纤线路中，也发现了很多非标准信号。对信号接收方来说，这些非标准信号往往又具有更重要的价值。因此，有必要研究非标准 SDH 信号的复用映射结构解析方法。

**6. 信道编码参数综合识别分析**

为了提高信号传输性能，现代通信系统采用的信道编码，其编码过程往往结合了帧定位、纠错编码和交织编码等多项技术。因此，在针对某一信号进行盲识别分析时，需要根据一定的策略分别确定帧定位信息、纠错编码参数以及交织参数等。多个维数的存在，使得分析搜索过程过于繁杂。因此，研究对信道编码参数的综合识别分析策略，是正确解析信道编码参数需要解决的关键问题之一。

## 1.2 高速光纤通信中智能接入技术的研究现状

### 1.2.1 国外高速光纤通信监测系统

从 20 世纪 80 年代开始，由于光纤光缆在传输信号上的超大容量和优异性能，世界各国越来越依赖光缆通信。针对光纤通信系统的光纤窃听与反窃听成了各国国防科研人员研究的重要内容，但公开的报道仍然非常少见。

1989 年，美国国家安全局就已开始进行窃听海底光缆的技术研究。20 世纪 90 年代中期，美国国家安全局进行了海底光缆的首次窃听试验，成功掌握了在海底切割光缆，并且让光缆运营商毫无觉察的技术，但当时尚没有能力处理通信光缆所传输的大量信息。针对发现的问题，美国国家安全局立即进行了光缆窃听技术的深入研究，在时间上与开发光缆通信同步，目前已经在监听试验中取得了成功[55]。

2005 年 3 月，美军核动力攻击潜艇“吉米·卡特”号正式服役，它不仅具有强大的作战能力，而且是具有窃听海底光缆能力的一艘特种潜艇[56]。该潜艇最大下潜深度可达 610m，最大航速（水下）高达 18m/s，因此可迅速隐蔽地到达预定海区，放出小潜艇（载有海底机器人）潜入他国近海海岸窃听光缆信号，放出海底机器人通过电视遥控切割光缆，并将连接窃听数据的光缆返回至母潜艇。通过母潜艇分析处理所获得的信息，进而获得所需情报。

近年，更是有军事学者出版专著[57]，提出了“网电空间战”的概念，将“网络电磁空间”视为未来战争中除海、陆、空、天外的第五维作战空间。当前，网络电磁空间信息存在的透明性、传播的裂变性、真伪的混杂性、网控的滞后性，使网络管控面临前所未有的挑战。网络战场全球化、网络攻防常态化、网络对抗白热化等突出特点,使如何科学高效地管控网络电磁空间、占领第五维空间战略博弈的制高点等,成为亟待研究的重大课题。

网络电磁空间的攻防,离不开信号的传输与侦听,也离不开信道编码。因此,对未知制式信号的信道编码参数的检测识别问题,成为网电空间战的关键环节。目前,国内外一些学者对信道编码的盲识别问题进行了不同层次的研究。但由于应用背景的敏感性,可供参考的公开资料不多,几乎形成了一个比密码分析还要神秘几分的领域。学术界对信道编码识别分析的研究现状,主要体现在以下几个方面。

(1)从目标类别上看,很大一部分研究着眼于基于先验信息的半盲识别上,针对全盲识别的研究并不多见。而如前所述,全盲识别在信道编码识别中占据非常重要的地位。本书将研究重点放在对信道编码的全盲识别上,兼顾半盲识别。

(2)从研究对象上看,卷积码和循环码识别分析的文献较多,对 LDPC 码、交织编码和级联码的识别分析的研究较少。本书针对卷积码和循环码在提出新的更加高效的识别分析方法的同时,也对 LDPC 码、交织编码和级联码的识别分析进行了深入讨论。

(3)从信号判决方式上看,目前学术界对信道编码盲识别的研究仅限于硬判决情形,基于软判决的信道编码识别分析研究几乎是空白。随着计算机技术和信号处理技术的飞速发展,越来越多的通信系统采用基于软判决的信道译码技术,获得了更好的纠错性能,甚至包括 100 ~ 400Gb/s 高速光纤通信系统。因此,软判决条件下的信道编码识别分析,是必须解决的关键技术。

(4)从研究的着眼点上看,绝大部分研究成果都集中在对单一问题的研究上,例如 BCH 码的盲识别问题、帧定位的盲识别问题等。而面向整体的信号识别分析问题研究甚少。

(5)对于算法实现,大多数研究成果只给出方法或思想,计算结果需要结合人工判读才能完成。本书在提出创新性的识别分析算法的同时,给出适合计算机软件实现的自动化处理流程,对工程实现更具实际意义。

### 1.2.2　信道编码识别分析

通信行业经过了数十年的快速发展与迭代,其间提出并投入使用的信道编码技术层出不穷。许多经典的信道编码仍然具有强大的生命力,这使得它们在现代通信系统中仍旧占有一席之地。

BCH 码和 RS 码是循环码中最重要的两类,它们由代数理论精心构造而来,因此具有高度的结构性。得益于非常简单的编译码电路,以及良好的纠错能力,它们依然活跃在现在的主流通信系统中。也正是因为高度的结构性,对它们检测与重建的研究成果非常多,而且大多集中于重建算法,其中主要包括基于生成多项式根特征的重建[58-60]、基于有限域傅里叶变换的重建[61-62],以及基于平均余弦符合度的重建[63]等。

卷积码是一类具有特殊代数结构的线性码。与线性分组码只能对分组数据进行编码不同,卷积码的编码器大多被描述为面向数据流的形式。因此,卷积码总能提供每个数据比特前后的约束信息。卷积码同样具有非常简单的编码器和译码器结构,并且它在与其他码的级联中表现出了优异的性能,因此一直有关于卷积码的最新研究成果。值得注意的是,一种被称为空间耦合 LDPC(spatially coupled LDPC,SC-LDPC)码的新型纠错码就是卷积码与 LDPC 码的结合,它因被证明可以达到香农限而在最近得到了大量的研究[64-66]。卷积码的检测与重建同样以重建算法为主,包括基于校验矩阵求解的重建[67-68]、基于沃尔什—哈达玛变换(Walsh-Hadamard transform,WHT)的重建[69-70],以及基于欧几里得算法的重建[71]等。

Turbo 码是一种特殊的级联码,它们的编码器通常包含两个及以上卷积编码器,并由交织器隔开。其中,后者的引入可以将卷积编码器产生的码字随机打乱,从而得到相对稀疏的 Turbo 码字,并因此获取较大的码字最小距离。根据级联的形式,Turbo 码可以分为并行级联卷积码(parallel concatenated convolutional code,PCCC)、串行级联卷积码(serial concatenated convolutional code,SCCC)以及 Turbo 乘积码(Turbo product code,TPC)等[72-73]。由于它的特殊结构,在对 Turbo 码进行检测或重建时,多考虑将其分解为分量码和交织器,并对它们分别独立研究。其中,分量码主要是指卷积码,其检测与重建算法已经在上文提及。此外,还存在一些针对递归系统卷积(recursive systematic convolutional,RSC)码的专有重建算法[74-75]。而对于交织器的检测与重建算法大多局限于恢复交织器的参数[76-78],很少有能够重建交织器图案的算法[79]。因此,Turbo 码重建的研究成果相对较少[80]。

除了对特定种类的信道编码进行研究,还有许多学者把重点放在信道编码的类型上[81-83],由于常见的信道编码类型已知,这类算法都可以被归纳为检测算法。此外,人工智能尤其是深度学习方法也逐渐应用于信道编码的检测与重建[84-85]。

常用的 LDPC 码往往具有较大的码长,这为它的检测与重建工作带来了极大的困难。一方面,较大的码长意味着需要更多的数据,也就意味着有更大的计算复杂度和内存需求;另一方面,更大的码长意味着单个码字在传输时发生错误的可能性更大,对校验关系的破坏也就更加严重。此外,LDPC 码的设计方法众多,为了保证足够好的纠错性能,在设计 LDPC 码时通常会加入一定的随机性。

这使 LDPC 码一般不具有明显的结构。除了 QC - LDPC 码可以利用其准循环结构,LDPC 码几乎没有其他可以利用的、一定存在的结构特征。因此,关于 LDPC 码检测与重建的研究成果以检测为主。

文献[86]中假设存在一个备选集,其中包括了所有可能被发送机使用的信道编码。在此基础上,文中提出了一种被称为广义似然比测试(generalized likelihood ratio test,GLRT)的方法并将其用于信道编码的快速检测中。随后,他们在文献[87]中对该方法做了进一步改进,提出了一种启发式的顺序统计假设检验(sequential statistical hypotheses test,SSHT)方法。这种方法通过对校验关系综合后验概率(syndrome posterior probability,SPP)对数似然比(log - likelihood ratio,LLR)的近似,得出观测到多个连续码字时备选集中各个信道编码的后验概率,并以启发式的方式与预先设定的阈值不断进行对比,直到某个信道编码被检测出来。该文献同时还给出了所需观测码字的经验数量。然而,这种方法的复杂度较高,而且在噪声较大的环境中,这种启发式的顺序检测有可能需要很长的观测码字。

Xia T 等[88]提出使用 SPP 的平均 LLR 来解决备选集上的 LDPC 码检测问题,他们通过直接计算每个校验向量的后验概率,得到了形式更加简洁的 LLR。同时,他们还详细介绍了两种接近 Cramer - Rao 下限(Cramer - Rao lower bounds,CRLB)的信噪比估计方法,进一步完善了 LDPC 码的检测问题。随后,他们将该方法扩展到多元 LDPC 码[89]、高阶调制格式[90],以及联合帧定位[91]等场景中。他们提出的方法启发了许多关于 LDPC 码检测方法的研究,后来的大部分 LDPC 码检测算法都可以看作这种方法的改进和完善。

文献[92]注意到了 LLR 计算中反双曲正切函数带来的非线性运算,提出了一种基于平均似然差(likelihood difference,LD)的 LDPC 码检测算法,在保证检测性能几乎不变的前提下,降低了检测的计算复杂度。

相对于使用似然比,文献[93]中提出使用余弦符合度(cosine conformity,CC)来描述校验关系的后验概率,并指出该方法可以得到校验关系的理论分布。因此,他们使用平均 CC 来检测 LDPC 码,并得到了与理论值吻合的实验结果。文献[94]中将平均 CC 进一步改进,通过对余弦函数的泰勒展开,提出了基于后验概率平均泰勒多项式的检测算法,他们将该方法应用于高码率 LDPC 码的检测,得到了约 0.5dB 的增益。

LDPC 码的检测算法需要一个已知的备选集,使用的方法也基本上与后验概率的似然函数有关。然而,已有的检测算法都局限于通过对比平均值的大小来实现对 LDPC 码的检测,而忽略了这些变量的概率分布信息。此外,还有一些使用深度学习方法检测 LDPC 码的研究成果[95-96],他们的研究重点大多集中在检测 LDPC 码的类型上。

LDPC 码的重建通常被认为是一项极其困难的工作。因此,虽然近年来出现了一些关于 LDPC 码重建的研究,但是它们大多需要很高的复杂度以及足够多的接收码字。此外,LDPC 码的参数恢复是对其进行重建的前提。

高斯消元是 LDPC 码重建中的一项重要技术。文献[97 - 98]中分别研究了在没有噪声以及存在少量噪声情况下的 LDPC 码重建问题,他们首先利用高斯列消元方法找到接收码字中没有发生错误的码字,然后将这些码字进行初等行变换,最终得到稀疏的校验矩阵。这种方法在重建具有双对角线结构的校验矩阵时具有较好的效果,但是对噪声的抵抗能力较弱。类似的方法还有很多文献[99 - 100],通过多次迭代来筛选正确的校验向量,以提高抵抗噪声的能力。高斯消元是一个递推的过程,因此噪声环境中接收码字的错误会随着递推的进行逐步扩散,从而导致重建失败。这在高误码率环境以及长码的重建中影响尤其明显。因此,许多研究尝试使用不同的方法降低消元过程中错误的传播概率。文献[101]中使用高斯列消元方法在无误码条件下实现了 LDPC 码的码长和码率的正确恢复。同时指出,多次高斯消元可以很好地对抗接收码字中的错误,并提出了噪声条件下 LDPC 码长的恢复算法。相对于对接收矩阵进行完整的列消元,文献[102]中通过提前停止列消元过程,并将剩下的任务视为一个最近邻搜索问题,实现了 LDPC 码的重建,同时还得到了一个 LDPC 码对偶空间预期质量分布的严格上界。此外,文献[103]通过对接收码字的随机抽取,将高斯消元过程限制在了更小的子矩阵上,从而有效地提高了重建的成功率。

文献[104]在研究了给定校验向量的重量时,正确检测了该校验向量所需接收码字数量的下界。该下界可以反过来根据接收码字的数量确定校验向量的最大重量,然后在该重量限定的范围内用在文献[105]中寻找最小重量码字的方法搜索 LDPC 码的对偶码字。此时得到的对偶码字通常是稀疏的,因此该方法可以用于 LDPC 码的重建。文献[106]提出使用双向高斯消元的方法来进一步提高消元的速度,并结合文献[107]的方法对得到的校验向量进行稀疏化处理。这些方法通过增加稀疏化的过程保证了重建矩阵的稀疏性,然而,它们同样也存在消元过程中错误传播的问题。

为了从根本上消除错误传播,以进一步提高重建算法对抗噪声的能力,有一些研究完全摒弃了高斯消元。文献[108 - 109]都是通过在对偶空间穷举搜索小重量向量的方法来实现 LDPC 码的参数恢复和重建。然而,它们通常需要巨大的运算量。文献[110]在前者的基础上利用 QC - LDPC 码的准循环结构大幅度降低了搜索的计算复杂度。此外,Bonvard 等[111 - 112]研究了接收矩阵中码字间欧氏距离的变化规律,并提出了基于欧氏距离的码长和码率恢复算法。这种算法使用了接收序列的软信息,因而可以更好地对抗噪声的影响。但该算法需要在接收大量码字之后才能发挥很好的效果,因此只适用于码长很短的信道编码。

# 1.3　高速光纤通信信号接收技术

原始信号的成功接收是智能接入的先决条件，也是信道编码分析与识别的基础。随着光纤通信技术的飞速发展，高速光纤通信信号接收面临着新的挑战和机遇。传输距离的延长和通信容量的扩大使一些原本可以忽略的问题逐渐成为光通信技术发展的瓶颈，比如光信噪比的恶化、色散的增强、非线性效应的凸显等[113-114]。为了克服高速、超长距离光纤传输系统中存在的诸多问题，许多新技术随之产生，如新型编码调制技术、色散管理技术以及前向纠错技术等。

不断出现的新的高速光纤通信信号使信息侦测人员在接收信号时面临严峻的挑战：每秒高达数吉比特或数十吉比特的接入速率、多种多样的编码调制格式、特殊的非标信号需要接收足够长的数据才能分析出信道编码格式等。尽管高速、超长距离光纤传输系统中的一些新的技术方案可以直接用于信号接收，但普遍存在实现复杂、造价太高的问题。因为对于信号接收者来讲，某未知线路可能需采集数次信号，一旦分析清楚其信道编码格式也就没有再进行采集的必要了。

## 1.3.1　高速光纤通信信号接收技术概况

随着光通信技术特别是 WDM 技术的飞速发展，骨干网中单波信号的信源速率已普遍达到 100Gb/s 以上。为了防止光缆越洋传输中误码率的增加，电信运营商会采用一些新的关键技术，如新型光纤、拉曼放大、色散补偿、高级调制码型以及 FEC 技术等。其中，高级调制码型与 FEC 技术对单波光纤信号的接收影响最大，因为这两个方面的因素直接决定着光纤信号的解调方式和采集速率的大小。新型光纤是运营商铺设好的，接收者无须改动；光放和色散补偿都会在中继站进行，而接收者也是在中继站通过分光复制的方法来监听光纤信号，所以运营商的光放技术和色散补偿技术同样可以为接收方所使用。

高速光纤通信信号的准确接收是其信道编码格式分析和识别的先决条件。考虑到高速光纤通信信号调制编码和线路速率的多样性以及信道编码识别对原始数据长度的需求，光纤信号接收系统应满足以下基本要求。

（1）调制码型和速率的检测。不同的高速光纤通信线路在铺设过程中所处的外界环境不尽相同，为了获得可靠的信号传输质量，业务运营商采取的光调制码型和 FEC 方案也不一样。线路的光调制码型有 NRZ 码、RZ 码、CS - RZ 码、CRZ 码以及 DPSK - RZ 码等，而不同的 FEC 方案使最终光纤信号的速率多种多样。因此，只有提前获知单波光纤信号的调制码型和传输的数据速率，才能对该信号进行正确的解调和时钟数据恢复。

(2)光信号的高速接入。通常,带外纠错技术会使单波光信号的带宽从10Gb/s上升到10.7~12.5Gb/s[115],或者从25Gb/s上升到28~32Gb/s。因此,光纤信号接收系统在电域的处理带宽必须大于12.5Gb/s或者32Gb/s。这样高速的数据流即使经过1：16的串并转换之后,并行数据的更新频率也能达到780MHz或2GHz,如果处理不当,很容易由数据的时序问题造成信号接收失败。

(3)信号接收容量足够大。采集到的原始光纤信号容量越大,对于后续的格式分析来说也就能越快地找到信号的统计规律,进而彻底掌握全部的格式细节。对于2.5~2.7Gb/s的光纤信号,由于其电域处理的速度相对较低,可以实现抗攻击性更强的复杂信道编码,因此更容易传输某些敏感的业务信息。对于这类线路,几百兆字节乃至几吉字节的原始数据可能远远达不到格式分析的需求。如果能够研制可以连续接收几百吉字节光信号的系统,则势必大大拓展骨干网信息侦测的空间和范围,从而填补以往因接收容量瓶颈而造成的诸多空白。

(4)系统兼容性好。高速光纤通信信号的调制编码和速率多种多样,如果针对每种信号都设计一台接收系统,必然会花费大量的人力和财力,更为重要的是等到系统研制调试成功后,可能已不再需要接收该信号了,因为情报工作具有明显的时效性。因此,如果能在设计一开始就兼顾到光纤信号的不同速率等级和不同调制码型,那么研制出的光纤信号接收设备必将具有广阔的应用前景和较高的性价比。

接收方在光中继站可以利用业务运营商固有的光放大器和色散补偿器来改善光信号质量,因此本章所要研究的高速光纤通信信号接收是针对已进行光信号放大和色散补偿的单波信号而言的。

如图1.7所示,通过轮询的方式,高速光纤通信信号接收系统最终可以实现对某光纤中的所有波长信号的接收。每个单波光纤信号的接收包括两个环节,即光信号调制码型和速率的检测与光信号的采集。前者采用一定的光电学测量仪器如光谱分析仪等可以较为容易地测量出来[116];后者则需要解决高速光信号的解调、光电转换、大容量数据缓存以及数据的连续记录等一系列关键问题。其中,数据记录功能由计算机对存储介质的写操作来完成。

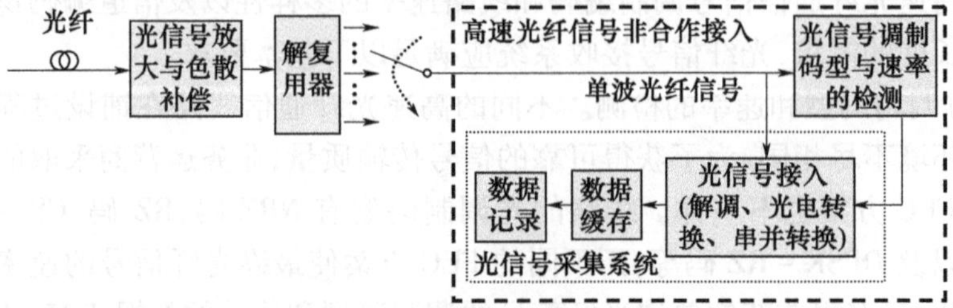


图1.7　高速光纤通信信号接收系统的总体方案

综上所述，高速光纤信号的采集是高速光纤通信信号接收的重点和难点。因此本章后面的内容将主要围绕高速光纤通信信号的采集展开叙述。一方面，从理论和技术层面对高速光纤通信信号采集所涉及的关键技术进行研究；另一方面，研究满足兼容性好、高速、海量要求的高速光纤通信信号采集系统的设计与实现。

### 1.3.2 高速光纤通信信号通用化接入技术

光纤信号的接入通常由光接收机实现，主要由光电转换与信号放大、时钟数据恢复以及串并转换三部分构成，如图1.8所示[117]。

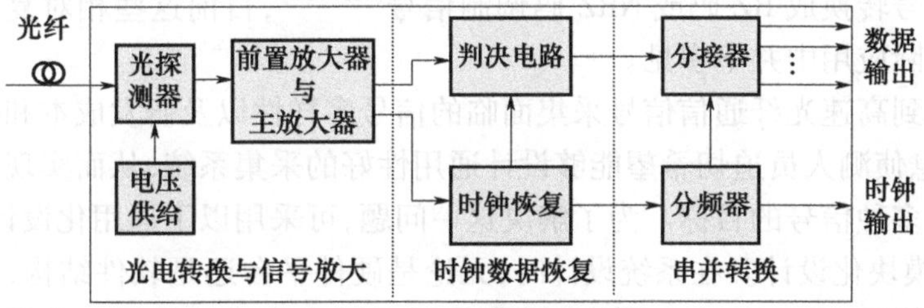


图1.8 光接收机的功能框图

光电探测器能够将线路的单波光信号转变成电信号，通常用P型+本征型+P型光电二极管(positive - intrinsic negative, PIN)或雪崩光电二极管(avalanche photodiode, APD)来实现。由于光电二极管输出的电信号为电流形式，并且比较微弱，因此由前置放大器将光电流信号转化成电压形式，再通过主放大器进一步放大以便后续的时钟恢复和数据判决。时钟数据恢复单元可以根据信号的调制码型采取相应的方式从放大的电压信号中提取时钟信号，并进一步恢复线路所承载的数据流。串并转换部分可以将恢复的时钟数据信号以较低的速率传输给后续的数据处理模块。

时钟数据恢复单元是光接收机的核心和关键，其实现与接入光纤的调制码型及速率有很大的关系。以当前高速光纤通信信号中广泛使用的RZ码和NRZ码调制码型为例，时钟提取的原理是不一样的[118-119]。假设光信号承载的数据速率均为$f_0$Hz，在RZ码调制情况下，接收信号在频域$f=f_0$处有频谱成分，通过窄带滤波器很容易提取出$f_0$Hz的时钟信号；而在NRZ码调制情况下，接收信号在频域$f=f_0$处没有频谱成分，解决的方法是在$f=f_0/2$处对信号的频谱成分进行平方律检波，然后经高通滤波获得$f_0$Hz的时钟信号。在获得$f_0$Hz的时钟信号后，控制时钟信号的相移就可以正确恢复RZ码或NRZ码调制信号中承载的原始数据序列，如图1.9所示。

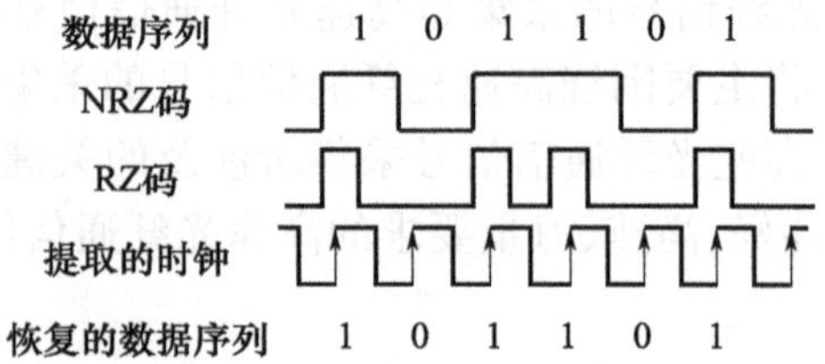


图 1.9 光接收机中的数据恢复原理

对于采用更为复杂的调制码型（如 CRZ、CS - RZ 以及 DPSK - RZ 等）的光纤线路，可通过在光接收机之前加入一定的光学器件（如干涉仪、光滤波器等）将光纤信号转换成 RZ 码或 NRZ 码调制信号[120-121]，目前这些相对复杂的调制信号在实际应用中并不多见。

考虑到高速光纤通信信号采集面临的信号多样性以及研发成本和研发周期因素，信息侦测人员迫切希望能够设计通用性好的采集系统，从而实现一个系统可以采集多种信号的目标。为了解决这一问题，可采用以下通用化设计方法。

（1）模块化设计。在系统设计时，无论是硬件平台还是软件结构，均应按照功能划分模块，以达到对于不同的采集信号只需修改或替换极少数模块就可兼容的目的。例如，硬件平台设计时应把光接入部分模块化，这样当出现新的调制码型或传输速率的光信号后，只需通过设置或更换光接入模块就可利用原有硬件平台完成新的采集任务。

（2）接口标准化。在采集硬件平台模块化设计的同时，还必须按照国际通用标准进行模块间的接口设计，这样在进行模块替换时才能游刃有余。例如，对于 9.953 ~ 12.5Gb/s 的光接入模块，其接口就应该按照 MSA 300 - PIN 标准设计[122]，因为当前绝大多数的生产商都是按照这一接口标准设计 10Gb/s 速率等级的光模块的。对于 2.5 ~ 2.7Gb/s 的光接入模块，应该选择小型可插拔式（small form pluggable，SFP）标准的封装[123]，不但支持当前绝大部分该速率等级的光模块，而且具有热插拔功能，可以实现不掉电情况下的模块更换。

（3）软件可重构。对于不同的采集任务，采集系统的软件需要作适当的修改，再加上系统的某些监控功能要有一定的扩展性以满足将来新的需求。所以，对于整个采集过程中涉及逻辑控制与数据调度的软件应该具有可重构特性。在硬件平台设计时就应该选用支持软件可重构的可编程模块或器件，如单片机、数字信号处理器（digital signal processor，DSP）、现场可编程门阵列（field programmable gate array，FPGA）等。

### 1.3.3 宽带数据采集时钟相位校正技术

在每秒高达数吉比特的宽带数据采集中，由于传输数据位宽大、数据更新频率快的特点,在采集端很容易出现传输数据与传输时钟边沿对不齐的现象[124]。造成这种现象的根本原因有两个方面:一是每根传输线到地存在耦合电容,使高低电平转换并不是在零时间内完成的,而是需要一个很短的充放电过程;二是各数据传输线长度不一致,包括芯片间走线以及芯片内部互连引线[125-127]。由这两个原因造成的延迟分别称为惯性延迟和传输延迟,均取决于硬件平台的电气特性。如图 1.10 所示,如果采集数据的时钟边沿正好位于因惯性延迟和传输延迟而造成的数据不稳定阶段,就会发生数据误采集。所以,在采集端对输入的时钟信号进行相位校正是十分必要的。

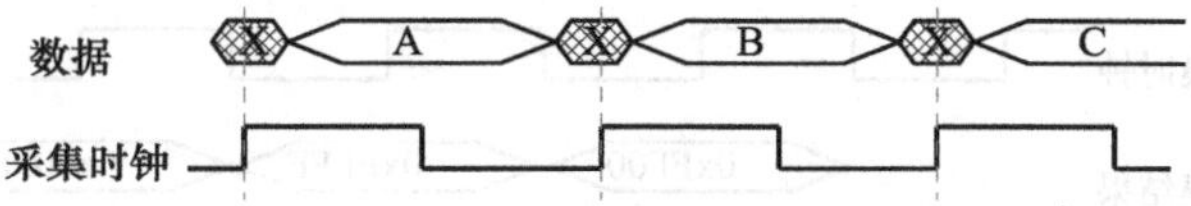


图 1.10 传输线延迟造成的数据误采集

设图 1.10 中数据“A”和“B”之间的采集时钟上跳沿对应的数据为“X”,如果“X”更像“A”,则说明采集时钟的上跳沿稍稍滞后,称为“相位滞后”,需要将时钟相位略加超前才可以采集到正确的数据“A”;如果“X”更像“B”,则说明采集时钟的上跳沿稍稍超前,称为“相位超前”,需要将时钟相位略加滞后才可以采到正确的数据“B”。

**1. 采样时钟相位检测方法**

为了准确校正采集时钟的相位,首先应当对当前硬件平台中的时钟相位情况进行检测。以 16 位宽的数据传输线为例,在输出端重复发送测试数据“0xFFFF,0xFFFF,0x0000”,这样在接收端无论发生“相位超前”还是“相位滞后”,采到的数据流中每 3 个相邻的 16 位数据里至少有一个为“0xFFFF”(如果总有两个 0xFFFF,就说明准确采样,也就不必再进行相位调整)。

观察与“0xFFFF”相邻的前、后两个 16 位数据中“1”比特的个数,分别记为 $N_1$ 和 $N_2$,如果 $N_1 > N_2$,就是“相位超前”,需滞后时钟相位,且滞后的程度应随 $16-N_1$ 增大而增大;如果 $N_1 < N_2$,就是“相位滞后”,需超前时钟相位,且超前的程度应随 $16-N_2$ 增大而增大;如果 $N_1 = N_2$,那么此时时钟相位进行超前调整与滞后调整的意义几乎是一样的,而且需调整的程度将达到最大。这 3 种情况可以用图 1.11 来进一步说明。

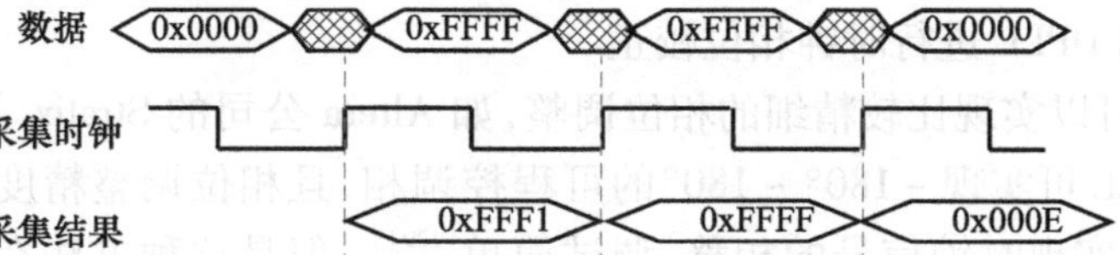


(a)“相位超前”示意图 ($N_1$=13, $N_2$=3, $N_1$>$N_2$)

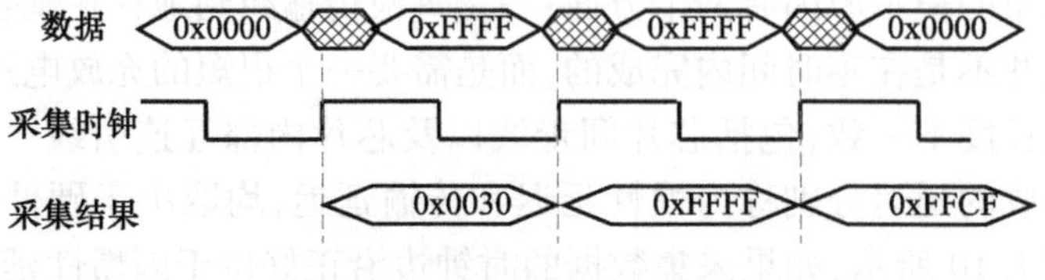


(b) “相位滞后”示意图（$N_1$=2，$N_2$=14，$N_1$<$N_2$）

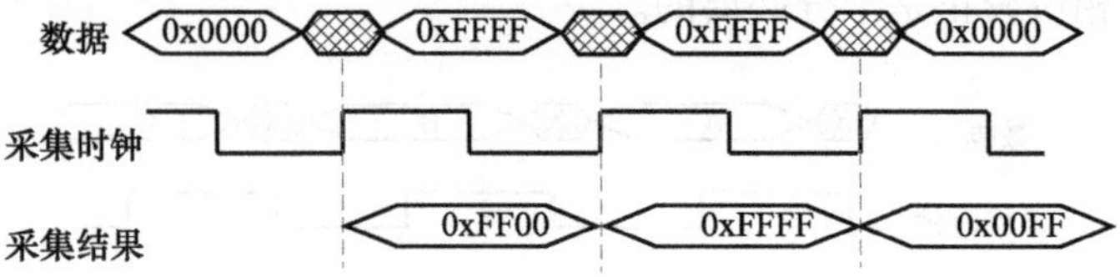


(c) “相位超前/滞后”示意图（$N_1$=8，$N_2$=8，$N_1$=$N_2$）

图 1.11　采集时钟的相位情况检测结果

## 2. 基于 FPGA 实现的时钟相位校正方法

随着微电子技术的进步，FPGA 以逻辑资源丰富和开发灵活快速等特点，在高速数据采集、传输、处理等领域越来越得到人们的青睐。因此，本节专门研究基于 FPGA 实现的宽带数据采集时钟相位校正方法。

在检测出某硬件平台中采集时钟的相位情况后，需要对该时钟信号进行相应的相位调整，基于 FPGA 实现的方法有两种。第一种方法如图 1.12(a)所示，利用 FPGA 内部的高精度延迟锁相环(delay phase - locked loop，DPLL)对采集时钟进行相位超前或相位滞后调整[128]；第二种方法如图 1.12(b)所示，通过多次例化 Logic Cell 模块实现采集时钟的移相。

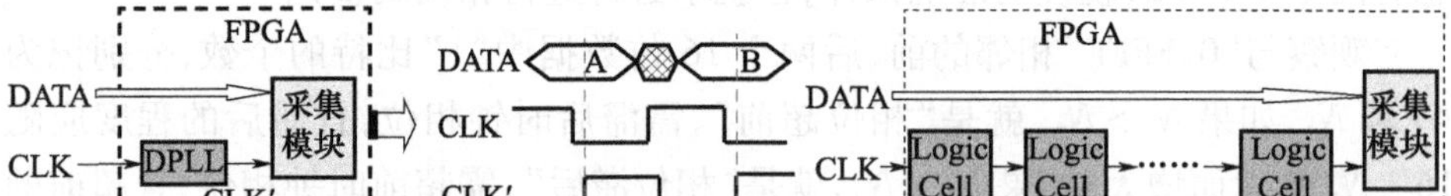


(a) DPLL法实现相位校正　　(b) Logic Cell法实现相位校正

图 1.12　基于 FPGA 的时钟相位校正方法

1)利用 DPLL 进行时钟相位校正

DPLL 可以实现比较精细的相位调整，如 Altera 公司的 Stratix Ⅱ 系列 FPGA 内嵌的 DPLL 可实现 -180° ~ 180° 的可程控调相，且相位调整精度可达 0.1ns，可以方便地实现时钟信号的相移，调试简单[129]。但是这种方法在硬件电路设计时，需要将采集时钟信号接到 FPGA 的有限的专有时钟管脚上，否则不能使用 DPLL。

利用 Quartus Ⅱ 软件中的 Simulator Tool 进行时序仿真，芯片选用 EP2SGX90FF1508C3，采集时钟设置为 155.52MHz，采集数据位宽为 16 位，结果如表 1.1 所列。测试结果表明对输入时钟未进行相位延迟时，FPGA 实际综合布线后就已经造成 2.004ns 的延迟，所以应该对各时序仿真延迟进行预处理，即都减去 2.004ns，结果如表 1.1 第 3 行，之后将其与理论上的相位延迟进行比较，发现绝对偏差都在 0.1ns 以内，相对偏差都在 1% 以内。可见，采用 DPLL 进行相位调整的控制精度还是很高的。

表 1.1　基于 DPLL 的相位延迟时序仿真结果

| 延迟相位/(°) | 0 | 30 | 60 | 90 | 120 | 150 | 180 |
|---|---|---|---|---|---|---|---|
| 时序仿真延迟/ns | 2.004 | 2.535 | 3.071 | 3.607 | 4.142 | 4.677 | 5.213 |
| 处理后延迟/ns | 0 | 0.531 | 1.067 | 1.603 | 2.138 | 2.673 | 3.209 |
| 理论延迟/ns | 0 | 0.5358 | 1.0717 | 1.6075 | 2.1433 | 2.6792 | 3.2150 |
| 相对偏差/% | 0 | 0.9020 | 0.4355 | 0.2799 | 0.2495 | 0.2307 | 0.1870 |

2）利用 Logic Cell 进行时钟相位校正

Logic Cell 法使时钟线路的电平转换每经过一级 Logic Cell 模块，就会多一次充放电的过程，同时也增加了传输距离。因此，该方法既增加了惯性延迟也增加了传输延迟。由于 FPGA 最终实现 Logic Cell 模块是由其内部基本的硬件资源适应性查找表（adaptive look - up table，ALUT）完成的，而这些 ALUT 资源具有相同的逻辑结构和几乎相同的物理特性。因此通过多次例化 Logic Cell 可以近乎线性地控制时钟相位的延迟。

利用 Quartus Ⅱ 软件中的 Simulator Tool 进行时序仿真，芯片选用 EP2SGX90FF1508C3，采集时钟设置为 155.52MHz，采集数据位宽为 16 位。采集时钟的延迟结果如图 1.13 所示，图中虚线表示对仿真结果进行的一阶线性回归，回归系数分别为 0.3687 和 3.9079，即相位延迟 $d = 0.3687m + 3.9079$，$m$ 为 Logic Cell 例化数目。可见这种相位调整方法控制精度不是很高，但它可以摆脱必须将采集时钟信号接到 FPGA 的专有时钟管脚的硬件限制；而且延迟相位没有 180° 的上限，这样在单位 Logic Cell 带来的相位延迟达 0.3687ns 的情况下，通过恰当选择 $m$ 值仍然有可能取得更好的控制精度。

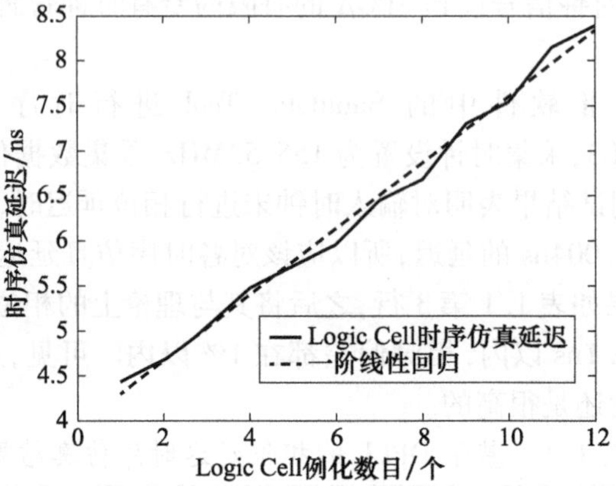


图 1.13　基于 Logic Cell 的相位时序仿真延迟结果

## 1.3.4　高速信号采集中的海量数据记录技术

**1. 海量数据高速存储方法**

在高速光纤通信信号采集中,采集结果最终要通过某种数据总线上传到计算机的存储介质(通常为硬盘)中。因此,只有数据总线的带宽和计算机存储介质的写速度都大于光纤信号的传输速率,才有可能实现高速光纤信号的海量记录。

首先,从数据传输总线来讲。对于每秒高达数吉比特的采集带宽,主流的 PCI 总线逐渐成为系统性能的技术瓶颈。PCI Express 为总线技术带来了颠覆性的革命,其所能提供的高带宽和引入的低延迟是前几代总线所望尘莫及的。PCI Express(PCIe),是 Intel 于 1997 年提出的用来互连诸如计算和通信平台应用中外围设备的第三代高性能 I/O 总线[130-131]。在数据传输模式上,PCIe 总线采用串行传输模式,一条 PCIe 通道由 2 对 LVDS 差分线对组成,一对负责发送,另一对负责接收,经过 8B/10B 编码后的每对 LVDS 信号传输速率可达 2.5Gb/s。通过选择多通道模式的 PCIe 总线技术,可以解决当前高速光纤通信信号采集中面临的总线带宽瓶颈。当然,随着 PCIe 总线通道的增加,设计成本也会有很大的提高。

其次,从计算机存储介质来看。当前,计算机硬盘的容量正朝着海量方向飞速发展,数百吉字节的硬盘已普遍商用;然而受机械结构限制,其数据读写速率的提高却非常缓慢。通常情况下,硬盘的持续写速度每秒只有几十兆字节,远远低于被采集信号的速率,已成为实现高速海量信号记录的瓶颈之一。针对这一问题,目前有两种解决方法:其一,利用磁盘阵列(redundant array of independent disks,RAID)技术,使用多个硬盘并行存取,以提高数据记录带宽;其二,采用速度更高的固态存储(solid state disk,SSD)技术。固态存储技术一般又分为两种:一种是基于闪存的SSD,优点是可移动、数据保护不受电源控制,但容量较小;二是基于DDRRAM的SSD,优点是长寿命、大容量,是一种真正高性能的存储介质,但其存储的数据需电源保护,且造价很高[132]。

**2. 跨时钟域数据缓存方法**

如果光纤信号的传输速率大于数据总线带宽或计算机存储介质的写速度,就无法完成信号的长时间连续记录。出于实现难度与成本的综合考虑,对于10Gb/s速率等级的高速光纤通信信号采集,通常的解决方案就是先采用一定容量的高速存储器件对光纤信号进行缓存,再通过相对低速的数据通道将缓存数据传输给计算机并进行记录。这就需要跨时钟域数据缓存技术,可通过双口RAM或FIFO结构来实现。在数据读写进度的管理(为防止数据溢出或读空)方面,带有先进先出性质的FIFO结构要比双口RAM更加方便。

一方面,由于高速缓存器件的写带宽高于光纤信号的传输速率,因此中间必然需要一种升带宽的跨时钟域数据缓存技术。对于此环节的跨时钟域数据缓存结构,读数据比写数据快。所以,在连续写操作的同时,读取操作必须是间歇的,否则很快就会读空缓存。另外,在读数据前要判断缓存中是否有足够的数据,所幸的是FIFO结构提供这一信息。

另一方面,高速缓存器件的读带宽高于计算机总线的传输带宽,所以中间需要一种降带宽的跨时钟域数据缓存技术。对于此环节的跨时钟域数据缓存结构,读数据比写数据慢。所以,在连续读操作的同时,写操作必须是间歇的,否则很快就会发生数据溢出。当然,在读数据前同样要判断缓存中是否有足够多的数据。

# 第 2 章　帧定位参数识别分析

## 2.1 引　言

在数字通信系统中，帧定位是纠错、信息提取等后续信号处理的前提。从接收数据流到纠错编码分组之间的映射以及纠错后冗余信息的剔除，都必须依赖帧定位来寻找起点和相应的位置。然而不同的设备厂商、不同的通信制式，使用的帧定位方式是不同的。因此在非合作通信背景下，必须首先对接收的原始信号进行帧定位信息的识别分析。在已公开发表的文献资料中，文献[133]针对 CDMA2000 中的多帧长问题，提出了一种帧长自适应匹配的方法。但由于 CDMA2000 面临的帧长情况是有限的，所以文献[133]的方法实际上是一种半盲识别算法。文献[134 – 135]提出了一种基于字频统计和子同步码盲检测的识别分析算法。该算法可以实现对信号帧长和帧定位码的全盲检测，但本章后续部分将通过仿真实验说明，该算法在同步码的长度占据帧长的比例较小时，子同步码的区分度不够明显。并且，该算法不易向软判决情形推广。本章对帧定位信息盲识别分析方法进行了研究，在已有文献的研究基础上提出新的、更加高效的识别分析算法。同时，本章首次考虑了无同步字情形下的帧定位信息识别分析问题，并首次给出利用软判决信息提高容错性能的方法。

## 2.2 高速光纤通信信号的帧定位特性研究

### 2.2.1 帧定位问题描述

首先，对高速光纤通信中的帧定位问题进行统一建模。如图 2.1 所示，令 $L$ 表示帧长，$M$ 表示同步码长度，$N$ 表示每帧数据中除同步码以外的其他数据长度，以上长度单位均为 b。显然，$L = M + N$。其中 $S = (s_1, s_2, \cdots, s_M)$ 表示同步码序列；$D(n) = (d_1^n, d_2^n, \cdots, d_N^n)$ 表示第 $n$ 帧数据中经过加扰的码元序列，称为帧净荷序列。同步码序列加帧净荷序列，构成帧序列。

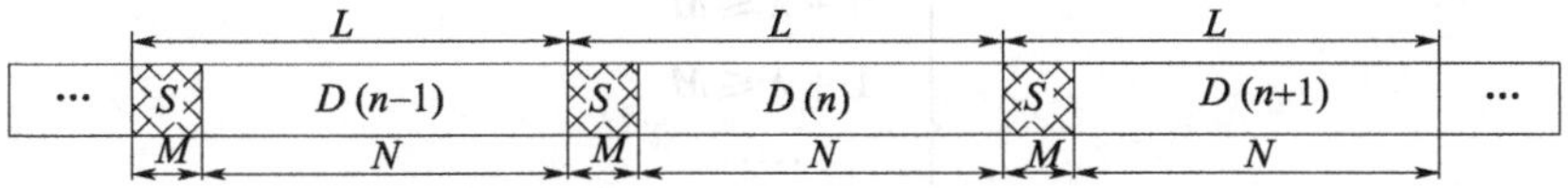


图 2.1　高速光纤通信帧定位模型

由于高速光纤通信中码元的传输速率通常为每秒数吉比特，以现有的硬件条件无法直接对如此高速的比特流进行复杂处理。因此光纤信号在接收端光电转换后还要经过串并转换以降低时钟速率。如图 2.2 所示，其中 $\lambda$ 表示码元经串并转换后的位宽，也就是说在后续环节中面向宽度为 $\lambda$b 的字进行处理，为便于后续描述，不妨称为“$\lambda$ 字”；$\delta$ 表示 $\lambda$ 字首位与数据帧起始比特（同步码的第一个比特）之间的最小距离，称为“帧起始偏移”，显然有 $0 \leqslant \delta < \lambda$。

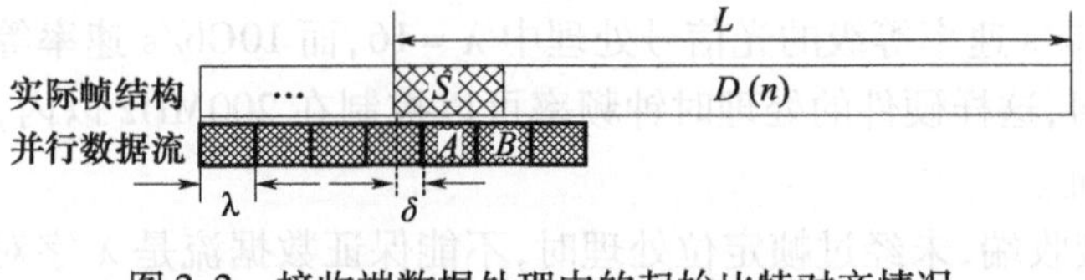


图 2.2　接收端数据处理中的起始比特对齐情况

**定义 2.1**　在图 2.2 中，如果 $\delta$ 为 0，则称接收端数据处理是 $\lambda$ 字对齐的。

**定义 2.2**　在图 2.2 中，同步码在串并转换过程中，如果 $\lambda$ 字为 $S$ 的子序列，则称该 $\lambda$ 字为同步码的一个完整 $\lambda$ 截断（如 $\lambda$ 字 A）；如果 $\lambda$ 字只有一部分为 $S$ 的子序列，而另一部分属于帧净荷序列，则称该 $\lambda$ 字为同步码的一个非完整 $\lambda$ 截断（如 $\lambda$ 字 B）。

**定理 2.1**　在图 2.2 中，如果 $\lambda$ 能整除 $L$，那么在连续的并行数据流中，帧起始偏移保持不变，即 $\delta$ 恒定。

**证明：**不妨设第 $i$ 帧的帧起始偏移为 $\delta_i$，第 $j$ 帧的帧起始偏移为 $\delta_j$，$j > i$，则必有

$$L \cdot (j-i) - \delta_i + \delta_j \equiv 0 (\bmod \lambda) \tag{2.1}$$

因为 $L \cdot (j-i) \equiv 0 (\bmod \lambda)$，所以 $\delta_j - \delta_i \equiv 0 (\bmod \lambda)$；又因为 $0 \leqslant \delta_i < \lambda$，$0 \leqslant \delta_j < \lambda$，所以 $\delta_j = \delta_i$，得证。

**定理 2.2**　在图 2.2 中，$\lambda$ 能整除 $L$，如果不论 $\delta$ 在 $0 \leqslant \delta < \lambda$ 范围内取何值，总存在同步码的一个完整 $\lambda$ 截断，那么 $\lambda$ 的上确界为 $(M+1)/2$。

**证明：**如果存在同步码的一个完整 $\lambda$ 截断，则有

$$\delta + \lambda \leqslant M \tag{2.2}$$

又因为上式对 $0 \leqslant \delta < \lambda$ 总成立，即当 $\delta = 0, 1, \cdots, \lambda - 1$ 时式（2.1）与式（2.2）均成立，所以有以下不等式组：

$$\begin{cases} 0+\lambda \leqslant M \\ 1+\lambda \leqslant M \\ \quad \cdots\cdots \\ \lambda-1+\lambda \leqslant M \end{cases} \tag{2.3}$$

解得：$\lambda \leqslant (M+1)/2$，得证。 □

高速光纤通信的帧定位问题通常具有以下几个显著特点。

(1)帧定位码具有较为理想的自相关特性[136]。

(2)由扰码的特性[136-137]可知，$D(n)$可近似为二进制伪随机序列，即可认为加扰后的码元服从独立等概率(0-1)分布。

(3)为了适应高速并行处理，高速光纤通信信号以字(16b)、双字(32b)乃至四字(64b)为基本单元进行传输、处理，也就是说$L$至少可以被16整除。所以，通常在2.5Gb/s速率等级的光信号处理中$\lambda=16$，而10Gb/s速率等级的光信号处理中$\lambda=64$，这样硬件的处理时钟频率可以控制在200MHz以内，从而使时序质量得到保证。

(4)在接收端，未经过帧定位处理时，不能保证数据流是$\lambda$字对齐的。在实际的高速光纤通信通信中，接收端往往也是先进行帧定位处理的，然后才进行帧起始偏移的调整。

为了减少光通信处理中的伪同步事件的发生，对于一定的$M$，$N$不能太大；或者对于给定的$N$，$M$不能太小。$N$与$M$的关系至少应满足：

$$N\cdot(1/2)^M<1 \tag{2.4}$$

式(2.4)等价为$N<2^M$或$M>\log_2 N$。令$\varphi=M/\log_2 N$以反映帧定位处理中防止伪同步的保护能力。实际上$\varphi$往往大于2，表2.1为标准SDH中STM-1、STM-4、STM-16、STM-64的帧定位相关参数特性。

表2.1 SDH中的帧定位相关参数特性

| SDH速率等级 | STM-1 | STM-4 | STM-16 | STM-64 |
|---|---|---|---|---|
| $M$ | 48 | 48×4 | 48×16 | 48×64 |
| $N$ | 19392 | 19392×4 | 19392×16 | 19392×64 |
| $\varphi$ | 3.4 | 11.8 | 42.1 | 151.8 |

对于加带外纠错的高速光纤通信信号来讲，由于在通信机制的设计上要考虑工程实现中纠错解码以及解交织处理所涉及的缓存容量要求，通常$N$的取值为几千到几十万；同步码长度$M$一般大于16。

## 2.2.2 帧定位信息的字频统计特性研究

### 2.2.2.1 理论分析

对于 $\lambda$ 字来说，共有 $2^{\lambda}$ 种状态。在一定长度的码元序列中统计串并转换后的 $\lambda$ 字的各种状态出现的频次就称为字频统计。如图 2.2 所示，在字段提取时，相邻 $\lambda$ 字在原串行序列中的间隔恰好为 $\lambda$b。

帧定位模型见 2.2.1 节，假设取 $k$ 帧数据作为研究对象，设 $\lambda$ 字中包含 $m$b 同步码。由定义 2.2 可知，当 $m=\lambda$ 时，该 $\lambda$ 字就是同步码的一个完整 $\lambda$ 截断；当 $0<m<\lambda$ 时，该 $\lambda$ 字就是同步码的一个非完整 $\lambda$ 截断；当 $m=0$ 时，表示该 $\lambda$ 字属于帧净荷序列。

由 2.2.1 节高速光纤通信帧定位问题特点(2)，不难得出以下结果。

(1) 对于 $m=0$ 的情况，$\lambda$ 字出现 $2^{\lambda}$ 种状态的概率是相同的，记为 $p$，则有 $p=1/2^{\lambda}$。令随机变量 $X_i(i=0,1,\cdots,2^{\lambda}-1)$ 表示值为 $i$ 的 $\lambda$ 字在 $kN$ 长的帧净荷序列中(忽略因非完整 $\lambda$ 截断带来的误差)出现的次数，那么帧净荷序列的 $n$ 次截断就可以看作 $n$ 重贝努利实验。$n=[kN/\lambda]$，[ * ]表示对 * 取整。引入随机变量：

$$X_i(l)=\begin{cases}1(\text{值为 } i \text{ 的 } \lambda \text{ 字在第 } l \text{ 次试验中出现})\\0(\text{值为 } i \text{ 的 } \lambda \text{ 字在第 } l \text{ 次试验中不出现})\end{cases}\quad(l=1,2,\cdots,n) \tag{2.5}$$

则易知 $E(X_i(l))=p,D(X_i(l))=p(1-p)$。于是 $X_i$ 的数学期望可表示为

$$E(X_i)=E\left(\sum_{k=1}^{n}X_i(l)\right)=\sum_{k=1}^{n}E(X_i(l))=np=n/2^{\lambda} \tag{2.6}$$

$X_i$ 的方差为

$$D(X_i)=D\left(\sum_{k=1}^{n}X_i(l)\right)=\sum_{k=1}^{n}D(X_i(l))=np(1-p)=n(2^{\lambda}-1)/2^{2\lambda} \tag{2.7}$$

当 $\lambda$ 较大时，$1-p=1-1/2^{\lambda}\approx 1$，所以 $D(X_i)\approx E(X_i)$。并且由独立同分布的中心极限定理可知，当 $n$ 足够大时，$X_i$ 近似服从正态分布 $N(E(X_i),D(X_i))$。

(2) 当 $m=\lambda$ 时，令随机变量 $Y_i(i=0,1,\cdots,2^{\lambda}-1)$ 表示值为 $i$ 的 $\lambda$ 字在 $k(M+N)$ 长的码元序列中出现的次数。则 $Y_i$ 的数学期望为

$$E(Y_i)=E(X_i)+kM(Y_i) \tag{2.8}$$

式中：$M(Y_i)$ 为帧定位码中包含值为 $i$ 的 $\lambda$ 字的次数，在这里应当作常数，该值与具体的帧定位码序列以及帧起始偏移有关。因此 $Y_i$ 的方差为

$$D(Y_i)=D(X_i) \tag{2.9}$$

(3) 当 $0<m<\lambda$ 时，由于对于给定的光纤线路，帧定位码是确定不变的。所以此时 $\lambda$ 字只有 $2^{\lambda-m}$ 种状态。令随机变量 $Z_i(i=0,1,\cdots,2^{\lambda}-1)$ 表示值为 $i$ 的

$\lambda$ 字在 $k(M+N)$ 长的码元序列中出现的次数。则 $Z_i$ 的数学期望为

$$E(Z_i)=E(X_i)+k/2^{\lambda-m} \tag{2.10}$$

$Z_i$ 的方差为

$$D(Z_i)=D(X_i)+k(2^{\lambda-m}-1)/2^{2(\lambda-m)} \tag{2.11}$$

综合(1)～(3),并结合定理 2.1 和定理 2.2 可以发现:当 $\lambda \leqslant (M+1)/2$ 时,无论帧起始偏移 $\delta$ 在 $0 \leqslant \delta < \lambda$ 范围内取何值,均有 $kM(Y_i) \geqslant k > k/2^{\lambda-m}$,进而有 $E(Y_i)>E(Z_i)>E(X_i)$,$D(Y_i)=D(X_i)<D(Z_i)$。

#### 2.2.2.2 仿真实验

实验一,对加扰序列的字频统计特性进行仿真验证。随机产生 1000 组长为 $2048 \times 10$b 的独立等概率分布,对每组数据统计其 $\lambda$ 字频,得 $2^\lambda$ 长的数组,记为 $[x_j(0),x_j(1),\cdots,x_j(2^\lambda-1)]$ $(j=1,2,\cdots,1000)$。然后分别对 $[x_1(i),x_2(i),\cdots,x_{1000}(i)]$ $(i=0,1,\cdots,2^\lambda-1)$ 进行均值和方差计算,分别记为 $E(i)$ 和 $D(i)$。仿真结果如图 2.3 所示($\lambda=8$),与理论值 10 和 9.961[可由式(2.6)和式(2.7)算出]吻合得很好,当然如果组数取得更多一些,结果将更为理想。

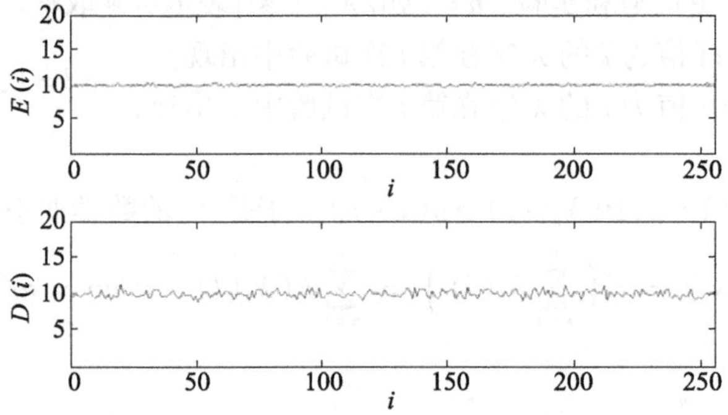


图 2.3 加扰序列字频统计特性实验结果

实验二,对高速光纤通信帧序列的字频统计特性进行仿真验证。设计产生 1000 组码元序列,每组包括 4 帧,每帧包含 65536b 的加扰序列和 32b 的帧定位码(0xFFFF0FF0)。仿真验证方法与实验一相同。当 $\lambda=8$ 时,结果如图 2.4 所示,可以看出图中并没有反映出同步码的信息。原因是非同步码字段的字频均值和方差均约为 $65536 \times 4/256/8=128$,而帧数 $k=4$,从而导致子同步码的字频峰值被淹没,无法体现。当 $\lambda=16$ 时,结果如图 2.5 所示。可以明显看出子同步码的字频峰值,且随 $\delta$ 的不同,峰值的位置也不一样。当 $\delta=1$ 时,主峰位置为"0x87F8",两个次峰位置为"0x7FFF"和"0xFFFF",主峰比次峰高出约 $k-k/2^{16-15}=2$;当 $\delta=7$ 时,主峰位置为"0xFE1F",次峰不明显。图 2.5 所示的实验结果与式(2.6)～式(2.10)取得了很好的一致性,而且表明如果参数选择得合适,同步码的部分信息是可以通过字频峰值体现出来的。

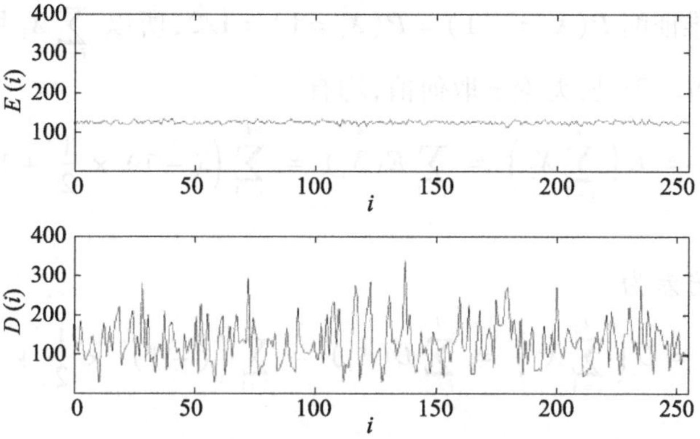


图 2.4　帧序列字频统计特性实验结果($\lambda=8$)

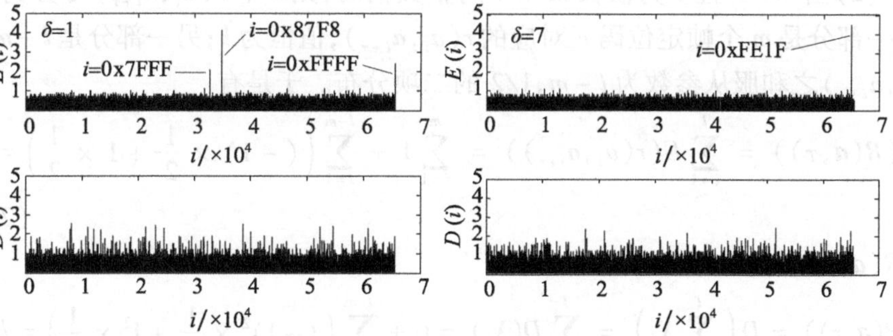


图 2.5　帧序列字频统计特性实验结果($\lambda=16$)

## 2.2.3　帧定位信息的短码相关特性研究

### 2.2.3.1　理论分析

帧定位模型见 2.2.1 节，定义短码序列 $\boldsymbol{a}=\{a_1,a_2,\cdots,a_l\}$ 的相关函数如下：

$$R(\boldsymbol{a},\tau)=\sum_{i=1}^{l}r(a_i,a_{i+\tau}) \tag{2.12}$$

式中：$r(a_i,a_{i+\tau})=\begin{cases}1(a_i=a_{i+\tau})\\-1(a_i\neq a_{i+\tau})\end{cases}$；$\tau$ 为正整数，反映两个短码序列的时间间隔大小。以帧序列中的不同短码序列 $\boldsymbol{a}$ 为对象，研究 $R(\boldsymbol{a},\tau)$ 随 $\tau$ 的变化关系就称为帧定位信息的短码相关特性研究。

不妨设 $\boldsymbol{a}$ 中包含长为 $m$ 的帧定位码子序列。由高速光纤通信帧定位问题的特点(1)和(2)，不难得出以下结论。

(1)当 $m=0$ 时，$a_i,i=1,2,\cdots,l$ 满足独立等概率分布。引入随机变量 $X_i=r$

$(a_i, a_{i+\tau})$,不难证明 $P(X_i=-1)=P(X_i=1)=1/2$,所以 $\sum_{i=1}^{l} X_i$ 服从参数为 $l$,1/2的二项分布。于是,无论 $\tau$ 取何值,均有

$$E(R(\boldsymbol{a},\tau)) = E\left(\sum_{i=1}^{l} X_i\right) = \sum_{i=1}^{l} E(X_i) = \sum_{i=1}^{l}\left((-1)\times\frac{1}{2}+1\times\frac{1}{2}\right)=0 \tag{2.13}$$

而 $R(\boldsymbol{a},\tau)$ 的方差为

$$D(R(\boldsymbol{a},\tau)) = D\left(\sum_{i=1}^{l} X_i\right) = \sum_{i=1}^{l} D(X_i) = \sum_{i=1}^{l}\left((-1)^2\times\frac{1}{2}+1^2\times\frac{1}{2}\right)=l \tag{2.14}$$

所以,此时 $R(\boldsymbol{a},\tau)$ 的标准差 $\sigma=\sqrt{l}$。

(2)当 $m\neq 0$ 且 $\tau$ 为帧长 $M+N$ 的整数倍时,则 $l$ 个 $r(a_i, a_{i+\tau})$ 可分为两部分:一部分是 $m$ 个帧定位码元对应的 $r(a_i, a_{i+\tau})$,值恒为1;另一部分是 $l-m$ 个 $r(a_i, a_{i+\tau})$ 之和服从参数为 $l-m$,1/2 的二项分布。于是有

$$E(R(\boldsymbol{a},\tau)) = \sum_{i=1}^{l} E(r(a_i, a_{i+\tau})) = \sum_{i=1}^{m} 1 + \sum_{i=1}^{l-m}\left((-1)\times\frac{1}{2}+1\times\frac{1}{2}\right)=m \tag{2.15}$$

而 $R(\boldsymbol{a},\tau)$ 的方差为

$$D(R(\boldsymbol{a},\tau)) = D\left(\sum_{i=1}^{l} X_i\right) = \sum_{i=1}^{l} D(X_i) = 0+\sum_{i=1}^{l-m}\left((-1)^2\times\frac{1}{2}+1^2\times\frac{1}{2}\right)=l-m \tag{2.16}$$

标准差 $\sigma'=\sqrt{l-m}$。显然,在给定 $l$ 的条件下,$m$ 越大,$E(R(\boldsymbol{a},\tau))$ 越大,而 $D(R(\boldsymbol{a},\tau))$ 越小。当 $\tau$ 不为 $M+N$ 的整数倍时,则 $R(\boldsymbol{a},\tau)$ 的数学期望和方差可由式(2.13)和式(2.14)得出。

由 De Moivre – Laplace 中心极限定理可知,对于服从参数为 $l'$,1/2 的二项分布的随机变量 $\eta_{l'}$,当 $l'$ 较大时,其极限分布是正态分布。该定理表明通过查标准正态分布表可以近似估计出 $\eta_{l'}$ 的样本在区间 $|\eta_{l'}-\mu|<\varepsilon$ 的概率,$\mu$ 为 $\eta_{l'}$ 的均值。这种估计要比切比雪夫不等式更精确,因为它不仅考虑了 $\eta_{l'}$ 的均值和方差,还利用了 $\eta_{l'}$ 的概率分布信息[138]。取 $\varepsilon$ 为标准差的 $\alpha$ 倍,根据标准正态分布表可得 $\eta_{l'}$ 的样本在区间 $[-\infty,\mu+\varepsilon]$ 之内的概率就等于 $\Phi(\alpha)=\int_{-\infty}^{\alpha}\frac{1}{\sqrt{2\pi}}\mathrm{e}^{-u^2/2}\mathrm{d}u$。如当 $\alpha=3$ 时,$P\{\eta_{l'}-\mu<\varepsilon\}=\Phi(3)\approx 0.99865$;当 $\alpha=4$ 时,$P\{\eta_{l'}-\mu<\varepsilon\}=\Phi(4)\approx 0.99997$。

综合(1)和(2),要使由式(2.15)所得的短码相关峰的样本较明显地高于其他相关值,$\alpha$ 应足够大(和参与相关运算的短码数有关),且当 $l=m$ 时 $m$ 取值不

能太小，当 $0<m<l$ 时 $l$ 取值也不能太大。为此，$m$ 和 $l$ 应满足不等式：

$$m-\alpha\sigma'\geqslant\alpha\sigma \tag{2.17}$$

即

$$m-\alpha\sqrt{l-m}\geqslant\alpha\sqrt{l} \tag{2.18}$$

当 $l=m$ 时，解式(2.18)得

$$m\geqslant\alpha^2 \tag{2.19}$$

当 $0<m<l$ 时，解式(2.18)得

$$l\leqslant(m+\alpha^2)^2/4\alpha^2 \tag{2.20}$$

由于 $0<m<M$，因此当短码的截取长度满足 $\alpha^2\leqslant l\leqslant(M+\alpha^2)^2/4\alpha^2$ 时，才有可能通过短码相关分布来体现帧定位信息。

在连续的帧信号中，按照式(2.19)和式(2.20)的约束截取短码序列 $\boldsymbol{a}=\{a_1,a_2,\cdots,a_l\}$，如果 $\Delta\tau$ 能整除 $M+N$，随着 $\tau$ 以步进 $\Delta\tau$ 递增，那么 $R(\boldsymbol{a},\tau)$ 将周期性地出现同步码相关峰值，且峰值间隔等于 $(M+N)/\Delta\tau$。假设连续的帧信号长度为 $k(M+N)$，那么除去同步码相关峰值，还有约 $k(M+N)/\Delta\tau-k$ 个相关值，这些相关值的均值和方差分别满足式(2.13)和式(2.14)。因此，假设每帧相关值中出现伪峰的概率为 $P_0$，那么有

$$kP_0=[k(M+N)/\Delta\tau-k]\cdot[1-\Phi(\alpha)] \tag{2.21}$$

化简，得

$$P_0=[(M+N)/\Delta\tau-1]\cdot[1-\Phi(\alpha)] \tag{2.22}$$

可见，取较大的 $\alpha$ 有助于抑制伪峰的出现。在取定 $\alpha$ 的条件下，如果 $\Delta\tau$ 一定，随着帧信号长度的增长，出现伪峰的概率也将增加；如果帧信号长度一定，那么 $\Delta\tau$ 越小，出现伪峰的概率越大。因而，对于给定参数的帧序列，为使同步码相关峰不被伪峰干扰，应选择足够大的 $\alpha$ 和足够长的步进 $\Delta\tau$。

#### 2.2.3.2　仿真实验

实验一，对高速光纤通信帧序列的短码相关特性进行仿真验证。设计产生一组码元序列模拟帧信号，共 4 帧数据，每帧包含 65536b 的加扰序列和 32b 的帧定位码(0xFFFF0FF0)。另产生 $l=32$ 的短码模拟加扰序列，与帧序列中 32b 长的截断短码相关，步进 $\Delta\tau=1$。结果如图 2.6 所示，所得相关值的均值为 $-0.0062$，方差为 32.1134，与理论值 0 和 32 相吻合。

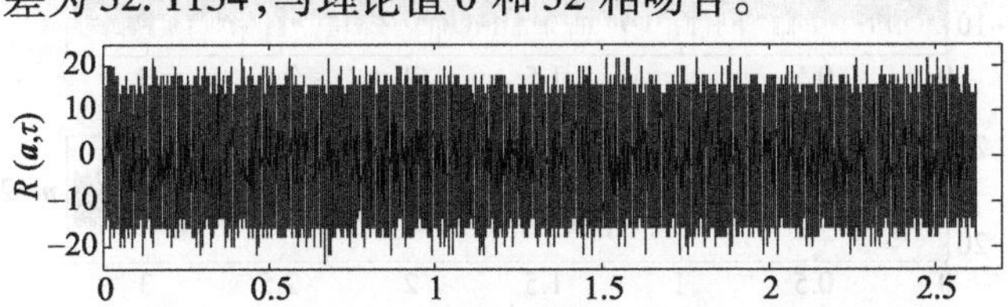


图 2.6　帧序列短码相关特性实验结果($m=0,\Delta\tau=1$)

实验二，帧序列模拟信号同实验一，另产生一序列模拟 $\boldsymbol{a}=\{a_1,a_2,\cdots,a_l\}$，且包含 $m$ 比特的帧定位码子序列。取 $\Delta\tau=1, m=l=\alpha^2; \alpha=3,4,5$，短码相关特性实验结果如图 2.7 所示。可以发现由于帧长较长，所以当 $\alpha\geqslant 4$ 时才能保证同步码相关峰值不被伪峰所淹没，但伪峰仍然较高，对主峰的影响不容忽视。取 $\Delta\tau=8; m=l=8,16,24$，实验结果如图 2.8 所示。与图 2.7 相比，在 $m$ 取值相当多的情况下，图 2.8 中的伪峰明显减少，而主峰峰值不受影响，从而更好地凸显了同步码相关峰值。另外，从图 2.7 和图 2.8 还可以看出，在 $m=l$ 的条件下，同步码相关峰值恒定为 $m$，因为其方差为零。取 $\Delta\tau=1; 0<m=M<l; l=32,42,49$，实验结果如图 2.9 所示。随着 $l$ 不断增大，伪峰不断增多，且由于受方差的影响，可能会出现伪峰幅值高于同步码相关峰的情况。当 $l=35,42$ 时，同步码相关峰值明显，较好地反映了帧长信息；而当 $l=49$ 时，由于存在大于同步码相关峰的伪峰，因此图 2.9 不能较好地体现帧长信息。

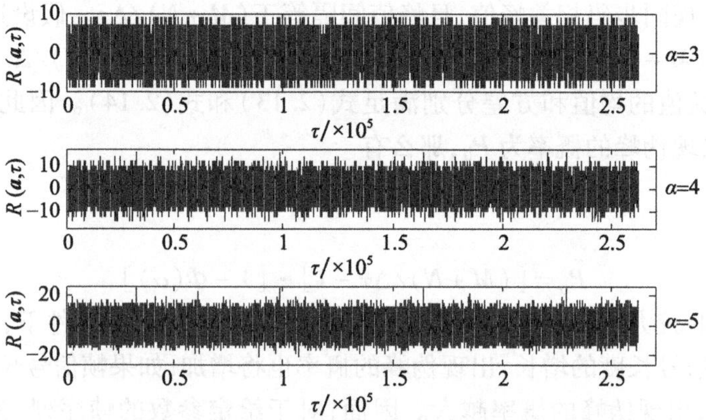


图 2.7　帧序列短码相关特性实验结果（$m=l, \Delta\tau=1$）

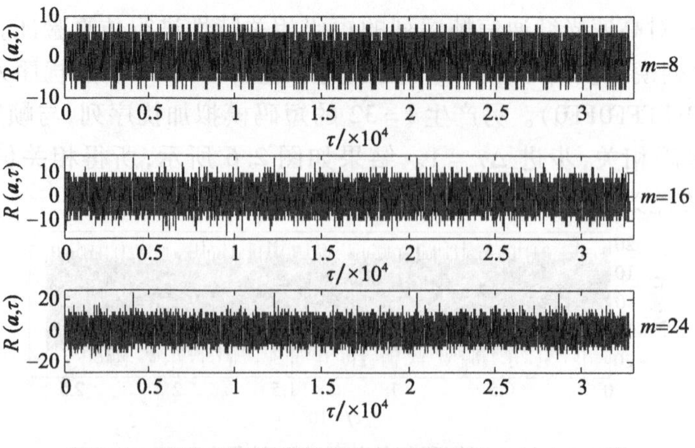


图 2.8　帧序列短码相关特性实验结果（$m=l, \Delta\tau=8$）

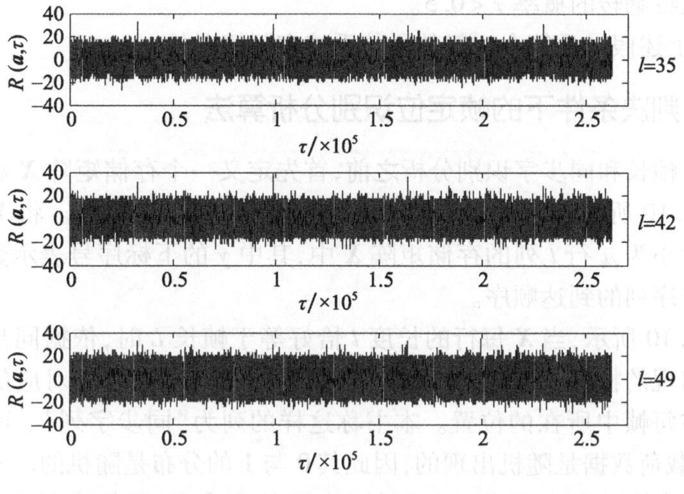


图 2.9　帧序列短码相关特性实验结果($0 < m = M \leqslant l, \Delta\tau = 1$)

# 2.3　面向同步字的帧定位信息识别分析

本节针对含有同步字的帧信号给出帧定位信息识别分析方法。首先简要介绍基于同步字的帧定位原理并指出需要识别分析的关键参数。然后在此基础上,给出基于硬判决的帧定位识别分析算法,并将其推广到软判决的情形。最后通过仿真和对比实验,说明算法的有效性。

## 2.3.1　基于同步字的帧定位原理与特性

在非合作通信的情况下,帧长 $L$、同步字 S 及其长度 $M$ 都是未知的,并且是影响帧定位能否实现的关键参数。因此,在进一步的信号处理之前,首先需要对这些信息进行识别分析。由此,便可确定帧定位识别分析环节需要进行识别的三个帧定位信息参数:帧长、同步字长度,以及同步字的码型。

根据上述帧定位原理可知,其最显著的特性就是同步字的周期性和重复性。因此在进行同步信息参数盲识别时,可以利用这一特性,首先搜索到信息流上周期性出现的片段,确定其重复周期,便可估算出码长。在此基础上,可以对重复出现的码型进一步分析,得到同步字。在此,为便于数学分析,本书对帧定位参数识别问题做以下假设。

假设 1:传输的数据帧中只有同步字是固定的,载荷数据是随机出现的;

假设 2:传输过程中产生的误码是随机的;

假设 3:传输信道是二进制对称信道,且信道转换概率 $\tau < 0.5$,即传输的信

号中发生比特翻转的概率 $\tau<0.5$。

显然,上述假设是符合一般的通信系统实际情况的。

### 2.3.2 硬判决条件下的帧定位识别分析算法

在进行帧长和同步字识别分析之前,首先定义一个存储矩阵 $\boldsymbol{X}$ 和数据流向量 $\boldsymbol{Y}$ 如图 2.10 所示。$\boldsymbol{Y}$ 表示从信道中接收到的二进制比特流。将 $\boldsymbol{Y}$ 中的数据依次填入大小为 $\mu$ 行 $l$ 列的存储矩阵 $\boldsymbol{X}$ 中,其中 $y$ 的下标序号表示数据流中接收到的比特序列的到达顺序。

如图 2.10 所示,当 $\boldsymbol{X}$ 每行的长度 $l$ 恰好等于帧长 $L$ 时,依据同步字以 $L$ 为周期重复出现的特点,矩阵 $\boldsymbol{X}$ 中部分列的数据是相同的,并且对应的列序号就是同步字在每帧中所在的位置。本书称这样的列为“同步字列”。而对于其余的列,由于载荷数据是随机出现的,因此其 0 与 1 的分布是随机的。本书称这样的列为“非同步字列”。据此,可以对矩阵 $\boldsymbol{X}$ 按列求和,即算出每列中“1”的个数,并从计算结果中找到“1”的个数接近 0 或接近 $\mu$ 的列,作为同步字所在列的位置的估计。当 $\boldsymbol{X}$ 每行的长度 $l$ 不等于帧长 $L$ 时,各行的同步字不能对齐,因此上述性质便不存在。即对 $\boldsymbol{X}$ 按列求和后找不到“1”的个数接近 0 或者接近 $\mu$ 的列,或者找到的数量很少。

基于以上思路,遍历 $l$ 可能的范围,便可对帧长和同步字位置进行估计。为了使同步字位置和非同步字位置得到正确的区分,需要设计一个合理的阈值进行判决。同时,对存储矩阵 $\boldsymbol{X}$ 的行数 $\mu$ 的取值进行讨论,以便在提高容错性能和降低运算量之间取得平衡。

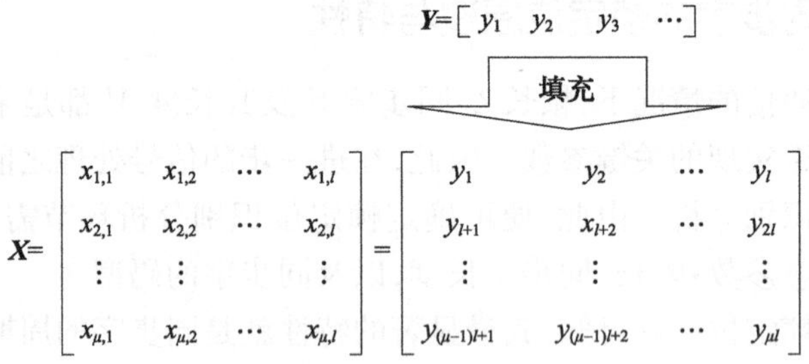


$$\boldsymbol{X}=\begin{bmatrix} x_{1,1} & x_{1,2} & \cdots & x_{1,l} \\ x_{2,1} & x_{2,2} & \cdots & x_{2,l} \\ \vdots & \vdots & & \vdots \\ x_{\mu,1} & x_{\mu,2} & \cdots & x_{\mu,l} \end{bmatrix}=\begin{bmatrix} y_1 & y_2 & \cdots & y_l \\ y_{l+1} & x_{l+2} & \cdots & y_{2l} \\ \vdots & \vdots & & \vdots \\ y_{(\mu-1)l+1} & y_{(\mu-1)l+2} & \cdots & y_{\mu l} \end{bmatrix}$$

图 2.10 存储矩阵

任意选取存储矩阵 $\boldsymbol{X}$ 中的第 $j(1\leqslant j\leqslant l)$ 列记为

$$\boldsymbol{X}_j=(x_{1,j},x_{2,j},\cdots,x_{\mu,j})^{\mathrm{T}} \tag{2.23}$$

首先考虑非同步字列。在此情况下,$\boldsymbol{X}_j$ 的各个元素可以看作随机出现的。那么可以近似认为每个元素为 0 和为 1 的概率分别为 1/2:

$$P_r(x_{i,j}=0)=P_r(x_{i,j}=1)=1/2\ (1\leqslant i\leqslant\mu,1\leqslant j\leqslant l) \tag{2.24}$$

令

$$Z_j = \sum X_j = \sum_{i=1}^{\mu} x_{i,j} \tag{2.25}$$

那么，$Z_j$服从二项分布。根据统计学相关理论[76]，其数学期望和方差分别为

$$\begin{cases} E(Z_j) = \mu \times P_r(x_{i,j}=1) = \mu/2 \\ D(Z_j) = \mu \times P_r(x_{i,j}=1) \times P_r(x_{i,j}=0) = \mu/4 \end{cases} \tag{2.26}$$

而当$\boldsymbol{X}_j$为同步字列时，若传输过程无误码，则该列或为全 0，或为全 1。设其为 $s(s=1,0)$，则在信道转换概率为 $\tau$ 的二进制对称信道上，受误码的影响，每个码元传输过程中不发生比特翻转和发生比特翻转的概率分别为

$$\begin{cases} P_r(x_{i,j}=s) = 1-\tau \\ P_r(x_{i,j}=1-s) = \tau \end{cases}, (1 \leqslant i \leqslant \mu, 1 \leqslant j \leqslant l) \tag{2.27}$$

那么，$Z_j$同样服从二项分布，而其数学期望和方差分别为

$$\begin{cases} E(Z_j) = \mu \times P_r(x_{i,j}=1) = \begin{cases} \mu(1-\tau)\,(s=1) \\ \mu\tau\,(s=0) \end{cases} \\ D(Z_j) = \mu \times P_r(x_{i,j}=1) \times P_r(x_{i,j}=0) = \mu\tau(1-\tau) \end{cases} \tag{2.28}$$

即

$$\begin{cases} E(Z_j) = \mu \times P_r(x_{i,j}=1) = \mu(\tau - 2s\tau + s) \\ D(Z_j) = \mu \times P_r(x_{i,j}=1) \times P_r(x_{i,j}=0) = \mu\tau(1-\tau) \end{cases} \tag{2.29}$$

在计算最佳判决阈值时，为方便描述，本书首先给出两个误判概率的定义——“虚警概率”和“漏警概率”。

(1) 虚警概率：将非同步字列误判为同步字列的概率。

(2) 漏警概率：将同步字列误判为非同步字列的概率。

为了平衡虚警概率和漏警概率，本书建议依据 6 倍标准偏差原则，选取同步字列和非同步字列的 6 倍标准偏差边界的平均值作为区分同步字列和非同步字列的判决阈值 $\delta$。由于同步字列有全 0 和全 1 两种情况，因此需要分别计算上下两个阈值 $\delta_{up}$ 和 $\delta_{down}$，如图 2.11 所示。当 $Z_j$的值在 $\delta_{up}$ 和 $\delta_{down}$ 之间时，判断当前计算的列(第 $j$ 列)为非同步字列；否则，判断当前计算的列为同步字列。本书称区间 $\delta_{up}$ 到 $\delta_{down}$ 为同步字列的拒绝域，小于 $\delta_{down}$ 和大于 $\delta_{up}$ 的部分称为同步字列的接受域。判决阈值 $\delta_{up}$ 和 $\delta_{down}$ 的具体计算式如下：

$$\delta_{up} = \frac{\left(\frac{\mu}{2} + 6 \times \sqrt{\frac{\mu}{4}}\right) + \left[\mu(1-\tau) - 6 \times \sqrt{\mu\tau(1-\tau)}\right]}{2} \tag{2.30}$$

$$\delta_{down} = \frac{\left(\frac{\mu}{2} - 6 \times \sqrt{\frac{\mu}{4}}\right) + \left[\mu\tau + 6 \times \sqrt{\mu\tau(1-\tau)}\right]}{2} \tag{2.31}$$

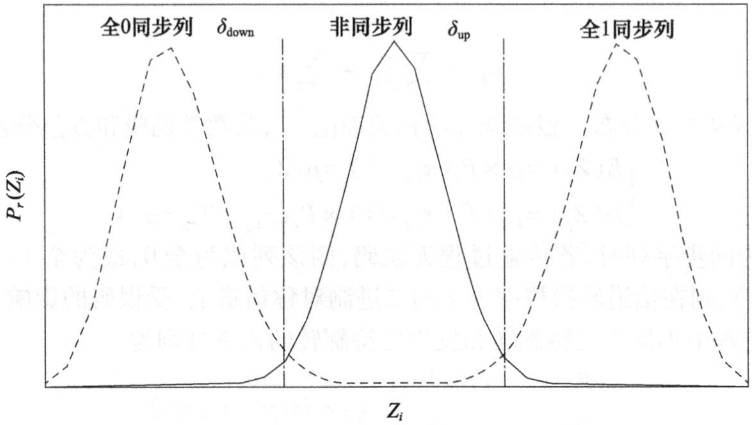


图 2.11 存储矩阵对列求和概率分布

显然，为达到 6 倍标准差性能，必须保证非同步列的 6 倍标准差下边界大于全 0 同步列的 6 倍标准差上边界，同时保证同步列的 6 倍标准差上边界小于全 1 同步列的 6 倍标准差下边界，即

$$(\mu/2+6\times\sqrt{\mu/4})<\mu(1-\tau)-6\times\sqrt{\mu\tau(1-\tau)} \tag{2.32}$$

且

$$(\mu/2-6\times\sqrt{\mu/4})<\mu\tau+6\times\sqrt{\mu\tau(1-\tau)} \tag{2.33}$$

依据式(2.32)和式(2.33)，可得

$$\mu>\frac{36[1+2\sqrt{\tau(1-\tau)}]}{(1-2\tau)^2} \tag{2.34}$$

通过式(2.34)可以确定判决阈值满足 6 倍标准差原则时的 $\mu$ 的下界。在满足该下界的基础上，随着 $\mu$ 的上升，容错性能上升，但算法的复杂度也会上升。因此在满足容错需求的同时，选择尽可能小的 $\mu$ 值可以降低计算复杂度。当信道转换概率 $\tau$ 无法预知时，不能通过式(2.30)、式(2.31)和式(2.34)来设置阈值和确定 $\mu$ 的取值。然而，由式(2.25)可知，在此情况下，$Z_j$ 的概率分布不依赖 $\tau$。因此，本书建议将非同步列的 $Z_j$ 的 6 倍标准差上边界和 6 倍标准差下边界作为判决阈值，如式(2.35)和式(2.36)所示：

$$\delta_{up}=\left(\frac{\mu}{2}+6\times\sqrt{\frac{\mu}{4}}\right)=\frac{1}{2}(\mu+6\sqrt{\mu}) \tag{2.35}$$

$$\delta_{down}=\left(\frac{\mu}{2}-6\times\sqrt{\frac{\mu}{4}}\right)=\frac{1}{2}(\mu-6\sqrt{\mu}) \tag{2.36}$$

此时，为确保判决基于阈值 $\delta_{up}$ 和 $\delta_{down}$ 的同步字列拒绝域的有效性，希望 $\delta_{up}$ 和 $\delta_{down}$ 之间的距离尽可能小。设

$$\delta_{\text{up}} - \delta_{\text{down}} < \mu\theta (0 < \theta < 1) \tag{2.37}$$

将式(2.35)和式(2.36)代入式(2.37),可得

$$\mu > 36/\theta^2 \tag{2.38}$$

取 $\theta = 1/2$ 时,$\mu > 144$。

至此,本书给出了 $\boldsymbol{X}$ 矩阵针对单个列区分其是否为同步字列的判决阈值以及 $\boldsymbol{X}$ 矩阵行数 $\mu$ 的推荐取值。以此为基础,即可估计帧长和同步字位置。然而由于虚警概率和漏警概率依然存在,需要采取进一步的措施来降低虚警和漏警的影响。

首先,针对帧长识别,在遍历 $l$ 的过程中,对于每个 $l$ 值,将矩阵 $\boldsymbol{X}$ 对列求和以后记下求和结果中满足同步字列接受域的列的数量 $Q_l$,然后对不同的 $l$ 值比较其 $Q_l$ 值并选取其中较大者对应的 $l$ 值作为帧长的估计。但在此过程中,由于帧定位字是周期性出现的,当 $l$ 的值大于实际帧长且等于帧长的整数倍时,相应的 $Q_l$ 的值都较大,且与 $l$ 近似成正比。因此,在遍历 $l$ 的过程中需要比较的是满足同步字列接受域的列的数量占 $\boldsymbol{X}$ 矩阵总的列数的比例,即 $Q_l/l$。该比例在时不变信道或变化比较缓慢的信道上会维持平稳。在遍历 $l$ 之后,对每个 $l$ 值计算以下指标:

$$V_l = Q_l/l \tag{2.39}$$

从所有的 $V_l$ 中找到大于其最大值的2/3 者并将其中最小的下标 $l$ 作为码长 $L$ 最终的估计。

其次针对同步字位置和码型的估计,由于同步字是连续的一组二进制码,因此在完成帧长的估计后,考查相应的 $Z_j$,仅考虑连续出现的满足同步字列接受域的位置作为同步字位置的估计。而未连成片的孤立点,即使满足同步字接收域的阈值条件,也将其判定为非同步字列。

为便于计算机程序自动识别分析,先将上述算法思想总结成以下计算步骤。

(1)设置帧长搜索范围,即设定最小帧长 $l_{\min}$ 和最大帧长 $l_{\max}$,并将 $l$ 初始化为 $l_{\min}$。

(2)根据式(2.34)或式(2.38),设置 $\mu$ 并计算判决阈值 $\delta_{\text{up}}$ 和 $\delta_{\text{down}}$。

(3)将接收到的信息序列按照所示的方式填入行数为 $\mu$、列数为 $l$ 的存储矩阵 $\boldsymbol{X}$ 中。

(4)将 $\boldsymbol{X}$ 按列求和,计算结果存入长度为 $l$ 的向量 $\boldsymbol{Z}$ 中:

$$\boldsymbol{Z} = [Z_1, Z_2, \cdots, Z_l] \tag{2.40}$$

(5)从向量 $\boldsymbol{Z}$ 中选取位于区间$[\delta_{\text{up}}\ \delta_{\text{down}}]$中的元素,记录其数量 $Q_l$ 并计算 $V_l = Q_l/l$。

(6)若 $l < l_{\max}$,令 $l = l + 1$ 并返回步骤(3)否则,执行步骤(7)。

(7)所有的 $l$ 值对应的 $V_l$ 组成向量 $\boldsymbol{V}$:

$$V = [V_{l_{\min}}, V_{l_{\min}+1}, \cdots, V_{l_{\max}}] \tag{2.41}$$

找到向量 $V$ 中的最大值记为 $V_{\max}$。

(8)从向量 $V$ 中抽取大于 $(2/3) \times V_{\max}$ 的元素,并从抽取出的元素中找到下标最小的一个,将其下标值作为帧长 $L$ 的估计,记为 $\hat{L}$。

(9)令 $l = \hat{L}$,重新将接收到的比特序列填入存储矩阵 $X$ 中并按列求和,计算结果存入式(2.41)所示的向量 $Z$ 中。

(10)从向量 $Z$ 中选取位于区间 $[\delta_{\mathrm{up}}\ \delta_{\mathrm{down}}]$ 中的元素并记录其索引。在选出的元素中,找到下标连续的二进制序列分组,将其位置作为帧定位位置的估计。同时找到这些位置对应的 $X$ 矩阵中的列,按照大数判决的方式即可得到帧定位字的码型。

## 2.3.3 软判决条件下的帧定位识别分析算法

在软判决条件下,通信系统接收方前端接收机给出的判决信息不是数字化的"0"b、"1"b,而是每比特为"0"或者为"1"的可能性的度量[139]。由此,可以判断每判决比特的可靠性。依据判决比特的可靠性指标对帧定位识别分析算法进行优化,可以获得性能上的改进。

以二进制相移键控(BPSK)调制为例,信息符号 $c(c \in \{0,1\})$ 到调制符号 $s$ 的映射过程可以表示为

$$s = 1 - 2c \tag{2.42}$$

即将信息"0"映射成符号"1",信息"1"映射成符号"$-1$"。假设调制后的信号经加性高斯白噪声(AWGN)信道传输,接收端解调得到的软判决输出 $r$ 可以表示为

$$r = s + w = 1 - 2c + w \tag{2.43}$$

式中:$w$ 为服从均值为 0、方差为 $\sigma$ 的高斯分布的信道噪声,有

$$w \sim N(0, \sigma^2) \tag{2.44}$$

信道噪声与传输信号是相对独立的,因此 $r$ 服从均值为 $s$、方差为 $\sigma$ 的高斯分布:

$$r \sim N(s, \sigma^2) \tag{2.45}$$

如果发送的信息是随机的,则 $s$ 的值为"1"和"$-1$"的概率均等,均为 1/2。因此,$r$ 具有以下形式的概率密度函数:

$$f(x) = \frac{1}{2\sqrt{2\pi}\sigma}\exp\left[-\frac{(x-1)^2}{2\sigma^2}\right] + \frac{1}{2\sqrt{2\pi}\sigma}\exp\left[-\frac{(x+1)^2}{2\sigma^2}\right] \tag{2.46}$$

图 2.12 所示为其概率密度分布。

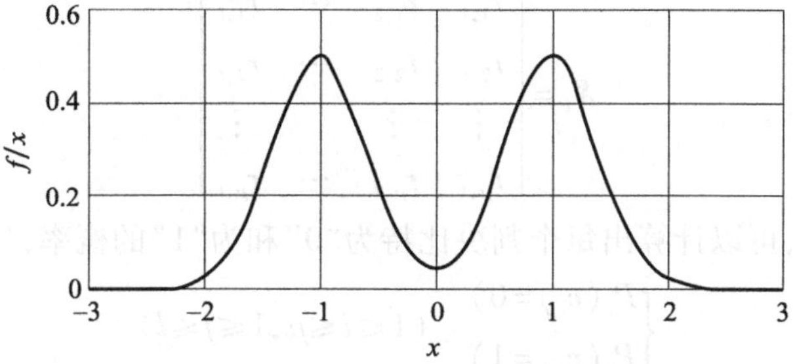


图 2.12　BPSK 接收软判决的概率密度分布

由式(2.46)和图 2.12 可知，当软判决结果 $r$ 越靠近 0 时，$s$ 为"1"和"−1"的概率差距越小，判决可靠性就越低。因此，$|r|$ 反映了判决结果 $r$ 的可靠性。图 2.13 所示为在几种噪声水平下通过计算机仿真统计出的不同判决可靠性对应的硬判决误码率的比较。显然，判决可靠性较高的接收码元，发生误码的概率较小。硬判决误码率随着判决可靠性的上升而下降。

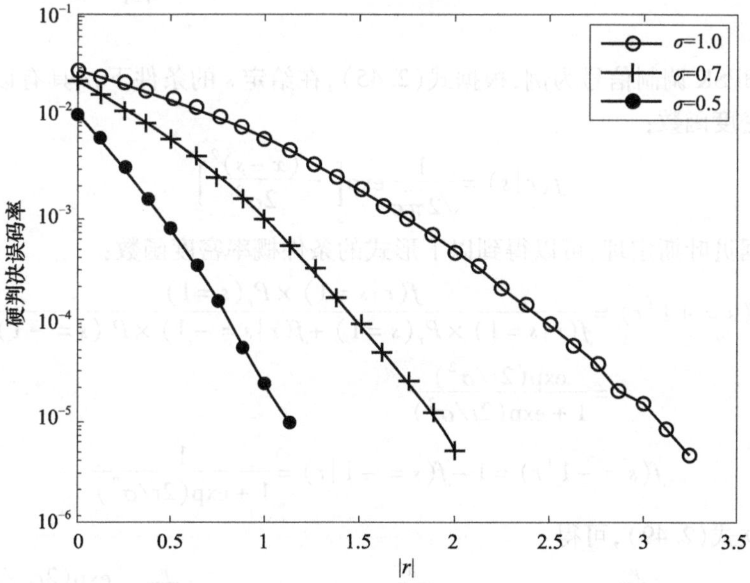


图 2.13　判决可靠性与硬判决误码率的关系

利用软判决给出的判决可靠性，可以采用基于概率的方法来改进同步信息识别算法，提高容错性能。

在软判决条件下，图 2.10 所示的存储矩阵中填入的数值要替换成软判决结果。将存储矩阵 $\boldsymbol{X}$ 表示为

$$\boldsymbol{X}_i=\begin{bmatrix} r_{1,1} & r_{1,2} & \cdots & r_{1,l} \\ r_{2,1} & r_{2,2} & \cdots & r_{2,l} \\ \vdots & \vdots & & \vdots \\ r_{\mu,1} & r_{\mu,2} & \cdots & r_{\mu,l} \end{bmatrix} \tag{2.47}$$

进一步地,可以计算出每个判决比特为“0”和为“1”的概率,分别表示为

$$\begin{cases} P_r(c_{i,j}=0) \\ P_r(c_{i,j}=1) \end{cases} \quad (1\leqslant i\leqslant\mu,1\leqslant j\leqslant l) \tag{2.48}$$

式中:$c_{i,j}$为$r_{i,j}$对应的调制前的信息比特;$\mu$、$l$分别为存储矩阵$\boldsymbol{X}$的行数和列数。由于同步字列或为全“1”,或为全“0”,因此可以依据式(2.48)计算存储矩阵$\boldsymbol{X}$中每列为全“1”和全“0”的概率:

$$\begin{cases} P_r(\boldsymbol{X}_j=0)=P_r(c_{1,j}=0,c_{2,j}=0,\cdots,c_{\mu,j}=0)=\prod_{i=1}^{\mu}P_r(c_{i,j}=0) \\ P_r(\boldsymbol{X}_j=1)=P_r(c_{1,j}=1,c_{2,j}=1,\cdots,c_{\mu,j}=1)=\prod_{i=1}^{\mu}P_r(c_{i,j}=1) \end{cases} \tag{2.49}$$

以 BPSK 调制信号为例,根据式(2.45),在给定$s$的条件下,$r$具有以下形式的概率密度函数:

$$f(r|s)=\frac{1}{\sqrt{2\pi}\sigma}\exp\left[-\frac{(x-s)^2}{2\sigma^2}\right] \tag{2.50}$$

根据贝叶斯定理,可以得到以下形式的条件概率密度函数:

$$\begin{aligned} f(s=+1|r)&=\frac{f(r|s=1)\times P_r(s=1)}{f(r|s=1)\times P_r(s=1)+f(r|s=-1)\times P_r(s=-1)} \\ &=\frac{\exp(2r/\sigma^2)}{1+\exp(2r/\sigma^2)} \end{aligned} \tag{2.51}$$

$$f(s=-1|r)=1-f(s=-1|r)=\frac{1}{1+\exp(2r/\sigma^2)} \tag{2.52}$$

联立式(2.49),可得

$$\begin{cases} P_r(\boldsymbol{X}_j=0)=\prod_{i=1}^{\mu}P_r(c_{i,j}=0)=\prod_{i=1}^{\mu}P_r(s_{i,j}=1|r)=\prod_{i=1}^{\mu}\dfrac{\exp(2r_{i,j}/\sigma^2)}{1+\exp(2r_{i,j}/\sigma^2)} \\ P_r(\boldsymbol{X}_j=1)=\prod_{i=1}^{\mu}P_r(c_{i,j}=1)=\prod_{i=1}^{\mu}P_r(s_{i,j}=-1|r)=\prod_{i=1}^{\mu}\dfrac{1}{1+\exp(2r_{i,j}/\sigma^2)} \end{cases} \tag{2.53}$$

式中:$s_{i,j}=1-2c_{i,j}$为$c_{i,j}$的调制符号;$r_{i,j}$为相应的接收端的软判决输出。

在遍历帧长$l$时,对于每个帧长值,将所有列的$P_r(\boldsymbol{X}_j=0)$和$P_r(\boldsymbol{X}_j=1)$相

加作为当前该帧长值是否为实际帧长的显著度指标,替换式(2.39)及2.3.2节中基于硬判决的帧定位识别分析算法步骤(5)中的$Q_l$,即可将帧定位识别分析算法扩展到软判决的情况。但由于式(2.49)中的乘积的概率分布在数学上难以推导,因此完成帧长的估计后,判断存储矩阵中各列是否为同步列的最优判决阈值难以给出,可以在进一步的同步字识别过程中沿用硬判决的步骤。但根据软判决给出的可靠性信息,可以对部分可靠性较低的判决比特进行剔除,从而提高总体的可靠性。

为便于计算机程序自动处理,本书基于以上原理给出软判决条件下的具体识别分析算法步骤。

(1)设置帧长搜索范围,即设定最小帧长$l_{\min}$和最大帧长$l_{\max}$,并将$l$初始化为$l_{\min}$。

(2)将接收到的软判决信息序列按照图2.10和式(2.47)所示的方式填入行数为$m$、列数为$l$的存储矩阵$\boldsymbol{X}$中。

(3)计算$\boldsymbol{X}$中每列是全"0"的概率和全"1"的概率,将计算结果相加后存入长度为$l$的向量$\boldsymbol{Z}$中:

$$\boldsymbol{Z}=[Z_0,Z_1,\cdots,Z_{l-1}] \tag{2.54}$$

(4)将向量$\boldsymbol{Z}$求和得到$Q_l$,并计算$V_l=Q_l/l$。

(5)若$l<l_{\max}$,令$l=l+1$并返回步骤(2)否则,执行步骤(6)。

(6)所有的$l$值对应的$V_l$组成向量$\boldsymbol{V}$:

$$\boldsymbol{V}=[V_{l_{\min}},V_1,\cdots,V_{l_{\max}}] \tag{2.55}$$

找到向量$\boldsymbol{V}$中的最大值记为$V_{\max}$。

(7)从向量$\boldsymbol{V}$中抽取大于$(2/3)\times V_{\max}$的元素,并从抽取的元素中找到下标最小的一个,将其下标值作为帧长$L$的估计,记为$\hat{L}$。

(8)令$l=\hat{L}$,重新将接收到的比特序列填入存储矩阵$\boldsymbol{X}$中。

(9)在存储矩阵$\boldsymbol{X}$的每列中,选取判决可靠性最差的$S$个判决结果,并将其删除(建议$S$约为$M/5$)。

(10)将存储矩阵$\boldsymbol{X}$中所有软判决结果转换成硬判决,并按照硬判决的处理方法识别同步字。

### 2.3.4 仿真验证

本节通过仿真实验说明2.3.2节和2.3.3节提出的帧定位识别分析算法的有效性,并将仿真结果与文献[140-141]的结果进行比较。

本节仿真实验假设通信系统采用BPSK调制,信号传输信道为AWGN信道并且满足2.3.1节所提到的假设条件。实验分三个部分:第一部分是对2.3.2节所提出的基于硬判决的识别分析算法进行仿真验证;第二部分是对2.3.3节所提出的基于软判决的识别分析算法进行仿真验证;第三部分是与文献[140-141]的算法的容错性能进行对比实验。预设的仿真实验数据帧长 $L=4096$b,同步字为0xA53C,长度16b。载荷部分的数据随机选取。设存储矩阵 $\boldsymbol{X}$ 的行数 $\mu=64$。

首先考虑硬判决的情况。在硬判决条件下,假设信道噪声水平以信号与噪声功率的比的对数的形式表示为 $E_s/N_0=5$dB。在此条件下,硬判决误码率约为 $10^{-2.19}$。仿真计算过程依照2.3.2节给出的算法步骤进行。在2.3.2节的步骤(1)中,设置最小帧长和最大帧长分别为128b和24000b。仿真过程中,当 $l=L$ 时,步骤(4)中计算式(2.18)表示的向量 $\boldsymbol{Z}=[Z_1,Z_2,\cdots,Z_l]$ 如图2.14所示。可见小部分集中区域的 $Z_j$ 的值在区间 $[\delta_{\text{up}}\ \delta_{\text{down}}]$ 之外,其对应的列可作为同步列的估计。为更加清晰地显示,将图2.14中椭圆标识的区域进行局部放大,如图2.15所示。

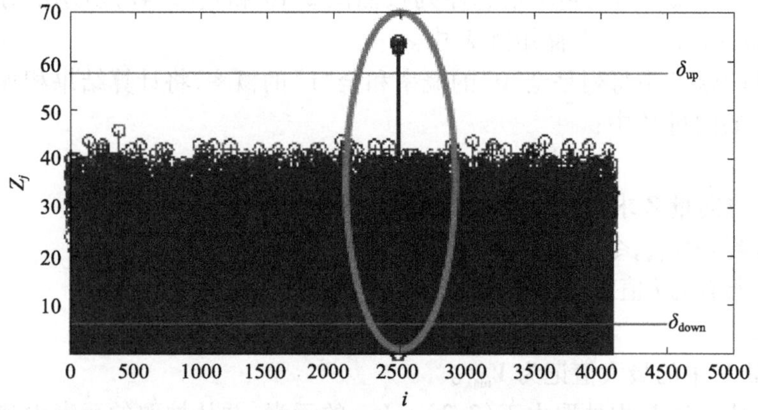


图2.14　硬判决条件下 $l=L$ 时的向量 $\boldsymbol{Z}$

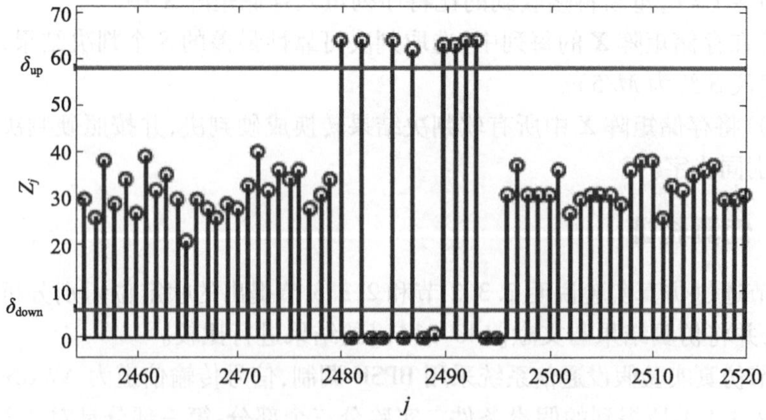


图2.15　硬判决条件下 $l=L$ 时的向量 $\boldsymbol{Z}$(局部放大)

图 2.16 所示为当 $l \neq L$ 时的,计算所得的向量 $\boldsymbol{Z}$。从图中可见,在 $l \neq L$ 的情况下,没有满足阈值的同步列。

记下每个 $l$ 值对应的满足同步列阈值条件的列的个数,记为 $Q_l$,并计算步骤(5)中所提到的 $\boldsymbol{V}_l$。遍历所有的 $l$ 后,图 2.17 所示为不同 $l$ 处的 $\boldsymbol{V}_l$ 的值。可见,在 $l$ 为实际帧长 4096b 的整数倍时,相应的 $\boldsymbol{V}_l$ 的值明显高于其他位置。根据 2.3.2 节的步骤(7)和步骤(8),即可完成对帧长 $L$ 的估计。依据步骤(9)和步骤(10)即可进一步识别同步字的码型。如图 2.15 所示,对满足同步列判决阈值接受域的列进行判读,可得同步字码型为"1010010100111100",表示成 16 进制为 0xA53C,识别结果与仿真实验设置相一致。本实验在进一步详细阐释 2.3.2 节提出的识别分析算法的同时,验证了算法在噪声环境下的有效性。

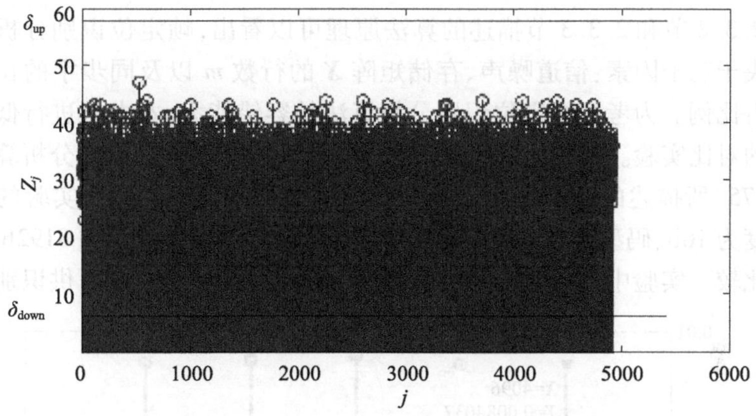


图 2.16 硬判决条件下 $l \neq L$ 时的向量 $\boldsymbol{Z}$

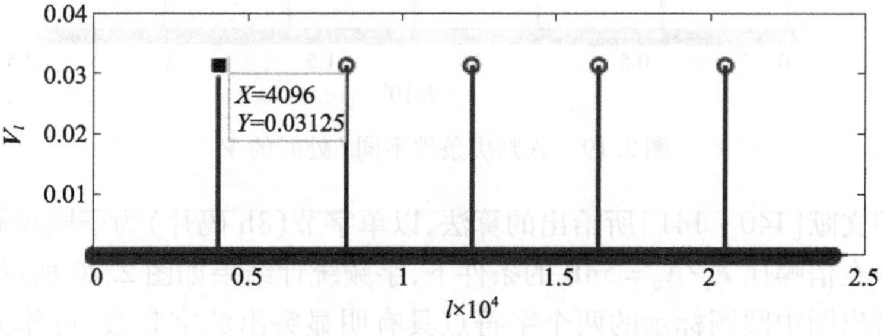


图 2.17 硬判决条件不同 $l$ 处时的向量 $\boldsymbol{V}_l$

在软判决条件下,依据 2.3.3 节描述的识别分析原理及算法步骤,可以计算出 $l = L$ 时步骤(3)和式(2.32)中的 $Z_j$,如图 2.18 所示。由图 2.18 可见,在软判决条件下,同步列和非同步列的区分度更加明显。进一步计算向量 $\boldsymbol{V}_l$,如图 2.19所示。后续处理过程与硬判决情况下类似,不再赘述。此实验在进一步详细阐释2.3.3节所提出的基于软判决的识别分析算法的同时，验证了算法在噪声环境下的有效性。

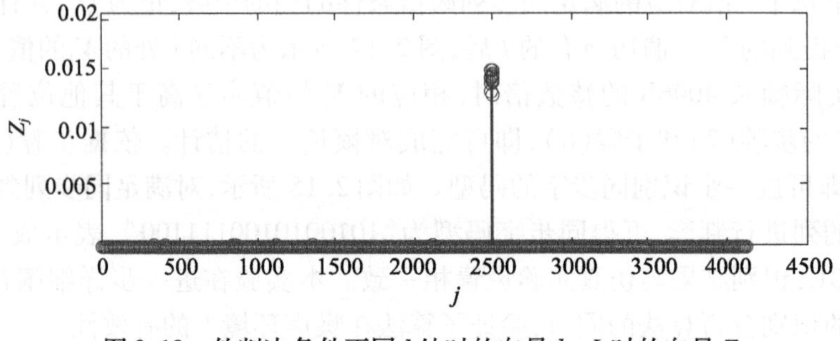


图2.18 软判决条件不同 $l$ 处时的向量 $l = L$ 时的向量 $\boldsymbol{Z}$

由2.3.2节和2.3.3节描述的算法原理可以看出，帧定位识别分析成功率主要取决于三个因素：信道噪声、存储矩阵 $\boldsymbol{X}$ 的行数 $m$ 以及同步字的长度在帧长中所占比例。为考查帧定位识别分析算法的容错能力，本书将进行低信噪比条件下的对比实验。首先将2.3.2节描述的硬判决条件下的识别分析算法与文献[74－75]所描述的基于字频统计的算法性能进行比较。对比实验的数据仍采用长度为16b、码型为0xA53C的同步字，帧长 $L$ 采用4096b和8192b两种模式进行比较。实验中假设接收机接收到的100000b连续数据流可供识别分析。

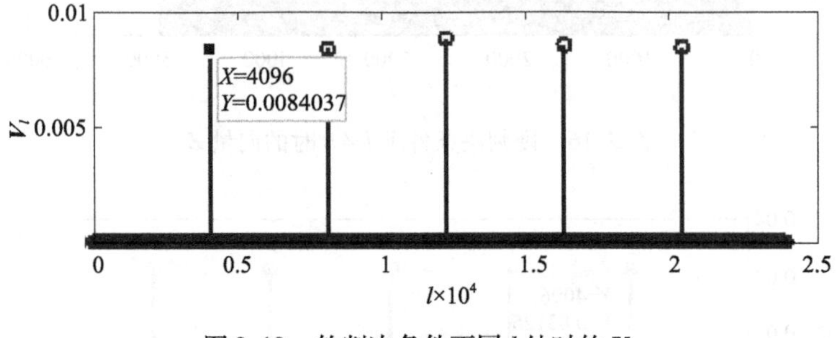


图2.19 软判决条件不同 $l$ 处时的 $\boldsymbol{V}_l$

按照文献[140－141]所给出的算法，以单字节(8b码片)为子同步码进行字频统计。在信噪比 $E_s/N_0 = 5\text{dB}$ 的条件下，字频统计结果如图2.20所示。此时，容易分辨出图中圆圈标示的两个字符点具有明显突出的字频数，可作为子同步码的估计。此时基于这两个搜索到的子同步码，可以进一步估计码长和完整的同步字。当信噪比 $E_s/N_0$ 降低到0dB时，如图2.21所示，字频统计结果已经难以清晰辨认。在此信噪比条件下将码长 $L$ 增加1倍，即 $L = 8192\text{b}$。此时，字频统计结果如图2.22所示。可见，子同步码已经完全无法辨认。

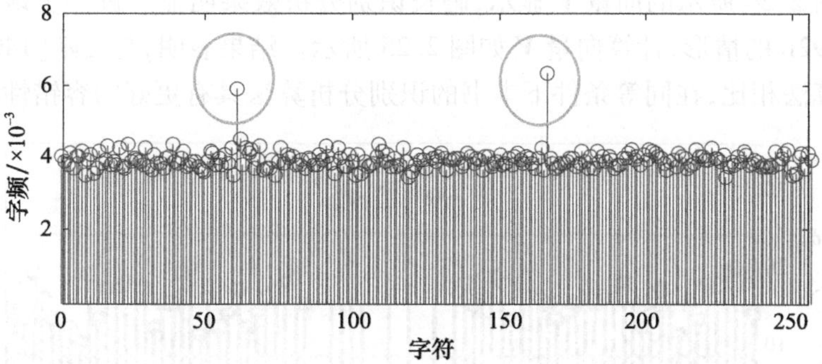


图 2.20　基于字频统计的帧定位识别分析($E_s/N_0=5\text{dB}, M/L=16/4096$)

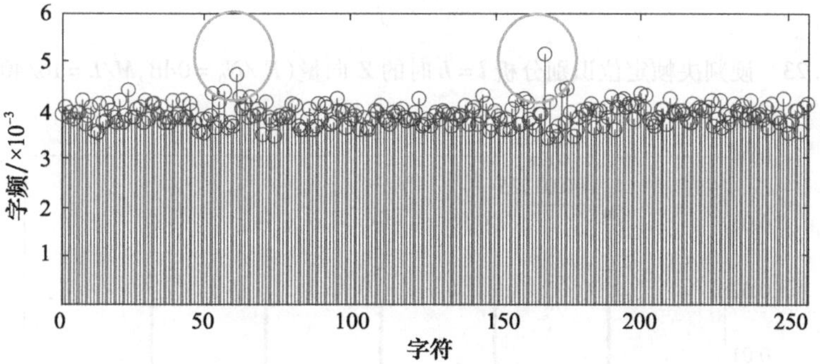


图 2.21　基于字频统计的帧定位识别分析($E_s/N_0=0\text{dB}, M/L=16/4096$)

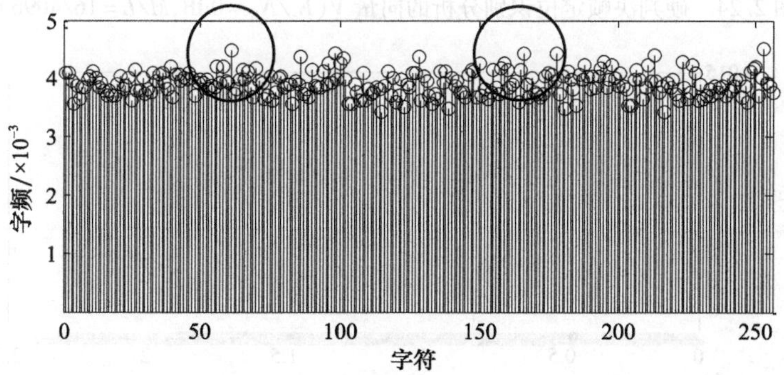


图 2.22　基于字频统计的帧定位识别分析($E_s/N_0=0\text{dB}, M/L=16/8192$)

在信噪比 $E_s/N_0=0\text{dB}$ 及帧长 $L=4096\text{b}$ 的条件下，基于本书提出的硬判决帧定位识别分析的 $l=L$ 时的向量 $\boldsymbol{Z}$ 和遍历 $l$ 时的向量 $\boldsymbol{V}$ 分别如图 2.23 和图 2.24所示。由图 2.23 可知，判决阈值对同步字列和非同步字列的区分仍然明显。图 2.24 所示的向量 $\boldsymbol{V}$ 显示,码长识别分析效果明显。进一步地,针对码长$L=8192$b 的情形,计算向量 $\boldsymbol{V}$ 如图 2.25 所示。结果表明,与文献[140 - 141]给出的算法相比,在同等条件下本书的识别分析算法具有更好的容错性能。

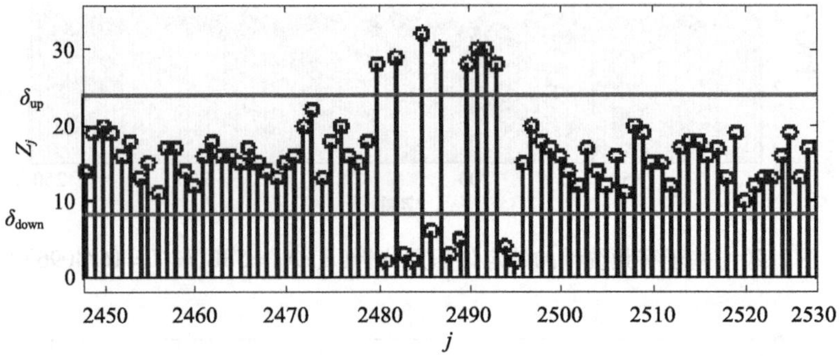


图 2.23　硬判决帧定位识别分析 $l=L$ 时的 $\boldsymbol{Z}$ 向量($E_s/N_0=0$dB,$M/L=16/4096$)

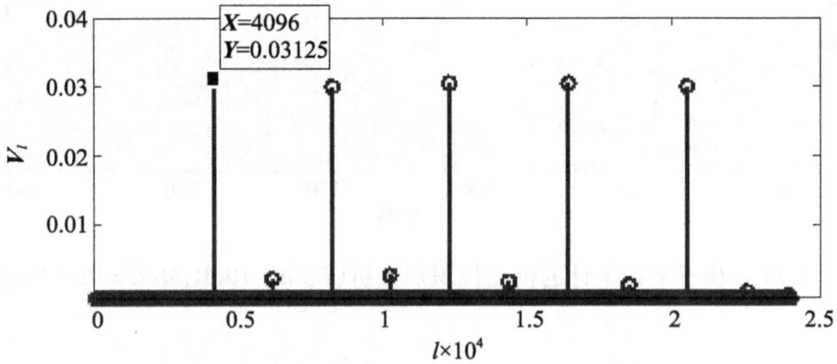


图 2.24　硬判决帧定位识别分析的向量 $\boldsymbol{V}$($E_s/N_0=0$dB,$M/L=16/4096$)

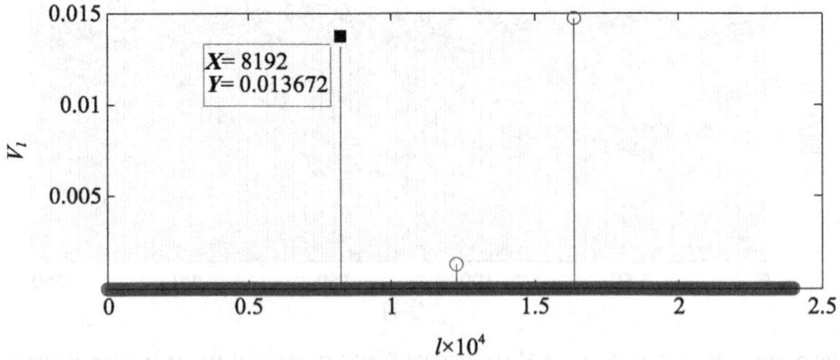


图 2.25　硬判决帧定位识别分析的向量 $\boldsymbol{V}$($E_s/N_0=0$dB,$M/L=16/8192$)

为了验证软判决算法对帧定位信息识别分析容错性能的改进,进一步将信噪比 $E_s/N_0$降低到 $-3$dB,分别按照硬判决和软判决情况下的算法步骤对帧长为

$L=4096$b 的数据进行帧定位识别。两种情况下的向量 $\boldsymbol{V}$ 分别如图 2.26 和图 2.27所示。对比后可见,显然基于软判决的识别分析算法具有更好的容错性能,在 $-3$dB 的信噪比条件下仍可清晰地识别码长。而如图 2.26 所示,基于硬判决的算法受噪声干扰的影响更大。

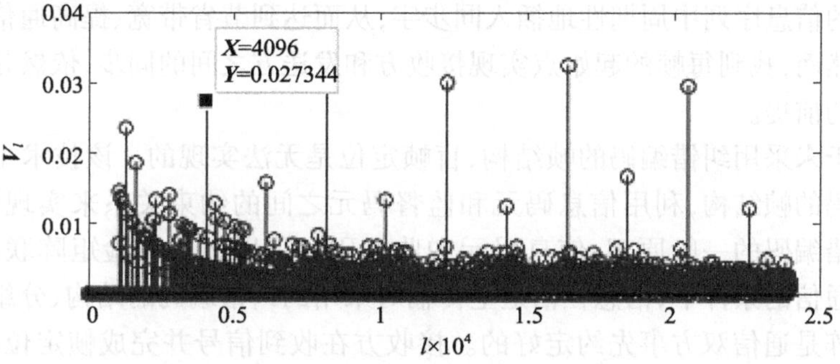


图 2.26　硬判决帧定位识别分析的向量 $\boldsymbol{V}(E_s/N_0=-3\text{dB},M/L=16/4096)$

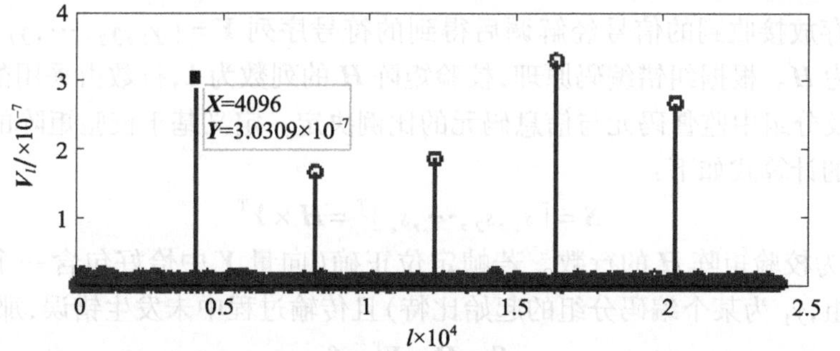


图 2.27　软判决帧定位识别分析的向量 $\boldsymbol{V}(E_s/N_0=-3\text{dB},M/L=16/4096)$

至此,通过三部分仿真实验,本书从硬判决和软判决两个方面验证了 2.3.2 节和 2.3.3 节给出的帧定位识别分析算法的有效性。通过对比实验,不仅验证了本书提出的算法比已知参考文献中相关方法具有更好的容错性能,还验证了引入软判决算法后对容错性能的进一步改进。

## 2.4　无同步字的帧定位信息识别分析

本节针对近年出现的不依赖同步字的通信系统给出帧定位信息识别分析方法。首先简要介绍基于纠错编码校验矩阵的盲帧定位原理并指出需要识别分析的关键参数。然后在此基础上,给出基于硬判决的识别算法,并将其推广到软判决的情形。最后通过计算机仿真和对比实验,说明算法的有效性。

### 2.4.1 基于纠错编码校验矩阵的盲帧定位原理与特性

文献[142 - 147]研究了一系列不依赖同步字的帧定位实现方法，称为“盲帧定位方法”。与传统的基于同步字的帧定位方案相比，盲帧定位技术不需要在传输的信息序列中周期性地插入同步字，从而达到节省带宽、提高通信效率的目的。然而，找到每帧的起始点实现接收方和发送方之间的同步，依然是后续信号处理的前提。

对于未采用纠错编码的帧结构，盲帧定位是无法实现的。该技术主要面向纠错编码的帧结构，利用信息码元和监督码元之间的约束关系来实现帧定位。根据纠错编码的一般原理，信息码元和监督码元可以通过校验矩阵联系起来。在合作通信的条件下，信息在信道上传输时采用的纠错编码的结构、分组长度和校验矩阵是通信双方事先约定好的。接收方在收到信号并完成帧定位后，通过校验矩阵来验证传输过程中是否产生错误，并计算校正子以便进一步纠正误码。

假设一个纠错编码分组包含 Lb。在接收端设置一个长度为 $L$ 的观察窗口 W 用于存放接收到的信号经解调后得到的符号序列 $\boldsymbol{Y}=[y_1,y_2,\cdots,y_L]$。设校验矩阵为 $\boldsymbol{H}$。根据纠错编码原理，校验矩阵 $\boldsymbol{H}$ 的列数为 $L$，行数由采用的纠错编码类型及分组中监督码元与信息码元的比例决定。定义基于校验矩阵的校正子向量 $\boldsymbol{S}$ 的计算式如下：

$$\boldsymbol{S}=[s_1,s_2,\cdots,s_\varepsilon]^{\mathrm{T}}=\boldsymbol{H}\times\boldsymbol{Y}^{\mathrm{T}} \tag{2.56}$$

式中：$\varepsilon$ 为校验矩阵 $\boldsymbol{H}$ 的行数。若帧定位正确（向量 $\boldsymbol{Y}$ 中恰好包含一个完整的编码分组，$y_1$ 为某个编码分组的起始比特）且传输过程中未发生错误，那么

$$\boldsymbol{S}=\boldsymbol{H}\times\boldsymbol{Y}^{\mathrm{T}}=\boldsymbol{0} \tag{2.57}$$

否则，如果传输过程发生错误或者接收端帧定位不正确，那么 $\boldsymbol{Y}$ 就无法构成一个有效的编码分组，校正子向量 $\boldsymbol{S}$ 就不全为 0：

$$\boldsymbol{S}=\boldsymbol{H}\times\boldsymbol{Y}^{\mathrm{T}}\neq\boldsymbol{0} \tag{2.58}$$

因此，在无误码的情况下，可以通过考查校正子是否为零来寻找编码分组起始点，即帧定位位置。具体来说，可遵循以下步骤：

（1）假设接收端从某一时刻起，接收到的信息序列为 $y_1,y_2,y_3\cdots$。

（2）将 $y_1,y_2,\cdots,y_L$ 组成一个分组存入前面提到的观察窗口 W 并计算校正子向量 $\boldsymbol{S}$，记为 $\boldsymbol{S}_1$：

$$\boldsymbol{S}_1=[s_{1,1},s_{1,2},\cdots,s_{1,\varepsilon}]^{\mathrm{T}}=\boldsymbol{H}\times[y_1,y_2,\cdots,y_L]^{\mathrm{T}} \tag{2.59}$$

并计算 $\boldsymbol{S}_1$ 中非零元素的个数，记为 $P_1$。

（3）将 $y_2,y_3,\cdots,y_{L+1}$ 组成一个分组存入观察窗口 W 并计算校正子向量 $\boldsymbol{S}$，记为 $\boldsymbol{S}_2$：

$$\boldsymbol{S}_2=[s_{2,1},s_{2,2},\cdots,s_{2,\varepsilon}]^{\mathrm{T}}=\boldsymbol{H}\times[y_2,y_3,\cdots,y_{L+1}]^{\mathrm{T}} \tag{2.60}$$

并计算 $S_2$ 中非零元素的个数,记为 $P_2$。

(4)以此类推,直到由 $y_L, y_{L+1}, \cdots, y_{2L-1}$ 组成的分组计算得到 $S_L$ 和 $P_L$,完成一次循环。

为防止误判,可多做几次循环,即完成步骤(4)后,再由 $y_{L+1}, y_{L+2}, \cdots, y_{2L}$ 组成的分组计算出的校正子向量的非零元素的个数与 $P_1$ 相加后记为 $P_1$,如此循环计算。假设进行 $M$ 次循环计算,则根据式(2.57)和式(2.58),在无误码的情况下,如果 $P_i = 0$,那么 $y_{kL+i}(k \in \mathbb{Z})$ 为编码分组起始点的估计。

以上讨论了无误码的情况,但通信过程中往往会产生误码。在有误码时,即使帧定位正确,校正子向量 $S$ 也未必全 0。尽管如此,正确帧定位位置的校正子为 0 的概率也大于错误同步位置时的校正子为 0 的概率[58-60]。因此,可以通过计算每个起始点对应的校正子为 0 的概率来进行帧定位位置的估计,也就是找到使 $P_i(1 \leqslant i \leqslant L)$ 最大的下标 $i$,令 $y_{kL+i}(k \in \mathbb{Z})$ 为分组起始点的估计。

从以上介绍可知,在硬判决条件下,需要计算每个校正子向量中各个元素是否为零,以此为基础来进行盲帧定位。而在软判决条件下,可以计算校正子向量中每个元素为 0 的概率。基于此,文献[58-60]针对不同的编码类型提出了一种基于最大后验概率算法的盲帧定位方法。实现步骤可总结如下。

(1)假设接收端从某一时刻起,接收到的软判决信息序列为 $y_1, y_2, y_3 \cdots$。

(2)将 $y_1, y_2, \cdots, y_L$ 组成一个分组存入前面提到的观察窗口 W 并计算校正子概率向量 $S$,记为 $S_1$:

$$\boldsymbol{S}_1 = \begin{bmatrix} P_r(s_{1,1}) = 0 \\ P_r(s_{1,2}) = 0 \\ \vdots \\ P_r(s_{1,\varepsilon}) = 0 \end{bmatrix} = \begin{bmatrix} P_r(\boldsymbol{H}_1 \times [y_1, y_2, \cdots, y_L]^{\mathrm{T}}) = 0 \\ P_r(\boldsymbol{H}_2 \times [y_1, y_2, \cdots, y_L]^{\mathrm{T}}) = 0 \\ \vdots \\ P_r(\boldsymbol{H}_\varepsilon \times [y_1, y_2, \cdots, y_L]^{\mathrm{T}}) = 0 \end{bmatrix} \tag{2.61}$$

式中:$\boldsymbol{H}_k(1 \leqslant k \leqslant \varepsilon)$ 为校验矩阵 $\boldsymbol{H}$ 的第 $k$ 行。进一步计算校正子向量中的元素全部为 0 的概率 $P_1$ 及其对数似然比(LLR)如下:

$$P_1 = \prod_{k=1}^{\varepsilon} P_r(s_{1,k}) = 0 \tag{2.62}$$

$$L(P_1) = \log \frac{\prod_{k=1}^{\varepsilon} P_r(s_{1,k}) = 0}{\prod_{k=1}^{\varepsilon} P_r(s_{1,k}) = 1} \tag{2.63}$$

(3)将 $y_2, y_3, \cdots, y_{L+1}$ 组成一个分组存入观察窗口 W 并计算校正子概率向量 $S_2$ 以及 $S_2$ 所有元素全部为 0 的概率 $P_2$ 和对数似然函数 $L(P_2)$ 如下:

$$\boldsymbol{S}_2=\begin{bmatrix}P_r(s_{2,1})=0\\P_r(s_{2,2})=0\\\vdots\\P_r(s_{2,\varepsilon})=0\end{bmatrix}=\begin{bmatrix}P_r(\boldsymbol{H}_1\times[y_2,y_3,\cdots,y_{L+1}]^{\mathrm{T}})=0\\P_r(\boldsymbol{H}_2\times[y_2,y_3,\cdots,y_{L+1}]^{\mathrm{T}})=0\\\vdots\\P_r(\boldsymbol{H}_\varepsilon\times[y_2,y_3,\cdots,y_{L+1}]^{\mathrm{T}})=0\end{bmatrix}\tag{2.64}$$

$$P_2=\prod_{k=1}^{\varepsilon}P_r(s_{2,k})=0\tag{2.65}$$

$$L(P_2)=\log\frac{\prod_{k=1}^{\varepsilon}P_r(s_{2,k})=0}{\prod_{k=1}^{\varepsilon}P_r(s_{2,k})=1}\tag{2.66}$$

(4)以此类推,直到由 $y_L,y_{L+1},\cdots,y_{2L-1}$组成的分组计算得到$\boldsymbol{S}_L$和$L(P_L)$,完成一次循环。

同样,为提高容错性能,可多做几次循环。即完成步骤(4)后,再由 $y_{L+1},y_{L+2},\cdots,y_{2L}$组成的分组计算出的校正子向量中所有元素都为零的 LLR 与 $L(P_1)$相加后记为$L(P_1)$,如此循环计算。最后,找出令$L(P_i)$最大的下标$i$,那么$y_{kL+i}$($k\in\mathbb{Z}$)为编码分组起始点的估计。

从以上盲帧定位技术的简介可知,该技术有两个关键特性:一是只能运用在含有纠错编码的系统中,二是利用纠错编码分组内信息码元和监督码元之间的约束关系进行后验检测。从接收到的判决序列中选取某一个时刻作为假定的分组起始点,将从该时刻开始的数据按照既定的帧长依次存放进若干个编码分组中。若所选时刻正是帧定位位置,那么这些分组将会满足编码参数所决定的监督码元和信息码元之间的约束关系;若所选时刻不是帧定位位置,那么这种约束关系便不存在。据此便可区分同步位置和非同步位置。

同样对于帧定位盲识别问题,在没有同步字的情况下,显然无法通过同步字搜索来实现帧定位信息的识别分析。借鉴盲帧定位技术,为了实现无同步字情况下的帧定位识别分析,可以考查基于假设的帧长和起始位置的分组中是否具有某种约束关系。但与盲帧定位技术不同的是,在非合作通信条件下接收端对发送端采用的纠错编码类型、参数及分组长度未知,所以识别分析过程一般需要与纠错编码参数的识别分析相结合。

## 2.4.2 无同步字的帧定位信息识别分析方法

### 2.4.2.1 基本原理

根据 2.4.1 节分析,在无同步字的情况下,盲帧定位需要结合纠错编码分组的约束关系来实现。针对这种情况,要识别纠错编码分组长度及分组起始点,可以通过分析分组内部是否存在约束关系来判别。

根据纠错编码的一般编码原理，编码过程可以视为从信息序列到编码后的码字序列之间的映射。如图 2.28 所示为线性分组码信息序列到编码序列的映射过程。其中，$m_1, m_2, m_3, \cdots$ 表示编码前的信息符号序列，$c_1, c_2, c_3, \cdots$ 表示编码后的编码符号序列。连续的信息序列按照固定的长度 $k$ 分组，称为信息分组。每个信息分组被送入编码器进行编码。由于编码过程中会产生额外的冗余信息，因此编码后，产生长度 $n>k$ 的编码分组（码字），再将编码后的分组依次送入信道。从信息分组到编码分组之间的映射通常为线性映射，可以通过数学运算式表示为

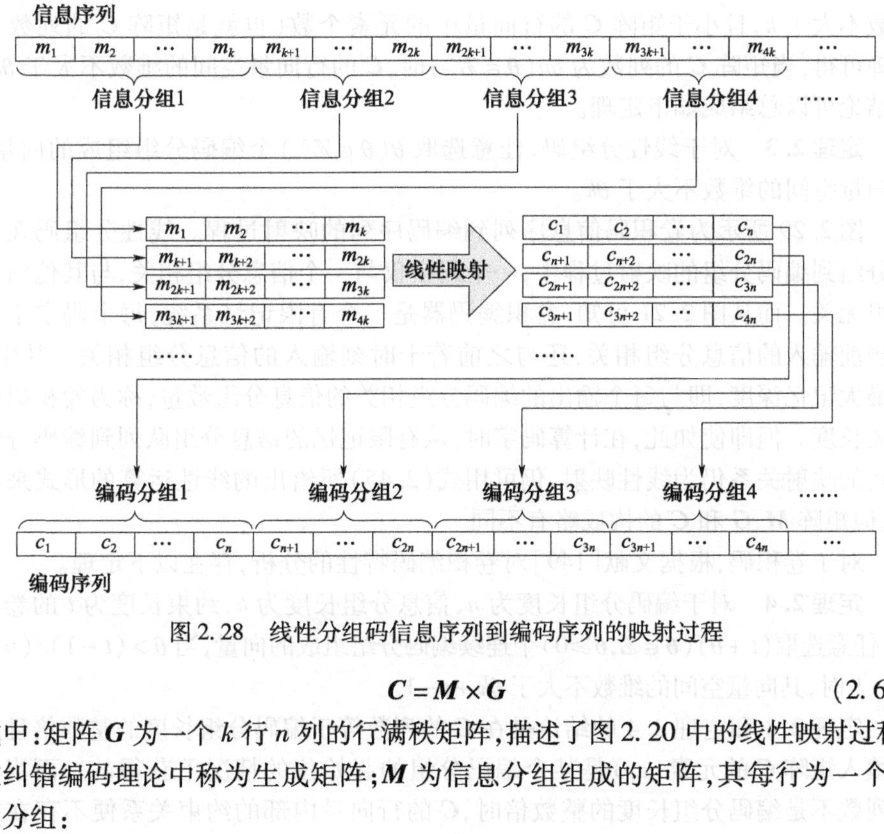


图 2.28　线性分组码信息序列到编码序列的映射过程

$$C = M \times G \tag{2.67}$$

式中：矩阵 $G$ 为一个 $k$ 行 $n$ 列的行满秩矩阵，描述了图 2.20 中的线性映射过程，在纠错编码理论中称为生成矩阵；$M$ 为信息分组组成的矩阵，其每行为一个信息分组：

$$M = \begin{bmatrix} m_1 & m_2 & \cdots & m_k \\ m_{k+1} & m_{k+2} & \cdots & m_{2k} \\ m_{2k+1} & m_{2k+2} & \cdots & m_{3k} \\ \vdots & \vdots & \vdots & \vdots \end{bmatrix} \tag{2.68}$$

$C$ 为与 $M$ 中的信息分组相对应的编码分组组成的矩阵，每行为一个编码分组：

$$
C=\begin{bmatrix} c_1 & c_2 & \cdots & c_n \\ c_{n+1} & c_{n+2} & \cdots & c_{2n} \\ c_{2n+1} & c_{2n+2} & \cdots & c_{3n} \\ \vdots & \vdots & \vdots & \vdots \end{bmatrix} \tag{2.69}
$$

根据矩阵秩的性质[148]及式(2.67)~式(2.69),$C$ 的秩应不大于 $k$,本书用 rank($C$)表示矩阵 $C$ 的秩,则有

$$
\mathrm{rank}(C)\leqslant k<n \tag{2.70}
$$

因此,矩阵 $C$ 的列向量至多有 $k$ 个线性无关向量组,即 $C$ 的行向量空间的维数不大于 $k$,且小于矩阵 $C$ 的行向量中的元素个数(也就是矩阵 $C$ 的列数)。同理可得,当矩阵 $C$ 的列数为 $\theta n(\theta\in\mathbb{Z}^+)$时,$C$ 的行向量空间的维数不大于 $\theta k$,此结论可以总结成如下定理。

**定理 2.3** 对于线性分组码,任意选取 $\theta(\theta\in\mathbb{Z}^+)$个编码分组组成的向量,其向量空间的维数不大于 $\theta k$。

图 2.29 所示为卷积码信息序列到编码序列的映射过程。线性分组码在信息分组到编码分组的映射过程中,一个码字仅与一个信息分组相关,与其他信息分组无关。而从图 2.21 可知,卷积编码器是一个有限记忆系统,每个码字不仅与当前输入的信息分组相关,还与之前若干时刻输入的信息分组相关。其中 $t$ 为最大记忆深度,即与每个输出的编码分组相关的信息分组数量,称为卷积码的相关长度。但即使如此,在计算码字时,从有限记忆的信息分组队列到编码分组之间的映射关系仍为线性映射,仍可用式(2.45)所给出的线性运算的形式来描述,但矩阵 $M$、$G$ 和 $C$ 的构成略有不同。

对于卷积码,根据文献[149]对卷积编码特性的分析,存在以下定理。

**定理 2.4** 对于编码分组长度为 $n$,信息分组长度为 $k$,约束长度为 $t$ 的卷积码,任意选取$(t+\theta)(\theta\in\mathbb{Z},\theta\geqslant 0)$个连续编码分组组成的向量,当 $\theta>(t-1)/(n-k)-1$ 时,其向量空间的维数不大于 $\theta k+t-1$。

定理 2.3 和定理 2.4 的结论是在 $C$ 的列数等于编码分组长度的整数倍且起始填入矩阵 $C$ 的元素($c_1$)是某个编码分组的起始位的情况下获得的。而当 $C$ 的列数不是编码分组长度的整数倍时,$C$ 的行向量内部的约束关系便不存在或不完全,所以,矩阵 $C$ 的行向量空间的维数就不满足定理 2.3 和定理 2.4 的限制。

以上结论可作为区分编码分组长度和分组起始位置识别正确与否的依据。本书下面首先给出无误码情况下编码分组起始点及分组长度的识别方法,然后将其扩展到含有误码的情况,使算法具有实用性。并进一步推广到软判决情形,给出利用软判决信息提高容错性能的方法。

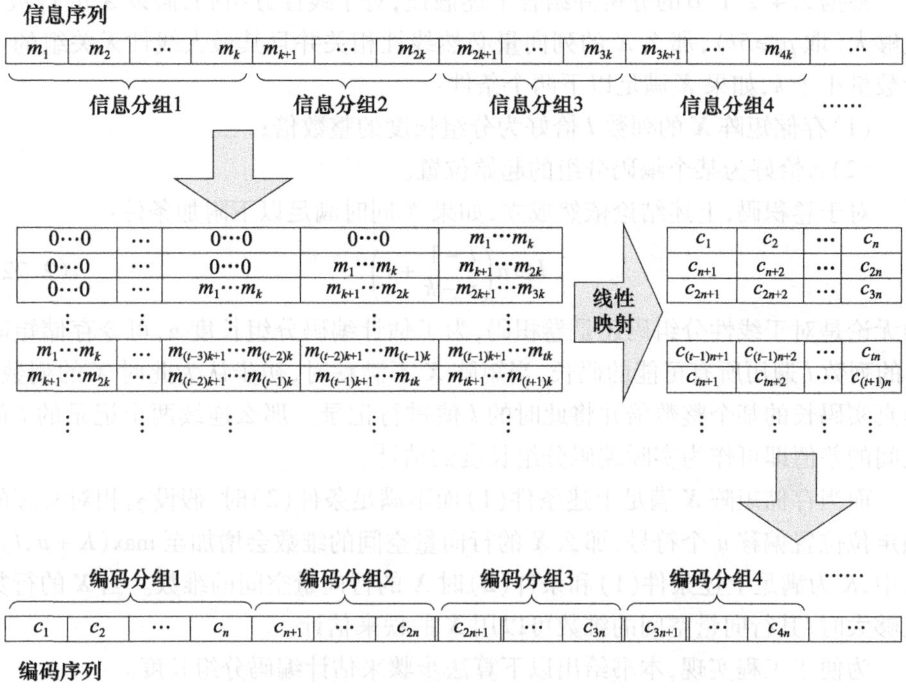


图 2.29　卷积码信息序列到编码序列的映射过程

### 2.4.2.2　硬判决无误码情形

假设图 2.28 和图 2.29 所示的编码序列经信道传输后，接收端收到的判决序列表示为 $y_1, y_2, y_3 \cdots$ 并填入式(2.49)所示的存储矩阵 $\boldsymbol{X}$。其中 $\mu$ 为存储矩阵的行数，有

$$\boldsymbol{X} = \begin{bmatrix} y_1 & y_2 & \cdots & y_l \\ y_{l+1} & y_{l+2} & \cdots & y_{2l} \\ y_{2l+1} & y_{2l+2} & \cdots & y_{3l} \\ \vdots & \vdots & & \vdots \\ y_{(\mu-1)l+1} & y_{(\mu-1)l+2} & \cdots & y_{\mu l} \end{bmatrix} \tag{2.71}$$

为便于数学分析，本书对编码过程和信号传输过程做如下假设。

假设 1：编码过程中采用的编码参数是固定的，但参与编码的信息序列是随机的；

假设 2：传输过程中产生的误码是随机的；

假设 3：传输信道是二进制对称信道，且转换概率 $\tau < 0.5$，即传输的信号发生比特翻转的概率 $\tau < 0.5$。

显然，上述假设是符合一般的通信系统实际情况的。

根据 2.4.2.1 节的分析并结合上述假设，对于线性分组码，假设 $\boldsymbol{X}$ 的行数 $\mu$ 足够大（取 $\mu \geqslant 5l$），那么 $\boldsymbol{X}$ 的列向量必然线性相关并且其最大线性无关组的向量数量小于 $k$，如果 $\boldsymbol{X}$ 满足以下两个条件：

（1）存储矩阵 $\boldsymbol{X}$ 的列数 $l$ 恰好为分组长度的整数倍；

（2）$y_1$ 恰好为某个编码分组的起始位置。

对于卷积码，上述结论依然成立，如果 $\boldsymbol{X}$ 同时满足以下附加条件：

$$l \geqslant n\left(\frac{t-1}{n-k}+1\right) \tag{2.72}$$

则无论是对于线性分组码还是卷积码，为了估计编码分组长度 $n$，可令存储矩阵 $\boldsymbol{X}$ 的列数 $l$ 遍历所有可能的码长，当矩阵 $\boldsymbol{X}$ 不满秩时，初步认为此时 $\boldsymbol{X}$ 的列数 $l$ 为真实码长的某个整数倍并将此时的 $l$ 值进行记录。那么连续两个记录的 $l$ 值之间的差值即可作为实际编码分组长度的估计。

而当存储矩阵 $\boldsymbol{X}$ 满足上述条件（1）而不满足条件（2）时，假设 $y_1$ 相对实际的帧定位位置偏移 $u$ 个符号，那么 $\boldsymbol{X}$ 的行向量空间的维数会增加至 $\max(K+u, l)$，其中，$K$ 为满足上述条件（1）和条件（2）时 $\boldsymbol{X}$ 的行向量空间的维数。当 $\boldsymbol{X}$ 的行数足够大时，其行向量空间的维数可以用 $\boldsymbol{X}$ 的秩来估计。

为便于工程实现，本书给出以下算法步骤来估计编码分组长度。

（1）设置分组编码搜索范围，即设定最小编码分组长度 $l_{\min}$ 和最大编码分组长度 $l_{\max}$，并将 $l$ 初始化为 $l_{\min}$。

（2）设置初始同步位置 $u=1$。

（3）将接收到的软判决信息序列，从第 $u$ 个接收到的符号开始，按照图 2.22 的方式填入列数为 $l$、行数为 $\mu(\mu \geqslant 5l)$ 的存储矩阵 $\boldsymbol{X}$ 中。

（4）计算 $\boldsymbol{X}$ 的秩记为 $R_{l,u}$，并计算 $V_{l,u}=R_{l,u}/l$。

（5）若 $u<l$，则令 $u=u+1$ 并返回步骤（3）；否则，执行步骤（6）。

（6）若 $l<l_{\max}$，则令 $l=l+1$ 并返回步骤（2）；否则，执行步骤（7）。

（7）所有的 $l$ 和 $u$ 值对应的 $V_l$ 组成矩阵 $\boldsymbol{V}$：

$$\boldsymbol{V}=\begin{bmatrix} V_{l_{\min},1} & V_{l_{\min},2} & \cdots & V_{l_{\min},l_{\min}} & 0 & 0 & \cdots & 0 \\ V_{l_{\min}+1,1} & V_{l_{\min}+1,2} & \cdots & V_{l_{\min}+1,l_{\min}} & V_{l_{\min}+1,l_{\min}+1} & 0 & \cdots & 0 \\ \vdots & \vdots & \ddots & \vdots & \vdots & \vdots & \ddots & \vdots \\ V_{l_{\max},1} & V_{l_{\max},2} & \cdots & V_{l_{\max},l_{\min}} & V_{l_{\max},l_{\min}+1} & V_{l_{\max},l_{\min}+2} & \cdots & V_{l_{\max},l_{\max}} \end{bmatrix} \tag{2.73}$$

式中："0"为未填充位置。

（8）在向量 $\boldsymbol{V}$ 的有效填充区域，找到最小值并获取相对应的 $u$ 的值作为某个编码分组起始位置的估计，记为 $\hat{u}$。

(9)将 $\boldsymbol{V}$ 中的第 $\hat{u}$ 列取出,得到以下列向量:

$$\boldsymbol{V}^{(\hat{u})}=\begin{bmatrix}\boldsymbol{\nu}_1\\ \boldsymbol{\nu}_2\\ \vdots\\ \boldsymbol{\nu}_{l_{\max}-l_{\min}+1}\end{bmatrix}=\begin{bmatrix}V_{l_{\min},\hat{u}}\\ V_{l_{\min}+1,\hat{u}}\\ \vdots\\ V_{l_{\max},\hat{u}}\end{bmatrix} \tag{2.74}$$

并记录其中连续两个小于 1 的元素的下标间隔,作为编码分组长度 $l$ 的估计,记为 $\hat{l}$。

(10)输出 $\hat{l}$ 作为估计的编码分组长度,$\hat{u}+k\hat{l}(k\in\mathbb{Z})$ 作为估计的帧定位位置。

### 2.4.2.3 硬判决含误码情形

以上给出的算法步骤是在无误码的理想情况下对编码分组长度及起始位置进行估计的方法。然而在实际的通信系统中,这种理想情况几乎不存在。绝大多数通信信号在经过信道传输后会产生误码。而当存在误码时,上述算法步骤中关于矩阵秩的计算不再准确,因为每个误码比特都会破坏编码分组内的码元之间的约束关系。所以,上述算法步骤在误码存在的条件下不再有效,但基于其思想,本书应用一种模糊化的算法使编码分组长度以及起始位置的识别分析具有一定的容错性能。

对于一个矩阵,可以通过矩阵初等变换和秩的计算来考查行向量或列向量之间的线性相关性[150]。给定一个列数为 $l$、行数为 $\mu(\mu>l)$ 的矩阵 $\boldsymbol{X}$,存在 $\mu\times\mu$ 矩阵 $\boldsymbol{A}$ 和 $l\times l$ 矩阵 $\boldsymbol{B}$,使得

$$\boldsymbol{L}=\boldsymbol{AXB}=\begin{bmatrix}\boldsymbol{I} & \boldsymbol{0}\\ \boldsymbol{0} & \boldsymbol{0}\end{bmatrix} \tag{2.75}$$

式中:$\boldsymbol{I}$ 为单位矩阵;$\boldsymbol{A}$ 和 $\boldsymbol{B}$ 分别称为矩阵 $\boldsymbol{X}$ 到矩阵 $\boldsymbol{L}$ 的初等行变换矩阵和初等列变换矩阵。为便于计算机程序自动处理,$\boldsymbol{L}$、$\boldsymbol{A}$ 和 $\boldsymbol{B}$ 可以通过以下步骤得到。

(1)将 $\boldsymbol{A}$ 和 $\boldsymbol{B}$ 分别初始化为单位矩阵,并令 $\boldsymbol{L}=\boldsymbol{X}$。

(2)令 $i=1$。

(3)如果 $\boldsymbol{L}$ 的第 $i$ 行第 $i$ 列为“0”,此时令 $j=i$,继续执行步骤(4);否则,直接跳转到步骤(6)。

(4)令 $k$ 从 $i$ 到 $l$ 递增,如果 $\boldsymbol{L}$ 的第 $j$ 行第 $k$ 列为“1”,那么交换 $\boldsymbol{L}$ 的第 $i$ 行和第 $j$ 行(当 $i=j$ 时不需要此操作)、交换 $\boldsymbol{L}$ 的第 $i$ 列和第 $k$ 列(当 $i=k$ 时不需要此操作)。同时,交换 $\boldsymbol{A}$ 的第 $i$ 行和第 $j$ 行(当 $i=j$ 时不需要此操作)、交换 $\boldsymbol{B}$ 的第 $i$ 列和第 $k$ 列(当 $i=k$ 时不需要此操作),并跳转到步骤(6)。

(5)如果 $j<\mu$,则返回步骤(4);否则,执行步骤(6)。

(6)令 $j$ 从 1 到 $l$ 递增,如果 $\boldsymbol{L}$ 的第 $i$ 行第 $j$ 列为“1”且 $j\neq i$,则将 $\boldsymbol{L}$ 的第 $i$ 列

加到第 $j$ 列。

(7)令 $j$ 从 1 到 $\mu$ 递增,如果 $\boldsymbol{L}$ 的第 $j$ 行第 $i$ 列为"1"且 $j \neq i$,则将 $\boldsymbol{L}$ 的第 $i$ 行加到第 $j$ 行。

(8)如果 $i < l$,令 $i = i + 1$ 并返回步骤(3);否则,结束高斯消元,输出 $\boldsymbol{L}$、$\boldsymbol{A}$ 和 $\boldsymbol{B}$。

通过以上高斯消元处理,矩阵 $\boldsymbol{X}$ 被转换为式(2.53)所示的形式,并得到行变换矩阵 $\boldsymbol{A}$。进一步对 $\boldsymbol{A}$ 进行研究,在 $l$ 等于编码分组长度的整数倍以及帧定位位置正确的情况下,由于编码约束关系的存在,如果不存在误码,$\boldsymbol{A}$ 的前 $l$ 列中的某些列会是零向量,本书称这些列为"非独立列",其他列为"独立列",独立列的"1"出现的概率约为 1/2。当存在少量误码时,$\boldsymbol{A}$ 的非独立列会有少量非零元素,但总体上出现概率会远小于 1/2。由此,本书提出以下算法步骤来适应误码条件下的编码分组帧定位信息的识别分析。

(1)设置分组编码搜索范围,即设定最小编码分组长度 $l_{\min}$ 和最大编码分组长度 $l_{\max}$,并将 $l$ 初始化为 $l_{\min}$。

(2)设置初始同步位置 $u = 1$。

(3)将接收到的软判决信息序列,从第 $u$ 个接收到的符号开始,按照图 2.22 的方式填入列数为 $l$、行数为 $\mu(\mu \geqslant 5l)$ 的存储矩阵 $\boldsymbol{X}$ 中。

(4)按照式(2.53)的形式将 $\boldsymbol{X}$ 进行初等变换,对相应的行变换矩阵 $\boldsymbol{A}$ 的前 $l$ 列中每列的"1"所占概率进行统计,寄存在向量 $\boldsymbol{P}$ 中,并统计向量 $\boldsymbol{P}$ 中小于某个阈值 $\delta$ 的元素的个数,记为 $V_{l,u}$ 对阈值 $\delta$ 进行设定,本书推荐经验值 1/4。

(5)若 $u < l$,则令 $u = u + 1$ 并返回步骤(3)否则,执行步骤(6)。

(6)若 $l < l_{\max}$,则令 $l = l + 1$ 并返回步骤(2)否则,执行步骤(7)。

(7)所有的 $l$ 和 $u$ 值对应的 $V_l$ 组成矩阵 $\boldsymbol{V}$:

$$\boldsymbol{V} = \begin{bmatrix} V_{l_{\min},1} & V_{l_{\min},2} & \cdots & V_{l_{\min},l_{\min}} & 0 & 0 & \cdots & 0 \\ V_{l_{\min}+1,1} & V_{l_{\min}+1,2} & \cdots & V_{l_{\min}+1,l_{\min}} & V_{l_{\min}+1,l_{\min}+1} & 0 & \cdots & 0 \\ \vdots & \vdots & \ddots & \vdots & \vdots & \vdots & \ddots & \vdots \\ V_{l_{\max},1} & V_{l_{\max},2} & \cdots & V_{l_{\max},l_{\min}} & V_{l_{\max},l_{\min}+1} & V_{l_{\max},l_{\min}+2} & \cdots & V_{l_{\max},l_{\max}} \end{bmatrix} \tag{2.76}$$

式中:"0"为未填充位置。

(8)在向量 $\boldsymbol{V}$ 的有效填充区域,找到最大值并获取相对应的 $u$ 的值作为某个编码分组起始位置的估计,记为 $\hat{u}$。

(9)将 $\boldsymbol{V}$ 中的第 $\hat{u}$ 列取出,得到以下列向量:

$$V^{(\hat{u})} = \begin{bmatrix} \nu_1 \\ \nu_2 \\ \vdots \\ \nu_{l_{\max}-l_{\min}+1} \end{bmatrix} = \begin{bmatrix} V_{l_{\min},\hat{u}} \\ V_{l_{\min}+1,\hat{u}} \\ \vdots \\ V_{l_{\max},\hat{u}} \end{bmatrix} \tag{2.77}$$

并记录其中连续两个大于零的元素的下标间隔,作为编码分组长度 $l$ 的估计,记为 $\hat{l}$。

(10)输出 $\hat{l}$ 作为估计的编码分组长度,$\hat{u}+k\hat{l}(k\in\mathbb{Z})$ 作为估计的帧定位位置。

其中,步骤(9)中需要对向量 $V^{(\hat{u})}$ 中大于 0 的元素的下标间隔进行记录。在误码条件下,可能不是所有的间隔都等于编码分组长度 $l$,但大部分记录的间隔值符合上述规律。可以通过以下步骤找到正确的码长估计。

(1)抽取 $V^{(\hat{u})}$ 中大于 0 的元素,组成向量 $Z$:

$$Z = [\nu_{l_1} \quad \nu_{l_2} \quad \cdots \quad \nu_{l_b}] \tag{2.78}$$

式中:$b$ 为 $V^{(\hat{u})}$ 中大于 0 的元素的个数。

(2)计算 $Z$ 中连续两个元素的下标间隔,组成向量 $Q$:

$$Q = [q_1 \quad q_2 \quad \cdots \quad q_{l_{b-1}}] \tag{2.79}$$

其中

$$q_i = l_{i+1} - l_i, \ (1 \leqslant i \leqslant l_{b-1}) \tag{2.80}$$

(3)初始化一个长度为 $\varepsilon = \max(Q)$ 的全零向量 $W = [w_1 \quad w_2 \quad \cdots \quad w_\varepsilon]$,令 $i=1$。

(4)令 $w_{q_i} = w_{q_i} + 1$。

(5)如果 $i < l_b - 1$,则令 $i = i+1$,并返回步骤(4);否则,执行步骤(6)。

(6)找到向量 $W$ 的最大值对应的下标,作为步骤(9)中的 $\hat{l}$。

同时,该算法也适用于无误码的情况。因此不论侦测背景是否包含通信信道质量的先验信息,都可统一通过该算法实现帧定位的识别分析。

#### 2.4.2.4 软判决情形

以上算法是在硬判决条件下针对无同步字编码的帧定位识别分析方法。分析上述算法步骤可知,算法对存储矩阵 $X$ 靠上的行中的判决比特的可靠性要求较高,对靠下的判决比特的可靠性要求较低。因此,如果比较多的误码出现在比较靠上的行中,那么会降低识别分析成功的概率。

在软判决条件下,可以利用软判决提供的接收序列可靠性信息,对上述算法进行修正,以提高算法对信道噪声的容忍度。可以通过以下步骤对存储矩阵 $X$ 进行调整。

(1)计算 $X$ 中每行各个判决比特的最差可靠度。

(2)将 $\boldsymbol{X}$ 中的各行按照其最差可靠度进行排序,使得第一行的最差可靠度最高,第二行的最差可靠度次之。

(3)完成排序后,将 $\boldsymbol{X}$ 中的软判决比特转换为硬判决,再利用 2.4.2.3 节给出的算法步骤进行帧定位的识别分析。

这样,即可完成对 $\boldsymbol{X}$ 中的各行的调整,使 $\boldsymbol{X}$ 中靠上的行具有更高的判决可靠性。此后,再应用 2.4.2.3 节中给出的算法步骤,即可改善帧定位信息识别分析算法的容错性能。

### 2.4.3 仿真验证

本节通过仿真实验说明 2.4.2 节提出的无同步字情况下的帧定位识别分析算法的有效性,并对软判决情形和硬判决情形进行比较。本节仿真实验假设通信系统采用 BPSK 调制,信号传输信道为 AWGN 信道并且满足 2.4.1 节所提到的假设条件。仿真实验包含三个部分,第一部分是对 2.4.2.3 节所提出的基于硬判决的识别分析算法进行仿真验证。第二部分是验证 2.4.2.4 节提出的利用软判决信息提高算法容错能力的有效性。第三部分是针对几种不同的编码类型,给出不同信噪比条件下识别分析算法的可靠性。

首先考虑硬判决的情况。假设采用的信道编码参数为 BCH(31,21),并且经过信道传输后产生的误码率为 $10^{-2.2}$。图 2.30 所示为 $l$ 等于 2 倍码长(62b)、帧定位位置正确时依照 2.4.2.3 节的算法步骤对存储矩阵 $\boldsymbol{X}$ 进行对角化后所得的矩阵 $\boldsymbol{L}$、$\boldsymbol{A}$、$\boldsymbol{B}$ 以及矩阵 $\boldsymbol{A}$ 的前 $l$ 列中各列的“1”的出现概率组成的向量 $\boldsymbol{P}$。其中图 2.22(a)~(c)中,用“·”表示矩阵中的“1”,空白表示矩阵中的“0”。

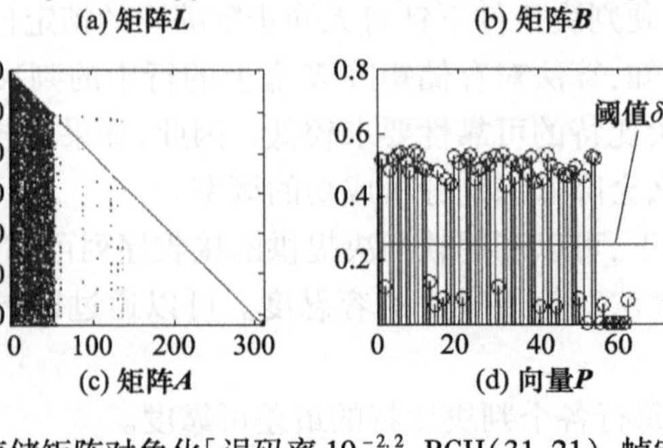

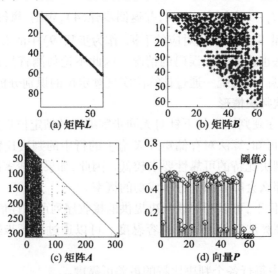

图 2.30 存储矩阵对角化[误码率 $10^{-2.2}$,BCH(31,21),帧定位正确]

由图 2.30 (a)可知,$L$ 是满秩的。因此,$X$ 也是满秩的,2.4.2.2 节给出的基于无误码信道的方法不再适用。但对 $A$ 的前 $l$ 列中各列的"1"的概率进行统计,如图 2.30 (d)所示,$A$ 的前 $l$ 列部分某些列的"1"的概率明显较低,低于阈值 1/4,这些列可估计为"非独立列"。而当帧定位信息不正确时,如图 2.31 所示,不存在非同步列。

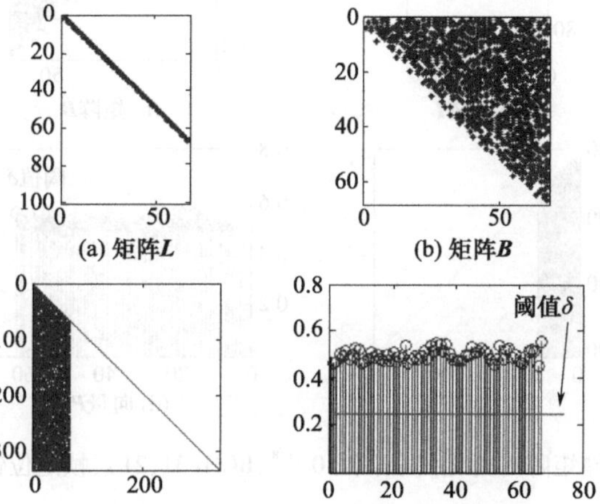


图 2.31　存储矩阵对角化[误码率 $10^{-2.2}$,BCH(31,21),帧定位错误]

进一步降低信噪比,图 2.32 所示为误码率增加到 $10^{-1.8}$ 时存储矩阵对角化的情形。此时,与图 2.30 比较可知,非独立列的特征已经不明显。在软判决情况下,利用软判决信息对存储矩阵的各行依据其判决可靠性进行排序后再应用 2.4.2.3 节给出的算法对帧定位信息进行识别分析的过程中,存储矩阵对角化结果如图 2.33 所示。与图 2.32 相比,引入软判决可靠度之后,同等噪声水平下的非独立列区分度得到了明显的改善。

为考查识别分析算法的普遍适用性,本书针对几种不同的编码类型和参数,通过计算机仿真研究了不同噪声水平下编码分组长度和分组起始点识别分析的成功率。仿真结果如图 2.34 所示,可以看到几种编码随着信噪比上升时的错误识别概率的变化曲线。其中,所有的编码均采用 BPSK 调制,并假设通信信号在 AWGN 信道上传播。

由图 2.34 可见,2.4.2 节给出的识别分析算法适用于多种编码类型。同时,图 2.34 比较了软判决算法和硬判决算法的性能差异。结果表明,软判决信息的利用可以在很大程度上提高帧定位识别分析的容错能力。

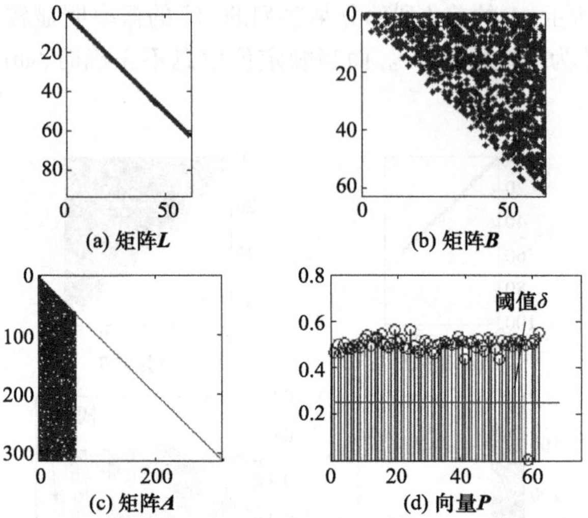


图 2.32　存储矩阵对角化[误码率 $10^{-1.8}$,BCH(31,21),帧定位错误,硬判决]

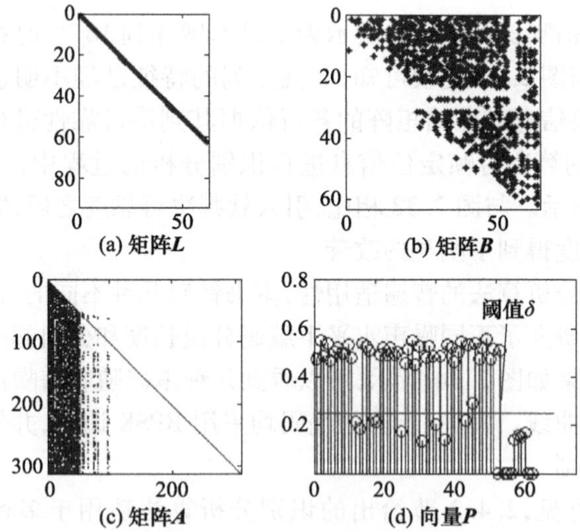


图 2.33　存储矩阵对角化[误码率 $10^{-1.8}$,BCH(31,21),帧定位正确,软判决]

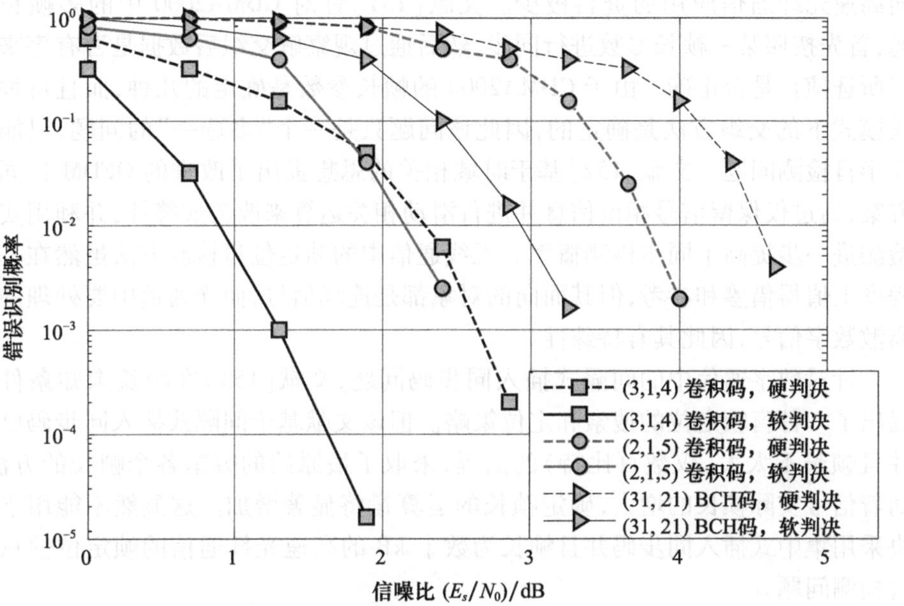


图 2.34　几种编码结构编码分组长度与分组起始点识别分析性能

# 2.5　高速光纤通信帧定位信息盲检测

## 2.5.1　帧定位信息盲检测的意义及技术现状

在高速光纤通信信号处理中，帧定位处理是所有后续处理（如解扰、解交织、纠错、去开销等操作）的基本前提，如果定帧有误，后续的处理就没有任何意义。因此，可以说帧定位信息是未知高速光纤通信信号最基本的参数，也是信息侦测工作者必须首先获取的信息。对于加带外纠错的骨干网光纤信号而言，尤其如此，只有准确获取信号的帧定位码和帧长，才能更好地分析其净荷的扰码多项式并为后续纠错方式的盲识别提供参考。

面对当前大量的跨境高速光纤通信未知信号，传统的依靠有经验的工作人员来“猜”和“碰”帧定位信息的策略越来越不能满足信息侦测形势的发展要求。如果能够通过处理器的运算来自动分析并获取未知光纤信号的帧定位信息，那么必将大大节约侦测时间，而且可以克服人工分析所固有的缺点（如知识更新不够快、经验不足等）。

由于涉及信息安全和个人隐私等敏感问题，国内外对帧定位信息的盲检测问题的研究成果很少公开，且现有相关文献大部分针对无线通信领域的应用，面向高速光纤通信应用的资料极少。文献[151]针对 CDMA2000 中的多帧长问题，首先按照某一帧长参数进行同步，然后通过观察解交织后数据是否有序来判定所选帧长是否正确。由于 CDMA2000 的帧长参数是确定的几种，而且每种帧长模式下的交织方法是确定的，因此该问题只是一个“多选一”的问题，只能算作半盲检测问题。文献[152]基于时域相关的思想提出了改进的 OFDM 盲同步方案，通过仅保留信号相位信息并进行滑动相关运算来改善成峰性，并利用实部检测进一步提高了同步检测概率。无线通信中的帧定位盲检测方法虽然在一定程度上值得借鉴和参考，但其面向的对象都是连续信号，而光通信中要处理的是离散数字信号，因此其有特殊性。

针对数字通信中的间隔式插入同步码问题，文献[153]在帧长未知条件下提出了一种盲帧定位的搜索和定位策略。但该文献基于间隔式插入同步码已知并且帧长不太大(仅数百比特)的前提，采取了最原始的穷举各个帧长的方法，随着信号实际帧长的增大，确定帧长的运算量将显著增加。这显然不能用于解决采用集中式插入同步码并且帧长为数十 kB 的高速光纤通信的帧定位信息全盲检测问题。

### 2.5.2 帧定位信息盲检测问题描述

首先，对高速光纤通信的帧定位信息盲检测问题进行描述。已知足够长的连续原始光纤信号 $\boldsymbol{a}=\{a_1,a_2,\cdots\}$，起始比特在帧序列中所处位置 $\delta$ 不确定。帧长 $L$ 未知，帧定位码长度 $M$ 和码型均未知，帧净荷序列经过扰码器加扰，长度为 $N$。另外，结合 3.2.1 节所述的高速光纤通信自身特点，未知线路帧长 $L$ 至少可以被 16 整除；$L$ 的取值范围为 1 ~ 512K；$M$ 大于等于 16。帧定位信息盲检测的目标就是通过对 $\boldsymbol{a}=\{a_1,a_2,\cdots\}$ 进行分析，最终得出 $L$、$M$ 以及完整的帧定位码。

帧定位信息盲检测的难点在于 $L$、$M$ 和帧定位码码型三个要素均未知，如果知道其中一个，盲检测的难度将大大降低。本节将以 3.2 节中帧定位码的字频统计特性和短码相关特性研究成果为基础，提出一种帧定位信息盲检测算法。

### 2.5.3 基于字频统计的帧定位信息盲检测

#### 2.5.3.1 基于字频统计的子同步码盲检测的理论依据

由帧定位信息的字频统计特性可知，只要 $\lambda$ 字宽度选择合适并对足够长的帧序列进行统计就可以通过字频峰值检测得出精确的子同步码。该方法只需要 $2^\lambda$ 个用于存放 $\lambda$ 字频的存储单元，而不必缓存帧序列，完全可以实现线速统计。由式(2.6)可得，$k$ 帧净荷序列中各 $\lambda$ 字频 $X_i(i=0,1,\cdots,2^\lambda-1)$ 的数学期望满足

$$E(X_i)=(kN/\lambda)/2^{\lambda} \tag{2.81}$$

于是，当 $\lambda$ 依次取值 $8\times 2^0, 8\times 2^1, \cdots, 8\times 2^j$[其中，$8\times 2^j \leqslant (M+1)/2$]时，对 $k$ 帧的帧序列进行字频统计，计算其峰值 $X_m$ 和其余字频的均值 $\overline{X}$ 的差值，记为 $\eta$。若峰值对应的 $\lambda$ 字是子同步码[数值为 $m(s)$]，则该峰值记为 $X_{m(s)}$，相应的 $\eta$ 记为 $\eta_s$；反之分别记为 $X_{m(\bar{s})}$ 和 $\eta_{\bar{s}}$。

由定理 2.2 可知，无论 $\delta$ 模 $\lambda$ 为何值，也就是无论 $\delta$ 取何值，平均每帧序列中总存在同步码的至少一个完整 $\lambda$ 截断。再结合定理 2.1 和式(2.8)，不难得出：

$$E(X_{m(s)})=E(X_{i(s)})+kM(X_{m(s)}) \tag{2.82}$$

式中：$X_{i(s)}$；$i(s)=0,1,\cdots 2^{\lambda}-1$ 为与完整 $\lambda$ 截断数值 $m(s)$ 相等的 $\lambda$ 字在净荷中出现的频次，而 $\overline{X}=\dfrac{1}{2^{\lambda}-1}\left(\sum\limits_{j=0}^{i(s)-1}X_j+\sum\limits_{j=i(s)+1}^{2\lambda-1}X_j\right)(j=0,1,\cdots,2^{\lambda}-1)$，于是有

$$E(\overline{X})=(kN/\lambda)/2^{\lambda}=E(X_{i(s)}) \tag{2.83}$$

所以有

$$E(\eta_s)=E(X_{m(s)})-E(\overline{X})=kM(X_{m(s)}) \tag{2.84}$$

易知 $\overline{X}$ 与 $X_{i(s)}$ 相互独立，再结合式(2.9)得

$$D(\eta_s)=D(X_{m(s)}-\overline{X})=D(X_{m(s)})+D(\overline{X})=D(X_i)+D(\overline{X}) \tag{2.85}$$

再由式(2.7)得

$$D(\eta_s)=D(X_i)+\frac{1}{2^{\lambda}-1}D(X_i)=\frac{2^{\lambda}}{2^{\lambda}-1}D(X_i)=(kN/\lambda)/2^{\lambda} \tag{2.86}$$

同理，易得

$$E(\eta_{\bar{s}})=E(X_{m(\bar{s})})-E(\overline{X})=0 \tag{2.87}$$

$$D(\eta_{\bar{s}})=\frac{2^{\lambda}}{2^{\lambda}-1}D(X_i)=(kN/\lambda)/2^{\lambda} \tag{2.88}$$

由独立同分布的中心极限定理可知：当 $kN/\lambda$ 足够大时，$X_i(i=0,1,\cdots,2^{\lambda}-1)$ 近似服从正态分布 $N(E(X_i),D(X_i))$，所以 $\overline{X}$ 近似服从正态分布 $N(E(X_i),D(X_i)/(2^{\lambda}-1))$。进而有 $\eta_s\sim N(kM(X_{m(s)}),D(X_i))$ 和 $\eta_{\bar{s}}\sim N(0,D(X_i))$。不妨记 $\mu=kM(X_{m(s)})$，$D(X_i)=\delta^2$，则 $\eta_s$ 与 $\eta_{\bar{s}}$ 的概率密度函数如图 2.35 所示。

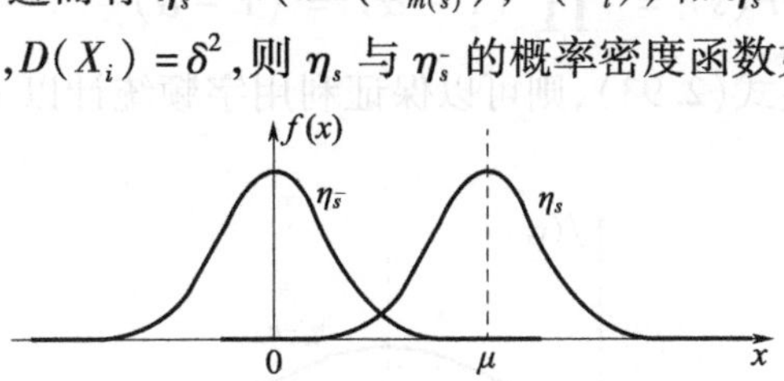


图 2.35　$\eta_s$ 与 $\eta_{\bar{s}}$ 的概率密度函数

由于 $\eta_s$ 与 $\eta_{\bar{s}}$ 相互独立,且均服从正态分布,因此 $\eta_s - \eta_{\bar{s}}$ 也服从正态分布,且有 $\eta_s - \eta_{\bar{s}} \sim N(\mu, 2\delta^2)$,如图 2.36 所示。因此,要使 $1-\alpha$ 的置信水平下 $\eta_s - \eta_{\bar{s}}$ 的样本落于区间$(0,\infty)$,即 $\eta_s \geqslant \eta_{\bar{s}}$,须有

$$\mu = \beta\delta' = \sqrt{2}\beta\delta \tag{2.89}$$

其中,$\beta$ 与 $1-\alpha$ 在标准正态表中一一对应,即 $1-\alpha = \Phi(\beta) = \int_{-\infty}^{\beta} \frac{1}{\sqrt{2\pi}} e^{-u^2/2} du$ 或 $\beta = \Phi^{-1}(1-\alpha)$ [$\Phi^{-1}(*)$ 为 $\Phi(*)$ 的逆函数],二者可通过查标准正态表相互推算。将 $\mu = kM(X_{m(s)})$,$\delta^2 = D(X_i)$ 代入式(2.89),得

$$kM(X_{m(s)}) = \beta \cdot \sqrt{2D(X_i)} \tag{2.90}$$

当 $kN/\lambda$ 足够大时,有 $[kN/\lambda] \approx kN/\lambda$,故 $D(X_i) \approx kN/\lambda/2^{\lambda}$,代入式(2.90),得

$$kM(X_{m(s)}) = \beta \cdot \sqrt{2kN/\lambda/2^{\lambda}} \tag{2.91}$$

因为 $\beta \cdot \sqrt{2kN/\lambda/2^{\lambda}} > 0$,式(2.92)两边平方,并整理、化简得

$$\beta = \sqrt{\frac{k\lambda 2^{\lambda}}{2N}} \cdot M(X_{m(s)}) \tag{2.92}$$

其中,$N$ 对于给定的线路是常数,不因字频统计中选取的参数的变化而变化。$M(X_{m(s)})$ 表示在字频统计时帧定位码中包含值为 $m(s)$ 的 $\lambda$ 字的次数,在 $\lambda$ 取定的情况下,该值与具体的帧定位码序列以及起始偏移 $\delta$ 有关。因此对于给定线路,当 $\lambda$ 和 $k$ 也取定时,就可根据式(2.92)算出 $\beta$,进而求得 $1-\alpha = \Phi(\beta)$。

当 $\lambda \leqslant (M+1)/2$ 时,总有 $M(X_s) \geqslant 1$,进而有

$$\beta \geqslant \sqrt{\frac{k\lambda 2^{\lambda}}{2N}} \tag{2.93}$$

令 $g(\lambda)$ 表示当前字频统计中每帧数据中同步码的完整截断的个数(数值相等的完整截断只算 1 个),那么该次统计中字频峰值对应子同步码的概率就等于子同步码频次高于 $2^{\lambda} - g(\lambda)$ 个非子同步码频次的概率,即为

$$P(s) = \prod_{1}^{2^{\lambda}-g(\lambda)} (1-\alpha) = (1-\alpha)^{2^{\lambda}-g(\lambda)} \tag{2.94}$$

也就是说,如果满足式(2.93),则可以保证利用字频统计以 $P(s)$ 的概率检测出子同步码。

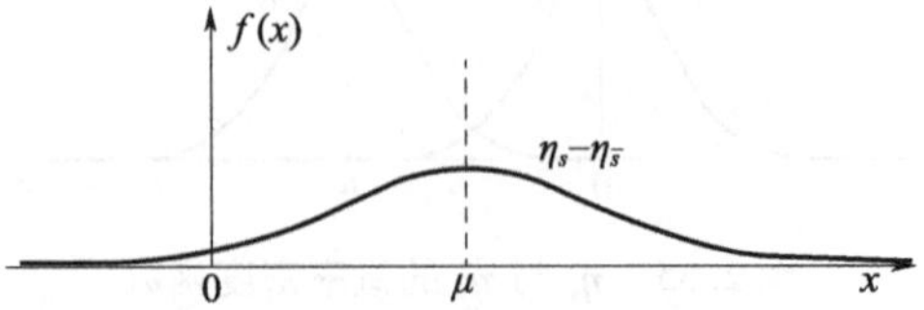


图 2.36 $\eta_s - \eta_{\bar{s}}$ 的概率密度函数

#### 2.5.3.2 基于字频统计的子同步码盲检测的置信水平

当 $\lambda \leqslant (M+1)/2$ 时,总有 $g(\lambda) \geqslant 1$,再结合式(2.93)有

$$P(s) \geqslant (1-\alpha)^{2\lambda-1} = \Phi^{2\lambda-1}(\beta) \geqslant \Phi^{2\lambda-1}\left(\sqrt{\frac{k\lambda 2^{\lambda}}{2N}}\right) \triangleq P_0(s) \tag{2.95}$$

式中:$P_0(s)$ 为 $P(s)$ 的下界。

综合式(2.92)~式(2.95),在对未知线路进行字频统计时,尽管由于 $M(X_s)$ 和 $g(\lambda)$ 无法确定,但可以保证在某次字频统计中检出子同步码的概率不小于 $P_0(s)$。$P_0(s)$ 与 $\lambda$、$k$ 和 $N$ 有关,如图 2.37 所示。当 $\lambda$ 一定时,$P_0(s)$ 随 $k/N$ 的增大而增大;当 $k/N$ 一定时,$P_0(s)$ 随 $\lambda$ 的增大而增大。

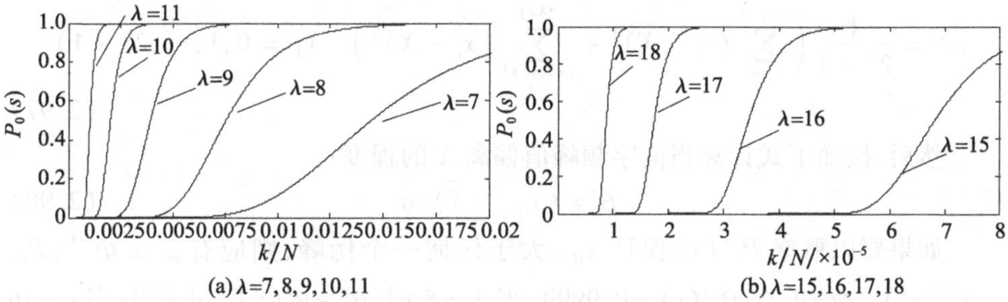


图 2.37 字频统计中子同步码的检出概率下界

对于给定线路,要想利用字频统计以足够大的概率检测出子同步码,要么 $\lambda$ 取足够大,要么 $k$ 取足够大。但 $\lambda$ 受限于同步码长度 $M$ 和帧起始偏移,且 $\lambda$ 的取值应能整除帧长 $L$,所以 $\lambda$ 取值较为有限;而 $k$ 没有这些限制。根据式(2.95),表 2.2 列出了当 $P_0(s)=0.9999$,$\lambda$ 分别取值为 8 和 16 时,不同帧长条件下 $k$ 的大小。

表 2.2 $P_0(s)=0.9999$ 时不同帧长条件下 $k$ 的大小

| $N$ | 1K | 2K | 4 K | 8 K | 16 K | 32 K | 64 K | 128 K | 256 K | 512 K |
|---|---|---|---|---|---|---|---|---|---|---|
| $\lambda=8$ | 25 | 49 | 98 | 195 | 390 | 781 | 1561 | 3123 | 6245 | 12491 |
| $\lambda=16$ | 0.068 | 0.137 | 0.275 | 0.549 | 1.099 | 2.197 | 4.394 | 8.788 | 17.580 | 35.150 |

表 2.2 中 $k$ 取值较小(尤其是小于 2)的情况,只具有理论参考意义,不能直接应用于工程。因为在字频统计中为了保证有同步码的完整截断,$k$ 至少应为 1;但 $k=1$ 时,显然字频峰值对应子同步码的概率很小。另外,还可以发现线路信号的帧长越大,在相同置信概率下通过字频统计检出子同步码所需的信号帧数也就越多,这从另一种角度说明长帧信号的抗同步信息侦测能力更强。

#### 2.5.3.3 基于字频统计的子同步码盲检测的实现

对于未知线路，只要对足够长的连续帧信号进行字频统计，就可以检测出线路的子同步码。而且，结合数理统计学中的参数估计知识，可以判断当前进行字频统计所采用的帧信号是否已经足够长。假设在字频统计中选取的字长为 $\lambda$，对连续的帧信号总共进行了 $h$ 次统计。那么字频统计结果中主峰 $x_{i(s)}$ 以外的字频 $x_i[i=0,1,\cdots,i(s)-1,i(s)+1,\cdots,2^\lambda-1]$ 就可以看作总体 $X_i[i=0,1,\cdots,i(s)-1,\ i(s)+1,\cdots,2^\lambda-1]$（服从正态分布）的一组样本，首先利用极大似然法估计 $X_i$ 的均值和方差，分别记为 $\overline{X}$ 和 $\hat{\sigma}^2$，并有

$$\overline{X}=(h-x_{i(s)})/(2^\lambda-1) \tag{2.96}$$

$$\hat{\sigma}^2=\frac{1}{2^\lambda-1}\left(\sum_{j=0}^{i(s)-1}(x_i-\overline{X})^2+\sum_{j=i(s)+1}^{2\lambda-1}(x_i-\overline{X})^2\right)\quad(j=0,1,\cdots,2^\lambda-1) \tag{2.97}$$

然后，按照下式计算当前字频峰值偏离 $\overline{X}$ 的程度：

$$\beta'=(x_{i(s)}-\overline{X})/\hat{\sigma} \tag{2.98}$$

如果要以概率 $P_0'(s)$ 保证 $x_{i(s)}$ 大于任何一个伪峰，则应有 $\beta'\geqslant\Phi^{-1}(P_0'(s)^{1/2\lambda-1})$。例如，令 $P_0'(s)=0.9999$，当 $\lambda=8$ 时，$\beta'\geqslant\beta'(8)=4.939$；当 $\lambda=16$ 时，$\beta'\geqslant\beta'(16)=5.929$。如果在字频统计中没有满足 $\beta'\geqslant\beta'(\lambda)$，就说明所采用的帧信号还不够长或者当前字频统计时没有完整 $\lambda$ 截断。

根据帧定位信息盲检测问题描述中的假设：帧定位码的长度大于 16 且帧长能被 16 整除。当 $\lambda=8$ 时，无论帧起始偏移 $\delta$ 为何值，总有同步码的完整截断。所以可按照表 2.2 所列的最小帧长 1024b 进行 $\lambda=8$ 的字频统计，即先取长为 $1024\times25$ 的帧信号进行统计。如果不满足 $\beta'\geqslant\beta'(8)$，通过不断增加被统计的帧信号的长度一定可以检出 8 位宽的子同步码，并且可以初步判断帧信号的帧长范围。

当 $\lambda=16$ 时，如果 $M<32$，则很有可能因为在字频统计过程中得不到同步码的完整截断而造成主峰对应的 $\lambda$ 字不是子同步码。由于线路的帧长、同步码长度和实际的帧起始偏移均未知，因此按最大帧长考虑，取长度为 $512\text{K}\times36$ 的帧信号，并做 16 次帧起始偏移相差为 1 的 $\lambda=16$ 的字频统计，则最大主峰对应的 $\lambda$ 字就是未知线路的子同步码。当然，如果 $M\geqslant32$，无论起始偏移取多少，都会有代表子同步码的主峰，那么通过 16 次起始偏移相差为 1 的字频统计得到的 16 个主峰里的最大值也一定代表真实的子同步码。

#### 2.5.3.4 基于字频统计的子同步码盲检测复杂度分析与实验验证

基于字频统计的子同步码盲检测不需要缓存原始帧信号，但要求有一定的存储资源来存放各字频统计结果。对于 $\lambda$ 字频统计，需要 $2^\lambda$ 个寄存器记录字

频,并且由表 2.2 可以算出:当 $\lambda=8$ 时,32b 的寄存器是足够用的;当 $\lambda=16$ 时,8b 的寄存器就足够用了。

基于字频统计的子同步码盲检测的计算复杂度与帧信号长度 $l$ 和 $\lambda$ 有关。一次字频统计需要 $l/\lambda$ 次累加运算,字频峰值的查找需要进行 $2^{\lambda}-1$ 次比较,相当于加减法运算。此外,还应该考虑到计算 $\beta'$ 时所涉及的运算量。由式(2.96)~式(2.98)可知,$\bar{X}$ 的计算需要 $2^{\lambda}-2$ 次加法和 1 次除法运算;$\hat{\sigma}$ 的计算需要 $2^{\lambda}-1$ 次减法运算、$2^{\lambda}-1$ 次乘法运算、$2^{\lambda}-2$ 次加法及 1 次除法运算和 1 次开方运算;$\beta'$ 的计算需要 1 次减法运算、1 次除法运算。因此,每次完整的字频统计所需要的总运算量约为 $2^{\lambda}$ 次乘法运算和 $l/\lambda+2^{\lambda+2}$ 次加法运算。

图 2.38 为基于字频统计的 8 位子同步码盲检测实验情况。可以看出,当参与字频统计的未知线路信号长度为 2K×49 时,主峰的 $\beta'$ 小于 $\beta'(8)$,故认为主峰不明显,同时也说明未知线路的帧长大于 2K;将信号长度增加为 4K×98 后再进行字频统计,主峰的 $\beta'$ 明显大于 $\beta'(8)$,因此有 99.99% 以上的把握认为主峰对应的 $\lambda$ 字"0x7B"就是未知线路的子同步码。线路的实际同步码为"0x97B3",8 位子同步码检测完全正确。

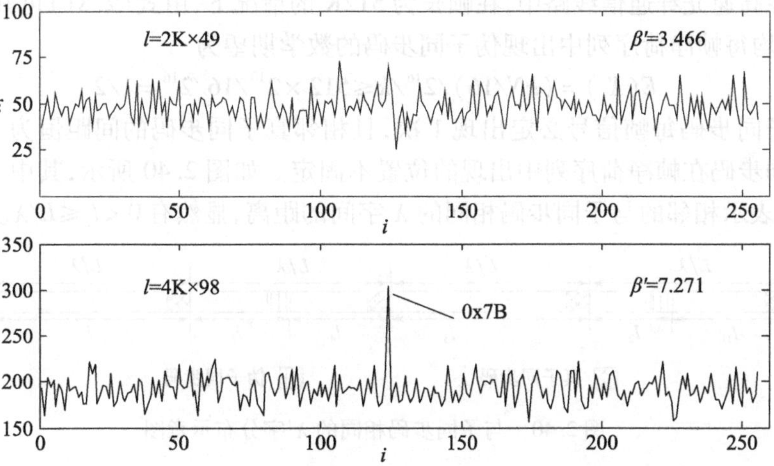


图 2.38　基于字频统计的 8 位子同步码盲检测

图 2.39 为基于字频统计的 16 位子同步码盲检测实验情况。截取的未知线路信号长度为 512K×36,做 16 次帧起始偏移相差为 1 的 $\lambda=16$ 的字频统计,分别得到 16 个主峰及其 $\beta'$ 值。其中最大的 $\beta'$ 值为 67.346,明显大于 $\beta'(16)$,对应的帧起始偏移为 $\delta=\delta_0+11$,且主峰对应的 $\lambda$ 字为"0x7976"。线路的实际同步码为"0xCBCBB0",其二进制序列包含"0x7976"的二进制表示,16 位子同步码检测正确。

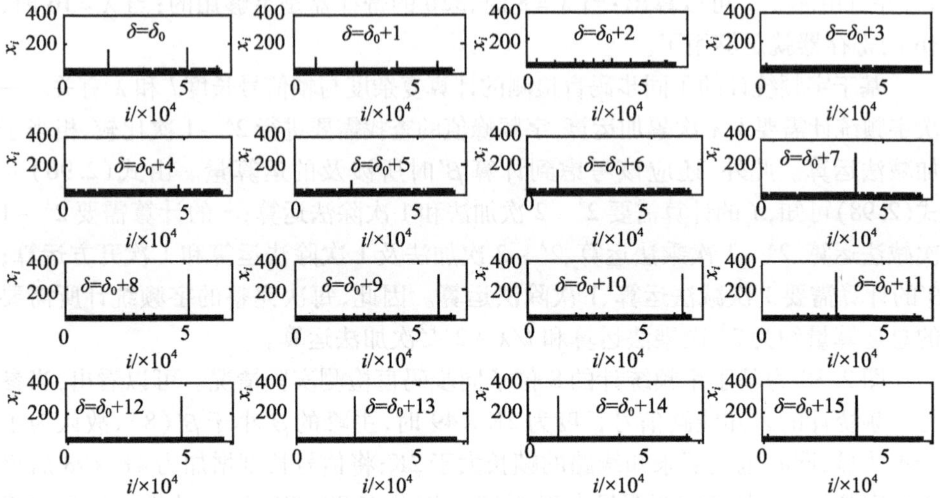


图 2.39　基于字频统计的 16 位子同步码盲检测

#### 2.5.3.5　已知子同步码条件下的帧长盲检测

在高速光纤通信线路中,在帧长为 512K 的情况下,由式(2.81)可知:$\lambda=16$ 时,平均每帧净荷序列中出现伪子同步码的数学期望为

$$E(X_i)=(kN/16)/2^{16}/k\leqslant 512\times 2^{10}/16/2^{16}=1/2 \tag{2.99}$$

而真子同步码每帧信号必定出现 1 次,且相邻真子同步码的间距恒为 $L/16$,而伪子同步码在帧净荷序列中出现的位置不固定。如图 2.40 所示,其中 $l_i(i=1,2,\cdots)$ 表示相邻的与子同步码相同的 $\lambda$ 字间的距离,显然有 $0<l_i\leqslant L/\lambda$。

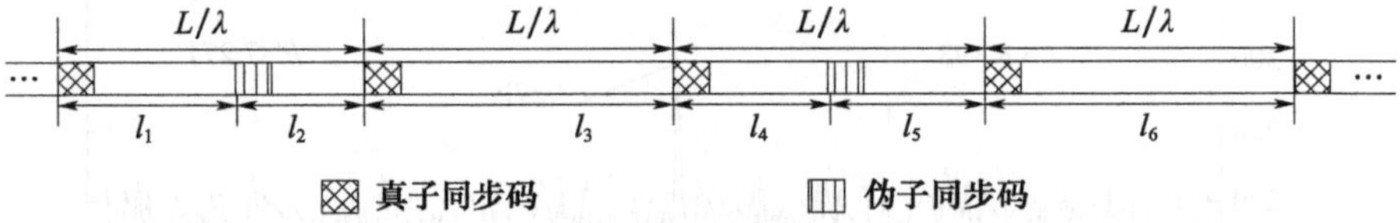


图 2.40　与子同步码相同的 $\lambda'$字分布示意图

基于字频统计的子同步码盲检测最终可以得到 16b 宽的子同步码 $S_{16}$。因此,保持帧起始偏移不变,在足够长的连续帧信号中查找 $S_{16}$ 并记录相邻的 $S_{16}$ 间的不同距离的频次 $x(l_i)$,那么频次最大的距离就应该等于 $L/\lambda$。此外,理论上根据式(2.99)可知,存在 $l_i=L/\lambda$,于是统计足够多的 $l_i(i=1,2,\cdots)$ 并找出其中最大间距为 $L/\lambda$。但这种方法在实际应用中的效果并不好,因为如果某个真子同步码中存在误码则可能导致某个 $l_i>L/\lambda$。

在图 2.40 的实验条件下,保持帧起始偏移,在长度为 512K×36 的连续帧信号中查找 $S_{16}=0x7976$,记录 $l_i$ 与 $x(l_i)$ 的统计情况,见表 2.3。从统计结果可以看出,肯定线路的帧长等于 $32768 \times 16 = 512(\mathrm{K})$。

表 2.3 某线路 $l_i$ 频次统计情况

| $l_i$ | 32768 | 49 | 1182 | 1205 | 2401 | 2532 | 3612 | 4362 | 5116 | 6395 |
|---|---|---|---|---|---|---|---|---|---|---|
| $x(l_i)$ | 23 | 1 | 1 | 1 | 1 | 1 | 1 | 1 | 1 | 1 |

## 2.5.4 已知子同步码和帧长条件下的完整同步码检测

本节在 2.3.3 节的基础上研究已知子同步码和帧长条件下的完整同步码检测问题。假设已检测出未知线路的帧长为 $L_0$,子同步码为 $S_0$ 且 $S_0$ 在完整同步码中的位置未知。未知线路的完整同步码示意图如图 2.41 所示,设在完整同步码中位于 $S_0$ 前面的未知子同步码为 $S_1$,长度为 $l_{S_1}$;位于 $S_0$ 后面的未知子同步码为 $S_2$,长度为 $l_{S_2}$;$S_0$ 长度已知,为 $l_{S_0}$。显然有:$l_{S_1}+l_{S_0}+l_{S_2}=M$,$S=\{S_1,S_0,S_2\}$。完整同步码检测的目标就是利用 $L_0$、$S_0$ 和 $l_{S_0}$ 等已知信息从未知线路中确定 $S_1$ 和 $S_2$,从而最终确定整个同步码 $S$。

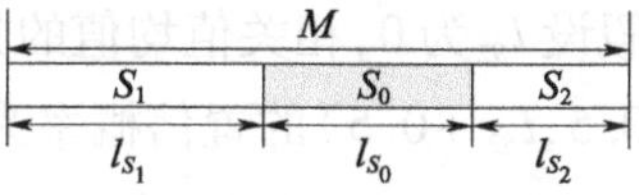


图 2.41 未知线路的完整同步码示意图

### 2.5.4.1 子同步码的捕获

完整同步码的检测需要从 $S_0$ 入手,而帧净荷序列中也可能出现与 $S_0$ 相同的码元,因此必须首先正确捕获真正的子同步码 $S_0$。采用常用的"置位同步法"进行子同步码的捕获,包括搜捕和校核两个步骤。在基于字频统计的子同步码盲检测结束时,保持帧起始偏移不变,在 $\lambda=16$ 的字流中搜捕 $S_0$。找到 $S_0$ 后,进入校核阶段,即判断下一帧相同位置的 $\lambda$ 字是否还是 $S_0$,如果连续 $\alpha$ 帧都能在该位置找到 $S_0$,则认为子同步码捕获成功,其中 $\alpha$ 为校核系数。

### 2.5.4.2 基于短码相关的同步码长度盲检测

在子同步码成功捕获后,利用 2.2.3.1 节的研究成果可以通过计算短码相关值的均值来检测 $l_{S1}$ 和 $l_{S2}$,进而算得完整同步码的长度 $M$。捕获到子同步码 $S_0$ 后,在帧序列中从 $S_0$ 之后的第一个比特开始截取长为 $l$ 的短码序列 $\boldsymbol{a}=\{a_1,a_2,\cdots,a_l\}$。然后在后续各帧信号中的相同位置分别截取 $l$ 长的短码序列,记为 $\boldsymbol{b}_i=\{b_1(i),b_2(i),\cdots,b_l(i)\}$ $(i=1,2,\cdots,k)$,显然有 $b_j(i)=a_{j+iL_0}$ $(j=1,2,\cdots,l)$。于是,$\boldsymbol{a}$ 与 $\boldsymbol{b}_i$ 的相关运算式为 $R(\boldsymbol{a},\tau)=R(\boldsymbol{a},iL_0)$。

由式(2.15)和式(2.16)可知,如果 $l \geqslant l_{S2}$,则 $E(R(\boldsymbol{a},iL_0))=l_{S2}$,$D(R(\boldsymbol{a},iL_0))=l-l_{S2}$;如果 $l<l_{S2}$,则 $E(R(\boldsymbol{a},iL_0))=l$,$D(R(\boldsymbol{a},iL_0))=0$。这就是利用短码相

关法检测 $l_{S2}$ 的理论依据。同理，该法也可检测 $l_{S1}$，只在每帧信号中截取短码的起始位置和截止位置有所不同，因此本节只以 $l_{S2}$ 的检测为研究对象进行分析。

由于在实际检测中，只能通过对多个相关值取均值（设均值为 $\overline{R}$）的方法来估计 $E(R(\boldsymbol{a},iL_0))$。因此关键的问题就是为了以足够大的置信概率保证 $\overline{R}$ 充分接近 $E(R(\boldsymbol{a},iL_0))$，$l$ 应该取多大以及应做多少次相关运算。由2.2.3.1节可知，如果 $\boldsymbol{a}$ 中包含帧净荷序列，其长度为 $l-l_{S2}$，那么 $R(\boldsymbol{a},iL_0)$ 就可以看作常数 $l_{S2}$ 与一个服从参数为 $l-l_{S2}$、1/2 的二项分布的随机变量的和。如果 $l-l_{S2}$ 较大，就可以认为 $R(\boldsymbol{a},iL_0)$ 近似服从正态分布 $N(l_{S2},l-l_{S2})$。于是，$k$ 个相关值的均值就近似服从正态分布 $N(l_{S2},(l-l_{S2})/k)$。

显然，在 $l$ 一定的情况下，$k$ 越大，相关值均值的方差越小，那么 $\overline{R}$ 落入区间 $(l_{S2}-0.5,l_{S2}+0.5)$ 的置信概率就越大（因为只有满足 $l_{S2}-0.5<\overline{R}<l_{S2}+0.5$ 时，通过 $\overline{R}$ 才能正确估计 $l_{S2}$），对于正确估计 $l_{S2}$ 就越有利；在 $k$ 一定时，$l$ 越接近 $l_{S2}$，相关值均值的方差越小。由于 $l_{S2}$ 未知，$l$ 的取值不易控制。因此唯一可行的方法是，从最坏的情况（即假设 $l_{S2}$ 为0，相关值均值的方差为 $l/k$）考虑，取 $k$ 足够大，此时 $\overline{R}$ 落入区间 $(l_{S2}-0.5,l_{S2}+0.5)$ 的置信概率为

$$P_{\overline{R}}=P\{l_{S2}-0.5<\overline{R}<l_{S2}+0.5\}\approx 2\Phi\left(\frac{0.5}{\sqrt{l/k}}\right)-1 \tag{2.100}$$

不同置信概率下 $l$ 与 $k$ 的关系如图2.42所示。可见置信概率一定时，$k$ 随 $l$ 的增加而线性递增。当 $l$ 较大时，对帧信号的长度要求也比较高。实际应用中应根据帧长来选择合适的 $l$ 值，然后根据式(2.100)计算 $k$ 的大小，最后进行短码相关运算求均值，不妨称这种方法为单次估计法。单次估计法所选的 $l$ 如果小于真实的 $l_{S2}$，那么算得的相关均值等于 $l$，仍然无法估计 $l_{S2}$；如果 $l$ 远远大于真实的 $l_{S2}$，那么会造成不必要的资源浪费。

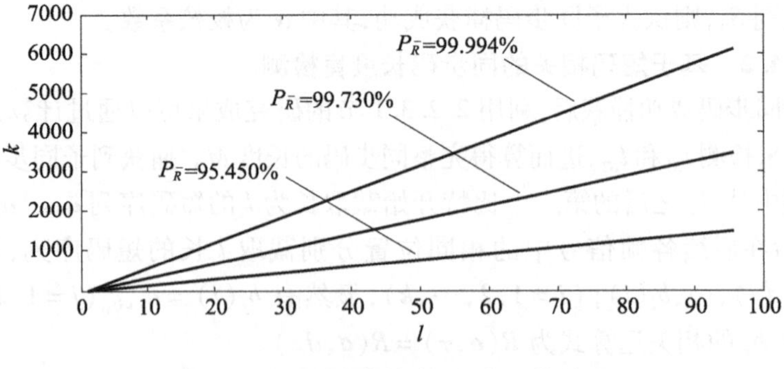


图2.42　不同置信概率下 $l$ 与 $k$ 的关系

为了解决上述问题,提出另外一种策略:选取较小的 $l$,通过递推的方法,逐步估计 $l_{S2}$,即如果算得当前 $l+0.5<\overline{R}<l+0.5$,则将参与相关运算的各短码的起始位置右移 $l$b,继续上一步的运算,直到算得 $\overline{R}<l-0.5$ 为止,这种方法为递推估计法。该方法的显著优点是对帧信号的长度要求不高。每轮相关运算需要 $kl$ 次码元比较和 $k(l-1)$ 次加法运算,均值的求解需要 $k-1$ 次加法运算和 1 次除法运算。所以每轮运算大约需要 $2kl$ 次加法运算,计算复杂度为 $O(kl)$。而检测 $l_{S2}$ 所需的轮数为 $[l_{S2}/l]+1$,其中 $[l_{S2}/l]$ 表示向不大于 $l_{S2}/l$ 的最接近整数取整。取 $P_{\overline{R}}=99.730\%$,不同 $l$ 取值情况下递推估计法的计算复杂度如图 2.43 所示。

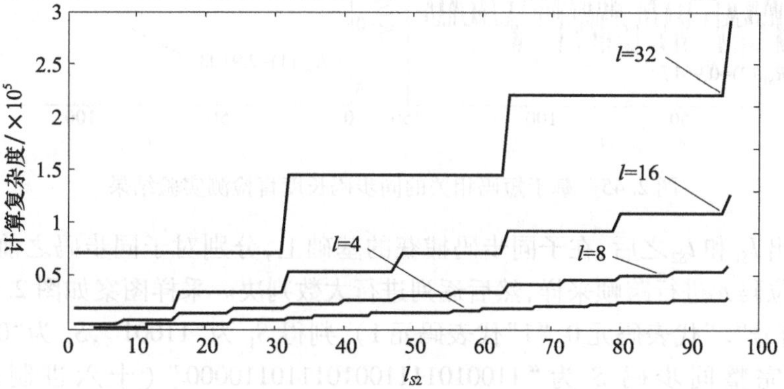


图 2.43　在不同 $l$ 取值情况下递推估计法的计算复杂度

#### 2.5.4.3　基于采样判决的同步码码型盲检测

测定 $l_{S1}$ 和 $l_{S2}$ 后,帧定位信息盲检测就只剩下 $S_1$ 和 $S_2$ 的码型确定这一个环节,也就是同步码码型的盲检测。采用跨帧采样的方式,逐位对 $S_1$ 和 $S_2$ 的码元进行大数判决,即可确定同步码的码型。

如图 2.44 所示,在子同步码捕获后,通过间隔为帧长的 $n$ 次采样,可以得到 $l_{S1}+l_{S2}$ 组含有 $S_1$ 或 $S_2$ 相同位置码元的序列 $\{S_1(1,i),S_1(2,i),\cdots,S_1(n,i)\}$ $(i=1,2,\cdots,l_{S1})$ 或 $\{S_2(1,i),S_2(2,i),\cdots,S_2(n,i)\}$ $(i=1,2,\cdots,l_{S2})$。考虑到同步码中可能存在误码影响,对得到的各个序列求和,如果和大于 $n/2$,就判定该位置码元为 1;反之,码元为 0。

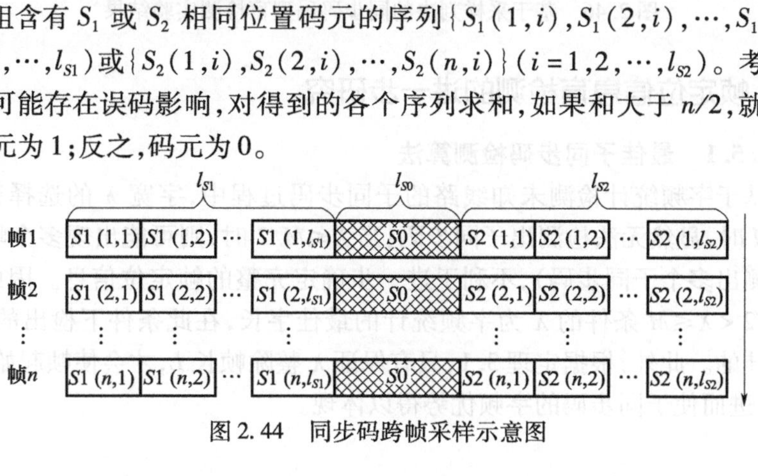


图 2.44　同步码跨帧采样示意图

#### 2.5.4.4 实验验证

接着进行同步码长度和码型的检测，已测得帧长 $L_0=512\text{K}$，子同步码 $S_0=$ 0x7976，$l_{S0}=16$。取 $P_{\bar{R}}=99.730\%$，$l=4$，由式(2.100)算得 $k=144$，故首先对长为 512K×144 的连续帧信号进行子同步码捕获，然后利用递推估计法检测 $l_{S1}$ 和 $l_{S2}$，实验结果见图 2.45。可以看出，$l_{S1}$ 经过了两轮检测，$l_{S2}$ 只进行了一轮检测，最终测得 $l_{S1}=5$，$l_{S2}=3$，因而线路的整个同步码长度为 $M=l_{S1}+l_{S0}+l_{S2}=24$。

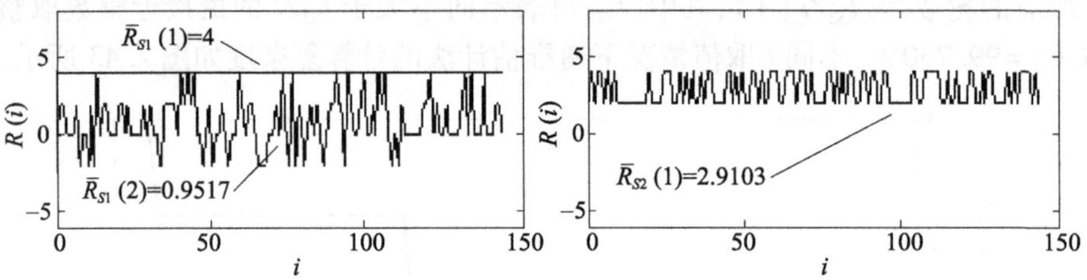


图 2.45　基于短码相关的同步码长度盲检测实验结果

测出 $l_{S1}$ 和 $l_{S2}$ 之后，在子同步码捕获的基础上，分别对子同步码之前 5 位和之后 3 位码元进行跨帧采样，然后逐列进行大数判决。采样图案如图 2.46 所示（图中符号“.”代表码元 0，“1”代表码元 1），判得 $S_1$ 为“11001”，$S_2$ 为“000”，最终测得完整同步码 $S$ 为“110010111100101110110000”（十六进制表示为“0xCBCBB0”）。到此为止，未知线路的帧定位信息就全部检测出来了。

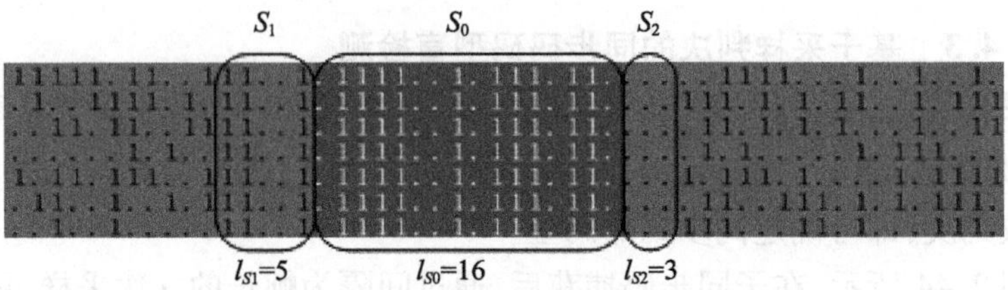


图 2.46　基于采样判决的同步码码型盲检测实验结果

### 2.5.5 帧定位信息盲检测的进一步研究

#### 2.5.5.1 最佳子同步码检测算法

在基于字频统计检测未知线路的子同步码过程中，字宽 $\lambda$ 的选择很关键。当 $\lambda>M$ 时，显然无法检测出子同步码；当 $\lambda\leqslant M/2$ 时，则可能出现多个峰值（或者说检测出多个子同步码），不利于进一步确定完整的帧定位信息。因此，定义满足 $M/2<\lambda\leqslant M$ 条件的 $\lambda$ 为字频统计的最佳字长，在此条件下检出的子同步码为最佳的。此外，根据定理 3.1，只有保证 $\lambda$ 整除帧长 $L$，才会使帧起始偏移保持不变，进而使子同步码的字频优势得以体现。

在当前数字通信系统中，普遍存在这样的规律：通信信号的处理是以字（16b、32b、64b）为单位进行的，且速率越高，字宽越大；为了减小净荷中出现伪帧定位码的概率，信号的帧长 $L$ 越大，帧定位码长度 $M$ 也越大。因此，在字频统计中，$\lambda$ 可以按照 8、16、32、64……的顺序依次取值，同时信号长度 $l_F$ 也按照表 3.2从小往大取值。最佳子同步码检测算法描述如下。

（1）取初始参数 $\lambda=8$，$l_F=25\text{K}$，转（2）；

（2）进行字频统计，转（3）；

（3）如果字频统计峰值 $\beta'<\beta(\lambda)$，则参照表 3.2 将 $l_F$ 增加到原来的 4 倍，$\lambda$ 保持不变，转（2）；如果出现明显的单峰，且满足 $\beta'>\beta(\lambda)$，则成功检出最佳子同步码，算法结束；如果出现多个峰值均满足 $\beta'>\beta(\lambda)$，则认为 $\lambda\leqslant M/2$，$\lambda$ 增加到原来的 2 倍，$l_F$ 保持不变，转（2）。

采用最佳子同步码检测算法得到满足 $M/2<\lambda\leqslant M$ 条件的子同步码，至少可以带来四个方面的好处：①在随后的帧长检测中使对应真实帧长的子同步码间距的频次优势更加明显；②可以使后续处理中的子同步码捕获更加容易；③在基于短码相关的同步码长度检测中，将短码长度取为最佳子同步码的长度，那么只需针对 $S_1$ 和 $S_2$ 各进行一轮相关运算，即可完成检测任务；④在同步码码型检测中可以减少采样数据和大数判决的列数。

#### 2.5.5.2　帧定位信息盲检测方法的容错性考虑

骨干光纤信号在传输过程中，由于受噪声、色散以及外部干扰等各种因素的影响，接收端的信号存在一定的误码，这也是高速光纤通信普遍采取纠错编码的根本原因。研究表明，光纤干线上的误码分布主要有两类：泊松分布和甲型传染分布[154]。前者表示光纤信号中只存在单比特误码，且误码的发生是随机的；后者表示线路误码是成群出现的，误码群的发生是随机的，且误码群中的误码比特数也是随机的。

无论光纤信号中的误码分布属于哪种类型，误码的发生都有可能改变真实的同步码或者因改变帧净荷序列而产生伪同步码进而影响帧定位信息的检测[155]。随着高新技术的不断突破，作为一种非常优良的高速信号传输载体，光纤、光缆本身的特点决定了线路的误码率不会太高。另外，从通信运营的需要出发，作为实用的光纤线路，其误码率总是有限的，更确切地说不会超过纠错解码和解交织方式所能容许的范围。

本章所提出的基于字频统计的子同步码盲检测、基于子同步码间距频次统计的帧长检测、基于短码相关的同步码长度盲检测以及基于采样判决的同步码码型盲检测分别运用统计、求均值以及大数判决等方法来解决问题，这些方法本身均具有显著的容错特点。因此，只要参与分析处理的原始信号足够长，是完全可以克服误码对帧定位信息侦测造成的不利影响的。

## 2.6 本章小结

本章给出了信道编码识别分析问题中帧定位信息盲识别方法的研究成果。第一部分对于传统的基于同步字的帧定位技术进行了研究,提出了新的、容错性能更好的识别分析算法。同时给出了软判决条件下的解决方案,并通过计算机仿真实验以及与其他学者研究结果的对比,验证了提出的算法的有效性。第二部分介绍了近年出现的基于纠错编码的无同步字的盲帧定位技术,以此为基础提出了针对盲帧定位技术的纠错编码分组长度以及分组起始点的识别分析方法并给出了软判决条件下利用软判决信息提高算法可靠性的方案。仿真实验给出了几种编码结构分别在硬判决条件下和软判决条件下的容错性能。

# 第3章 高速光纤通信自同步扰码多项式盲检测技术研究

## 3.1 引 言

在利用光纤骨干传输网承载 ATM、IP 等数据业务时,为了防止在净荷中出现恶意用户生成的代表数据分组开始的帧头信息,各业务运营商通常都会在发送端对代表数据业务的信息进行自同步加扰,而在接收端通过相应的自同步解扰来还原信息[156-158]。为了增强通信的保密性,不同的业务运营商采用的自同步加扰方式也不尽相同。对于接收的承载有数据业务的未知光纤线路而言,只有正确识别其数据链路层的自同步扰码方式,才有可能还原出真正有用的业务信息。自同步扰码方式由自同步扰码多项式(以下简称自扰多项式)决定,因此,本章将围绕高速光纤通信自扰多项式的盲检测问题进行深入研究。

自扰多项式的检测问题与线性反馈移位寄存器的综合问题类似[159],但也存在本质的不同。线性反馈移位寄存器的综合是指从已知无误码的二元序列出发来研究产生它的线性反馈移位寄存器的各种性质,如求解产生某段序列的极小多项式及其初态等。线性反馈移位寄存器的综合广泛应用于序列密码的分析领域,并已形成比较成熟的理论体系,常见的综合方法有解方程法、Berlekamp - Massey 迭代算法和连分式法等[160-162]。

上述几种方法都是建立在移位寄存器序列无误并且序列长度不小于 $2r$($r$ 为线性反馈移位寄存器的阶数)的基础上的。在自扰多项式的盲检测过程中,如果能获得这样的一段无误扰码序列(信源为长连“0”b 序列),固然可以采用上述的经典综合算法进行求解;然而由于实用的数据业务信息都是不断变化的,通常只能采用穷举的方法或人工试探的方式进行测定,其效率是非常低的。因此,需要研究一种高效的自扰多项式盲检测方法。

此外,自同步扰码本身存在误码扩散的特点[163],即信源在信道传输中产生的一个误码将导致解扰后的数据存在多个误码,这无疑会增加自扰多项式的检测难度。因此,如何利用信息统计的方法并结合高速光纤通信数据业务自身的特征来发掘规律,进而估计出自扰多项式是一项非常有挑战性的工作。

## 3.2 自同步扰码原理

无论从结构组成来看还是从实现过程来看，自同步扰码与密码学中的自同步流密码在本质上是一样的，只是在应用目的上各有侧重[164-165]。自同步加扰与解扰的实现均以线性移位寄存器为基础，自同步加扰器由线性反馈移位寄存器构成，而自同步解扰器由线性前馈移位寄存器实现，如图3.1所示。

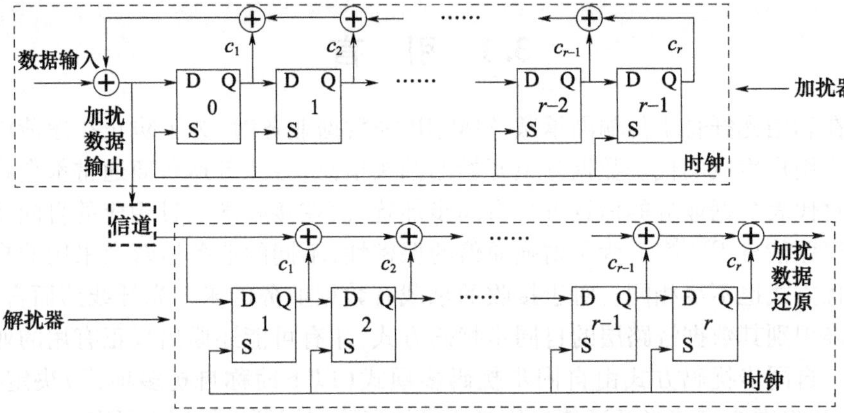


图3.1 自同步加扰器/解扰器结构图

设自同步加扰器的输入比特序列为 $\boldsymbol{d}=(d_0,d_1,\cdots)$，加扰后的输出比特序列为 $\boldsymbol{z}=(z_0,z_1,\cdots)$，则根据图3.1可得输出与输入的关系为

$$z_j=d_j\oplus c_1z_{j-1}\oplus c_2z_{j-2}\oplus\cdots\oplus c_rz_{j-r} \tag{3.1}$$

当加扰后的比特序列 $\boldsymbol{z}=(z_0,z_1,\cdots)$ 经信道到达接收方时，设解扰后的比特序列为 $\hat{\boldsymbol{d}}=(\hat{d}_0,\hat{d}_1,\cdots)$，由图3.1可知

$$\hat{d}_j=z_j\oplus c_1z_{j-1}\oplus c_2z_{j-2}\oplus\cdots\oplus c_rz_{j-r} \tag{3.2}$$

将式(3.1)代入式(3.2)，即可还原出加扰前的原始序列：

$$\hat{d}_j=[d_j\oplus c_1z_{j-1}\oplus c_2z_{j-2}\oplus\cdots\oplus c_rz_{j-r}]\oplus c_1z_{j-1}\oplus c_2z_{j-2}\cdots\oplus c_rz_{j-r}=d_j \tag{3.3}$$

利用传输函数的概念和基于移位操作算子 $D$ 的多项式描述还可以进一步理解自同步扰码技术。加扰公式(3.1)可表示为另一种形式：

$$\boldsymbol{z}=\boldsymbol{d}+c_1D\boldsymbol{z}+c_2D^2\boldsymbol{z}+\cdots+c_rD^r\boldsymbol{z} \tag{3.4}$$

因此，加扰器的传输函数为

$$\frac{\boldsymbol{z}}{\boldsymbol{d}}=\frac{1}{1+c_1D+c_2D^2+\cdots+c_rD^r} \tag{3.5}$$

类似地，解扰器的传输函数为

$$\frac{\hat{d}}{z}=1+c_1D+c_2D^2+\cdots+c_rD^r \tag{3.6}$$

则总的传输函数为

$$\frac{z}{d}\cdot\frac{\hat{d}}{z}=\frac{1}{1+c_1D+c_2D^2+\cdots+c_rD^r}\cdot(1+c_1D+c_2D^2+\cdots+c_rD^r)=1 \tag{3.7}$$

令 $f(D)=1+c_1D+c_2D^2+\cdots+c_rD^r$，则自同步加扰器实质是实现输入序列 $d(D)$ 与 $f(D)$ 相除，而解扰器则是实现接收序列 $z(D)$ 与 $f(D)$ 相乘。因此，$f(D)$ 就唯一决定了自同步加扰器/解扰器的结构，其在二元域中的多项式表示为

$$f(x)=1+c_1x+c_2x^2+\cdots+c_rx^r \tag{3.8}$$

式中 $c_i(i=1,2,\cdots,r)$ 与图 3.1 中的移位寄存器的抽头相对应，取值为 1 代表有抽头；反之，没有抽头。不可约多项式 $f(x)$ 称为通信线路的自扰多项式，为了获得对信源序列的最佳扰乱效果，$f(x)$ 一般采用 $r$ 阶本原多项式。

自同步扰码技术具有以下性质。

(1) 自同步。收发双方的移位寄存器不需要事先同步。只要预置移位寄存器的初始状态，收方就可以还原信息。即使初态不同或在传输过程中插入或漏掉若干比特，也只影响 $r$ 位信息的还原；$r$ 个周期之后，解扰器便能自动恢复同步。

(2) 有限误码传播。当加扰信息序列在传输中出现误码时，解扰后会扩散错误。错误扩散量与移位寄存器的抽头数有关。当扰码器的抽头为 $t$ 时，一个误码扩散为 $t+1$ 个误码。

(3) 白化性。自同步扰码技术可以白化信源数据，即扰码后的输出序列中“1”b 和“0”b 所占的比例趋近平衡。

(4) 周期扩展性。如果扰码器对应的移位寄存器能产生 $2^r-1$ 长度的 $m$ 序列，而信息序列的重复周期为 $S$，则产生的加扰序列周期长度 $p$ 为

$$p=\text{LCM}(2^r-1,S) \tag{3.9}$$

式中：$\text{LCM}(a,b)$ 为取 $a$ 和 $b$ 的最小公倍数。

本章所要研究的内容就是如何利用自同步扰码技术的性质和高速光纤通信信号的信源特征来识别未知线路的自扰多项式 $f(x)$，更具体地说，就是识别自扰多项式的阶数和系数。

## 3.3 高速光纤通信信号的信源特征分析

在实际的数字通信系统中，信源序列中“0”b、“1”b 的频次统计是不平衡的，即在总的待传送信息比特序列中“0”b、“1”b 并不是各占 1/2。光纤通信系统也不例外，尤其是在通信流量中占主导地位的数据业务，即互联网业务。因为

IP 报文通过链路协议封装后，空闲以及各数据帧之间一般都采用固定信息（如“0x7E”）进行填充。另外，根据相关统计资料[166]，互联网有效流量的 40% 左右都被 40B 的 TCP 回应包占用。因此高速光纤通信中的数据业务在传输过程中会存在大量的填充信息，这种特点在比特频次的统计规律上可以明显地表现为信源的“0”“1”不平衡性。

为了确定未知数据是否平衡随机，可以利用数理统计中的假设检验理论对信源的“0”“1”频次的优势进行定量分析，通常包括 $T$ 值测定法和 $\chi^2$ 拟合检验法。

### 3.3.1 $T$ 值测定法

将信源发出的比特序列看作一连串独立的二值分布实验：某一比特或者为“0”，或者为“1”。定义事件 $A$ 为：信源中某信息比特为“1”（或“0”），假设事件 $A$ 出现的概率为 $p$，不出现的概率为 $q=1-p$。那么就可以把 $n$b 的信源序列看作一个 $n$ 重伯努利试验，以 $X_n$ 表示在这 $n$ 次试验中事件 $A$ 发生的次数，则 $X_n$ 服从参数为 $n$、$p$ 的二项分布，记为 $X_n \sim B(n,p)$，且有

$$P\{X_n = k\} = C_n^k p^k q^{n-k} \quad (k=0,1,2,\cdots,n) \tag{3.10}$$

一般而言，当 $n$ 很大时，二项分布的概率计算是非常麻烦的。

根据 De Moivre - Laplace 中心极限定理[167]有

$$\begin{aligned}\lim_{n\to\infty} P(k_1 \leqslant X_n \leqslant k_2) &= \lim_{n\to\infty} P\left(\frac{k_1 - np}{\sqrt{np(1-p)}} \leqslant \frac{X_n - np}{\sqrt{np(1-p)}} \leqslant \frac{k_2 - np}{\sqrt{np(1-p)}}\right) \\ &= \frac{1}{\sqrt{2\pi}} \int_{T_1}^{T_2} e^{-\frac{t^2}{2}} dt \end{aligned} \tag{3.11}$$

式中：$T_1 = \dfrac{k_1 - np}{\sqrt{np(1-p)}}$，$T_2 = \dfrac{k_2 - np}{\sqrt{np(1-p)}}$。式(3.11)表明二项分布的极限分布是正态分布。当 $n$ 很大时，有

$$P(k_1 \leqslant X_n \leqslant k_2) \approx \frac{1}{\sqrt{2\pi}} \int_{T_1}^{T_2} e^{-\frac{t^2}{2}} dt \tag{3.12}$$

由正态分布表可知，当 $T_1 \leqslant -3$，$T_2 \geqslant 3$ 时，$1 - P(k_1 \leqslant X_n \leqslant k_2)$ 的概率小于 0.0027，数学上一般将这种情况称为不可能事件。因此，判断信源平衡与否的思路是：假设信源平衡，即 $q=p=0.5$，取 $T_1 = -3$，$T_2 = 3$，根据式(3.11)算出 $k_1$，$k_2$，如果在这 $n$ 次试验中事件 $A$ 发生的实际次数 $k$ 位于 $k_1$、$k_2$ 之间，则认为信源是平衡的；如果远在 $k_1$、$k_2$ 之外，有理由相信信源是不平衡的。或者直接计算 $T = \dfrac{k - \frac{1}{2}n}{\sqrt{n\frac{1}{2}\left(1-\frac{1}{2}\right)}} = \dfrac{2k-n}{\sqrt{n}}$，如果 $|T| \leqslant 3$，认为信源是平衡的；如果 $|T| > 3$，则认

为信源不平衡。

下面通过实例进一步说明分析信源是否平衡的具体过程。例如，统计某线路数据 20000b，其中“1”出现 10506 次，“0”出现 9494 次。均衡信源在理论上出现“1”和“0”的概率为 $p=0.5, q=1-p=0.5$，则“1”出现 10506 次的 $T$ 值为

$$|T| = \left| \frac{2\times 10506 - 20000}{\sqrt{20000}} \right| \approx 7.156$$

这说明该信源“0”“1”的出现频次是不均衡的。如果“1”出现 9930 次，“0”出现 10070 次，那么“1”出现 10070 次的 $T$ 值为

$$|T| = \left| \frac{2\times 9930 - 20000}{\sqrt{20000}} \right| \approx 0.990$$

可以认为该序列的“0”“1”频次属于均衡范围。

$T$ 值测定法实现了以较小的计算复杂度来估算二项分布的概率问题。$T$ 值反映了数据序列中“0”“1”频次的均衡程度，$|T|$ 值越大越能反映信源的不平衡性。

### 3.3.2　$\chi^2$ 拟合检验法

**皮尔逊(Pearson)定理**[167]　设一个随机试验的 $r$ 个结果 $A_1, A_2, \cdots, A_r$ 构成互斥的事件完备群，在一次试验中它们发生的概率分别为 $p_1, p_2, \cdots, p_r$，其中 $p_i > 0(i=1,2,\cdots,r)$ 且 $\sum_{i=1}^{r} p_i = 1$，以 $m_i$ 表示在 $n$ 次独立重复试验中 $A_i$ 发生的次数，那么，当 $n\to\infty$ 时，随机变量 $\chi^2 = \sum_{i=1}^{r} \frac{(m_i - np_i)^2}{np_i}$ 的分布收敛于自由度为 $r-1$ 的 $\chi^2$ 分布。

$\chi^2$ 常被称作皮尔逊统计量，是样本的实际频数 $m_i$ 对理论频数 $np_i$ 偏差 $m_i - np_i$ 的加权平方和，它的值的大小刻画了理论分布函数和样本值的拟合程度。其值越小表示实际频数与理论频数相对差异越小，反之越大。

对于本书要研究的高速光纤通信信号而言，$r=2$（试验结果只有“0”和“1”两种）。皮尔逊统计量可表示为

$$\chi^2 = \sum_{i=1}^{2} \frac{(m_i - np_i)^2}{np_i} = \frac{(m_1 - np_1)^2}{np_1} + \frac{(m_2 - np_2)^2}{np_2} \tag{3.13}$$

记 $X_1 = m_1 - np_1, X_2 = m_2 - np_2$，由于 $m_1 + m_2 = n, p_1 + p_2 = 1$，则有

$$X_1 + X_2 = m_1 + m_2 - n(p_1 + p_2) = 0 \tag{3.14}$$

可见 $X_1 = -X_2$，于是有

$$\chi^2 = \frac{X_1^2}{np_1} + \frac{X_2^2}{np_2} = \frac{X_1^2}{np_1p_2} = \left(\frac{m_1 - np_1}{\sqrt{np_1(1-p_1)}}\right)^2 = \frac{(m_1 - np_1)^2}{np_1(1-p_1)} \tag{3.15}$$

因此判断信源平衡与否的方法是：假设信源平衡，即 $p_1 = p_2 = 0.5$，统计 $n$ 比特信源序列中“1”（或“0”）的实际频次 $m_1$ 并代入式（3.15）计算 $\chi^2$，通过查 $\chi^2$ 分布表就可确定当前的“1”“0”频数属于理论分布的概率。

当 $\chi^2$ 的值大于某个临界值，即实际频数与理论频数的差异过大时，则认为码元不平衡；反之，认为信源平衡。由于 $\chi^2$ 拟合检验法是根据 $\chi^2$ 统计量的渐近分布得到的，因此使用时要求 $n$ 必须足够大以及 $np_1 \geqslant 10$。

例如，统计某线路数据 10000b，其中“1”出现 5129 次，“0”出现 4871 次，理论上出现“1”和“0”的概率为 $p = 0.5$，$q = 1 - p = 0.5$，求 $\chi^2$ 统计量：

$$\chi^2 = \frac{(m_1 - np_1)^2}{np_1(1 - p_1)} = \frac{(5129 - 10000 \times 0.5)^2}{10000 \times 0.5 \times 0.5} \approx 6.656$$

自由度 $N = 1$，查 $\chi^2$ 分布表：$P(\chi^2 \geqslant 6.635) \approx 0.01$，因此，不认为信源平衡。

### 3.3.3 实际高速光纤通信信源序列的平衡性检验

根据业务流量的大小分别采集三条数据业务线路（已侦测清楚其自扰多项式）上的数据链路层加扰信号，长度均为 49152b，然后对其解扰。利用 $T$ 值测定法和 $\chi^2$ 拟合检验法分别检验解扰前后数据业务的码元平衡性，如表 3.1 所列。线路一由于其业务基本空闲，因此在解扰前后都具有较明显的码元不平衡性；线路二采集了业务最饱满时间段内的数据，因而在解扰前后数据的“0”“1”频次基本都平衡；线路三为正常流量下的数据业务，数据在解扰前码元基本平衡，而解扰后码元十分不平衡性。

表 3.1　解扰前后数据业务的码元平衡性检验

| 信源 | “1”频次（比例） | “0”频次（比例） | “1”频次 $T$ 值 | “1”频次 $\chi^2$ 值 |
|---|---|---|---|---|
| 线路一解扰前 | 25621（52.1%） | 23531（47.9%） | 9.427 | 88.87 |
| 线路一解扰后 | 34129（69.4%） | 15023（30.6%） | 86.18 | 7427 |
| 线路二解扰前 | 24452（49.7%） | 24700（50.3%） | −1.119 | 1.251 |
| 线路二解扰后 | 24280（49.4%） | 24872（50.6%） | −2.671 | 7.130 |
| 线路三解扰前 | 24830（50.5%） | 24322（49.5%） | 2.291 | 5.250 |
| 线路三解扰后 | 29545（60.1%） | 19607（39.9%） | 44.83 | 2009 |

表 3.1 的测试结果表明解扰后数据的不平衡性要明显高于解扰前，也就是说自同步加扰使信源的码元平衡性大大增强，这和 3.2 节中所描述的自同步扰码技术的第 3 个性质是一致的。由于实际的数据线路并不都承载饱满的业务量，即使有也不可能一直以最饱和的状态运行，因此接收的自同步加扰序列通常都对应着具有“0”“1”不平衡性的信源序列，而未知线路的信源不平衡性恰恰可以成为自扰多项式盲检测的有利条件。

# 3.4 自同步扰码多项式的穷举测定算法

现有的自扰多项式识别算法普遍以信源不平衡性为前提，通过引入某种反映平衡性的指标来达到识别过程的去伪存真，主要包括两种：Walsh 变换法[168]和组合枚举求优势法[169-171]。由 3.3 节的内容可知，高速光纤通信中正常业务流量下加扰前的信源序列具有较为明显的“0”“1”不平衡性。所以，Walsh 变换法和组合枚举求优势法完全可以识别高速光纤通信信号的自扰多项式。

## 3.4.1 基于 Walsh 变换的自扰多项式测定算法

由式(3.8)可知，自同步扰码器的抽头位置由 $\boldsymbol{C}(r)=(c_1,c_2,\cdots,c_r)$ 中的非“0”元素确定。对于连“0”信源序列，其扰码序列 $z=(z_0,z_1,\cdots)$ 满足：

$$z_j = c_1 z_{j-1} \oplus c_2 z_{j-2} \oplus \cdots \oplus c_r z_{j-r} \tag{3.16}$$

式(3.16)等号两边同时异或 $z_j$，得

$$z_j \oplus c_1 z_{j-1} \oplus c_2 z_{j-2} \oplus \cdots \oplus c_r z_{j-r} = 0 \tag{3.17}$$

如果能得到长为 $2r$ 的上述扰码序列，则可列出二元域中的 $r$ 个 $r$ 元线性方程：

$$\begin{bmatrix} z_0 & z_1 & \cdots & z_r \\ z_1 & z_2 & \cdots & z_{r+1} \\ \vdots & \vdots & & \vdots \\ z_{r-1} & z_r & \cdots & z_{2r-1} \end{bmatrix} \begin{bmatrix} c_r \\ c_{r-1} \\ \vdots \\ 1 \end{bmatrix} = \boldsymbol{0} \tag{3.18}$$

解上述方程组即可求得 $\boldsymbol{C}(r)$，进而得到整个自扰多项式。

然而由于实际的信源序列并非全“0”，当 $d_j$ 为“1”时，式(3.17)不成立，应改为

$$z_j \oplus c_1 z_{j-1} \oplus c_2 z_{j-2} \oplus \cdots \oplus c_r z_{j-r} = 1 \tag{3.19}$$

文献[168,172]利用沃尔什－阿达玛变换及其谱系数的物理意义给出了一种信源不平衡前提下恢复 $\boldsymbol{C}(r)$ 的思路。

对于 $L$ 长的扰码序列 $z=(z_0,z_1,\cdots)$，从头到尾依次可以取到 $L-r$ 个 $r+1$ 长的子序列，分别统计 $2^{r+1}$ 种 $r+1$ 阶向量 $\boldsymbol{Z}(0)=[0,0,\cdots,0]$，$\boldsymbol{Z}(1)=[0,0,\cdots,1]$，$\cdots$，$\boldsymbol{Z}(2^{r+1}-1)=[1,1,\cdots,1]$ 的频次，记作 $V(0),V(1),\cdots,V(2^{r+1}-1)$。令 $\boldsymbol{S}=[V(0),V(1),\cdots,V(2^{r+1}-1)]^{\mathrm{T}}$，对其作 $2^{r+1}$ 阶沃尔什－阿达玛变换，得到 $\boldsymbol{S}$ 的谱系数 $\boldsymbol{B}=\boldsymbol{H}\cdot\boldsymbol{S}=[N(0),N(1),\cdots,N(2^{r+1}-1)]^{\mathrm{T}}$，如式(3.20)所示：

$$\begin{bmatrix} N(0) \\ N(1) \\ \vdots \\ N(2^{r+1}-1) \end{bmatrix} = \begin{bmatrix} Q(0,0) & Q(0,1) & \cdots & Q(0,2^{r+1}-1) \\ Q(1,0) & Q(1,1) & \cdots & Q(1,2^{r+1}-1) \\ \vdots & \vdots & & \vdots \\ Q(r+1,0) & Q(r+1,1) & \cdots & Q(r+1,2^{r+1}-1) \end{bmatrix} \begin{bmatrix} V(0) \\ V(1) \\ \vdots \\ V(2^{r+1}-1) \end{bmatrix} \tag{3.20}$$

其中 $Q(w,x)$ 为阿达玛矩阵 $\boldsymbol{H}$ 第 $w+1$ 行、第 $x+1$ 列的元素，且满足：$Q(w,x)=(-1)^{w\cdot x}(w,x=0,1,\cdots,2^{r+1}-1)$。因为 $Z(0)$ 肯定满足式(3.18)，所以 $N(0)=L-r$，该值也等于利用 $L$ 长的扰码序列可以得到的方程个数。而 $N(i)$ $(i=1,2,\cdots,2^{r+1}-1)$ 的物理意义就是十进制数等于 $i$ 的解向量 $\boldsymbol{C}_i(r)=(1,c_1(i),c_2(i),\cdots,c_r(i))$ 使式(3.17)成立的个数与不成立个数的差。对于平衡信源，$|N(i)|\approx 0(i=1,2,\cdots,2^{r+1}-1)$；但对于不平衡信源，$|N(i)|$ 越大越能反映其不平衡性特征，对应的 $\boldsymbol{C}_i(r)$ 也就越有可能是自扰多项式的抽头系数。因此只要找出谱系数 $\boldsymbol{B}$ 中绝对值最大的元素，不妨设为 $N(k)$，那么由 $k$ 的二进制表示就能得到自扰多项式的系数。

为了进一步验证结果的可信性，通常取检验置信度：

$$t=|N(k)|/\sqrt{L-r}\geqslant 3 \tag{3.21}$$

设信源中“1”出现的概率为 $p$，则由 Walsh 谱的物理意义可得 $|N(k)|=|(L-r)(1-p)-(L-r)p|=(L-r)\cdot|1-2p|$，代入式(3.21)，整理得

$$L\geqslant\frac{9}{4\,(p-0.5)^2}+r \tag{3.22}$$

再考虑到 $L>>r$，式(3.22)近似为

$$L\geqslant\frac{9}{4\,(p-0.5)^2} \tag{3.23}$$

根据式(3.23)，表 3.2 列出了 $0.01\leqslant|p-0.5|\leqslant 0.10$ 时 Walsh 变换法对数据长度 $L$ 的要求，可见信源越不平衡，对数据长度的要求越低。由于在识别之前并不知道 $p$ 值，因此只能尽量将 $L$ 取得长一些，以适应信源不平衡性不太显著的情况。

表 3.2 Walsh 变换法对 $L$ 的要求

| $\|p-0.5\|$ | 0.01 | 0.02 | 0.03 | 0.04 | 0.05 | 0.06 | 0.07 | 0.08 | 0.09 | 0.10 |
|---|---|---|---|---|---|---|---|---|---|---|
| $L$ | 22500 | 5625 | 2500 | 1406 | 900 | 625 | 459 | 352 | 278 | 225 |

只要 $L$ 足够长，Walsh 变换法在已知阶数 $r$ 的前提下就可以恢复出任意抽头位置的自扰多项式，所基于的信源不平衡性假设在实际的高速光纤通信中通常都是成立的。其计算复杂度主要由 $\boldsymbol{Z}(k)$ 向量统计和沃尔什－阿达玛变换决定，前者的计算复杂度为 $O((r+1)L)$，后者的计算复杂度为 $O(2^{2r+2})$，利用快速沃

尔什－阿达玛变换可以使计算量降为 $O((r+1)\cdot 2^{r+1})$。所以，总的计算复杂度为 $O((r+1)\cdot(2^{r+1}+L))$。

对于自扰多项式阶数 $r$ 也未知的通信线路，只能采用对自扰多项式的各种不同阶数进行穷举的策略来识别。具体的方法是：在 $N_{\min}\leqslant r'\leqslant N_{\max}$ 范围内遍历阶数 $r'$，然后分别应用 Walsh 变换法，在得到的 $N_{\max}-N_{\min}+1$ 个最大的 $|N^{(r')}(i)|_{\max}$ 值中再取最大值，记为 $|N(i)|_{\max}$。由 $|N(i)|_{\max}$ 对应的解向量可得到该线路的自扰多项式。显然，因为穷举自扰多项式阶数需进行 $N_{\max}-N_{\min}+1$ 次 Walsh 变换法，整个识别过程涉及的计算复杂度将远远大于 $O((r+1)\cdot(2^{r+1}+L))$。更大的问题还在于，$r$ 所要遍历的范围 $N_{\min}\sim N_{\max}$ 非常关键，如果范围太窄，可能会发生虚警事件，特别是当真实信源的不平衡性不明显时；如果范围太宽，又会造成资源的极大浪费。

此外，Walsh 变换法涉及 $2^{r+1}\times 2^{r+1}$ 阶阿达玛矩阵及 $2^{r+1}$ 阶的谱系数向量的缓存。当 $r$ 较大时，算法所需的存储空间巨大。假设 $r=30$，且每个谱系数分量只占 1B，那么仅缓存谱系数向量就需要 1GB。这也是限制 Walsh 变换法用于高阶自扰多项式识别领域的重要原因之一。

### 3.4.2　组合枚举求优势法测定自扰多项式

对于未知线路的加扰序列而言，利用式(3.2)选取某一扰码多项式 $f'(x)$ 对其进行解扰。如果 $f'(x)$ 刚好为线路的真实扰码多项式，则解扰后的数据就是真实信源，具有较明显的“0”“1”不平衡性；反之，得到的解扰数据中的“0”b、“1”b 仍然趋于平衡。因此，通过遍历不同的多项式对一定长度的加扰数据进行解扰，并统计解扰数据的“0”“1”不平衡性，那么不平衡性最大的解扰数据所对应的多项式就最有可能是未知线路的真实扰码多项式。基于这一原理提出的扰码多项式识别方法称为组合枚举求优势法。组合枚举求优势法起初应用于同步流密码的攻击中，之后有研究表明该方法同样也可以用于自扰多项式的识别中。

在实际的数字通信中，自同步扰码技术的误码传播性使误码扩散率与自扰多项式的抽头数 $t$ 成正比。因此，文献[170－171]认为，为了减少解扰信号的误码率，各运营商使用的自扰多项式的项数不会太多，一般为三项或五项。这样，假设自扰多项式可能的阶数最高为 $R$，那么对未知线路自扰多项式的识别需要遍历的多项式个数就等于 $C_R^2$ 或 $C_R^4$。

以三项式为例，随机生成长为 $L=40000$，“1”的概率 $p$ 分别为 0.40 和 0.45 的两个信源序列，并以 $x^{20}+x^{17}+1$ 为自扰多项式进行自同步加扰。运用组合枚举求优势法遍历 $x^{20}+x^{k}+1$，$11\leqslant k\leqslant 19$，实验结果见表 3.3 和表 3.4。可以看出，当 $k=17$ 时，输出序列的 $|T|$ 值远大于其他抽头位置下的 $|T|$ 值，由此便可断定该自扰多项式为 $x^{20}+x^{17}+1$，这一仿真结果完全符合实际情况。

表 3.3　不同抽头位置下输出序列中“1”的统计结果($p=0.4$)

| 抽头位置 $k$ | 11 | 12 | 13 | 14 | 15 | 16 | 17 | 18 | 19 |
|---|---|---|---|---|---|---|---|---|---|
| “1”频次 | 19934 | 19995 | 19934 | 20008 | 19959 | 19905 | **16004** | 20079 | 19900 |
| $T$ 值 | -0.660 | -0.050 | -0.660 | 0.080 | -0.410 | -0.950 | **-39.96** | 0.790 | -1.000 |

表 3.4　不同抽头位置下输出序列中“1”的统计结果($p=0.45$)

| 抽头位置 $k$ | 11 | 12 | 13 | 14 | 15 | 16 | 17 | 18 | 19 |
|---|---|---|---|---|---|---|---|---|---|
| “1”频次 | 19963 | 19992 | 19945 | 19944 | 20091 | 20170 | **17940** | 20041 | 20009 |
| $T$ 值 | -0.370 | -0.080 | -0.550 | -0.560 | 0.910 | 1.700 | **-20.60** | 0.410 | 0.090 |

组合枚举求优势法对加扰序列的长度 $L$ 要求不高,由 3.3.1 节中的 $|T|$ 值检验法可知,当 $|T|=\left|\dfrac{2Lp-L}{\sqrt{L}}\right|=|2p-1|\cdot\sqrt{L}\geqslant 3$ 时,$L\geqslant\left(\dfrac{3}{2p-1}\right)^2=\dfrac{9}{2\,(p-0.5)^2}$,与式(3.23)完全相同。

如果预先知道自扰多项式包含 $h$ 项,阶数为 $r$,那么需要遍历的自扰多项式的个数为 $C_r^{h-2}$。用某一多项式对信道序列进行解扰所需要的计算复杂度约为 $O((h-1)\cdot L)$,随后进行不平衡性统计需要计算复杂度约为 $O(L)$。所以总的计算复杂度为 $O(C_r^{h-2}\cdot h\cdot L)$。可见,$h$ 越小,总的计算量也越小。

出于信息安全的考虑,在某些承载关键业务的实际通信线路中,运营方可能会选择项数多的自扰多项式,而且近年来光纤传输质量的不断提高和高性能纠错技术的广泛应用也极大地减少了人们对自同步扰码技术误码扩散的担忧。所以,针对项数较多且阶数和项数均未知的自扰多项式的盲识别显得更重要。如果用组合枚举求优势法来解决这一问题,那么需遍历大约 $2^R$ 个多项式以分别对信道序列进行解扰,并统计比较各解扰序列的比特平衡性,整个过程涉及的计算量巨大。而且,与 Walsh 变换法穷举识别自扰多项式类似,组合枚举求优势法同样存在着阶数范围选择的两难问题。

## 3.5　自同步扰码多项式的阶数估计算法

由 3.4 节可知,无论是 Walsh 变换法还是组合枚举求优势法,通过遍历多项式的思想来识别未知信号的扰码多项式最大的缺点都是阶数范围难以选择、计算量大。如果能够通过某种有效的方法先估计出扰码多项式的阶数,然后利用 Walsh 变换法或组合枚举求优势法进行已知阶数条件下的扰码器抽头位置的识别,那么这种探索将十分有益。

### 3.5.1 基于重码统计的自扰多项式阶数测定方法

在数字通信系统中,信号中普遍存在某种程度的二元子序列重复的情况,称为重码现象。信源经过不同的自同步加扰后,重码的位置、长短、频次也不一样。文献[173]首次提出了重码的概念以及利用重码统计特性识别自扰多项式阶数的粗略方法。但该文献的理论推导部分还不完整,而且文中并没有对识别方法的性能进行分析。本节将在文献[173]的基础上,进一步完善其理论推导部分,并详细分析基于重码统计的自扰多项式阶数测定方法的性能。

**定义 3.1**　设有序列 $z=(z_0,z_1,\cdots)$,令 $z_k(i)=(z_k,z_{k+1},\cdots,z_{k+i-1})$,若有

$$z_m(i)=z_n(i),m\neq n \tag{3.24}$$

则称 $z_m(i)$ 与 $z_n(i)$ 为一对重码,或者称 $z_m(i)$ 与 $z_n(i)$ 相重,$i$ 为重码长度。重码在一定程度上反映了序列的内在联系,是密码领域的一种重要的分析手段。

**定理 3.1**　设信源序列 $\boldsymbol{d}$ 的分布满足 $P(d_i=1)=p$。$\boldsymbol{d}$ 的自同步加扰序列为 $z$,自扰多项式的阶数为 $r$。则 $z$ 中任意两个长为 $i$ 的子序列 $z_m(i)$ 与 $z_n(i)$ $(m\neq n)$ 相重的概率为

$$P(z_m(i)=z_n(i))=\begin{cases}\left(\dfrac{1}{2}\right)^i & (i\leqslant r)\\ \left(\dfrac{1}{2}\right)^r(p^2+(1-p)^2)^{i-r} & (i>r)\end{cases} \tag{3.25}$$

**证明:**

(1)当 $i\leqslant r$ 时,由 3.2 节中自同步加扰技术的"白化性"特征可知,$z$ 中各比特取值为"1"和取值为"0"的概率近似相等。因此加扰序列中任意两个比特相等的概率为 1/2,任意两个长为 $i$ 的子序列相重的概率等于 $1/2^i$。

(2)当 $i>r$ 时,因 $P(z_m(i)=z_n(i))=P(z_m(i)=z_n(i)\mid z_m(i-1)=z_n(i-1))\cdot P(z_m(i-1)=z_n(i-1))$,而 $i-1\geqslant r$,结合式(3.1)有 $P(z_m(i)=z_n(i)\mid z_m(i-1)=z_n(i-1))=P(d_{m+i-1}=d_{n+i-1})=p^2+(1-p)^2$。而 $P(z_m(r)=z_n(r))=1/2^r$,所以 $P(z_m(r+1)=z_n(r+1))=\left(\dfrac{1}{2}\right)^r(p^2+(1-p)^2)$,由数学归纳法得 $P(z_m(r+2)=z_n(r+2))=\left(\dfrac{1}{2}\right)^r(p^2+(1-p)^2)^2,\cdots,P(z_m(i)=z_n(i))=\left(\dfrac{1}{2}\right)^r(p^2+(1-p)^2)^{i-r}$。

由(1)和(2),定理得证。□

设长为 $l(l>>i)$ 比特的自同步加扰序列中共有 $K(i)$ 对长度为 $i$ 的重码,则

$$K(i)=C_{l-i+1}^2\cdot P(z_m(i)=z_n(i)) \tag{3.26}$$

定义变量 $Q(i)=K(i+1)/K(i)$，当 $l>>i$ 时，有 $C_{l-(i+1)+1}^{2}/C_{l-i+1}^{2}=\frac{(l-i)(l-i-1)}{(l-i+1)(l-i)}=\frac{l-i-1}{l-i+1}\approx 1$，进而有

$$Q(i)\approx\frac{P(z_m(i+1)=z_n(i+1))}{P(z_m(i)=z_n(i))}=\begin{cases}\left(\frac{1}{2}\right) & (i<r)\\ p^2+(1-p)^2 & (i\geqslant r)\end{cases} \tag{3.27}$$

$p^2+(1-p)^2=2\left(p-\frac{1}{2}\right)^2+\frac{1}{2}\geqslant\frac{1}{2}$在 $p=1/2$ 处取得最小值1/2，且随$\left|p-\frac{1}{2}\right|$的增大而增大。因为加扰前的信源序列普遍具有信源不平衡性的特点，所以 $Q(i)$ 的值从 $i=r$ 处开始将会有一个阶跃性的变化，而且信源越不平衡，$Q(i)$ 的变化越明显。利用这一特点，通过对加扰序列进行重码统计就可以获得自扰多项式的阶数信息。

随机生成长为2000b、“1”的概率分别为0.3和0.4的两条信源序列，以 $x^6+x^5+1$ 为自扰多项式对信源进行自同步加扰。表3.5和表3.6列出了自同步扰码序列重码统计结果。从表中可以看出：当 $i<6$ 时，$Q(i)\approx 0.5$；而当 $i\geqslant 6$ 时，$Q(i)$ 的值约等于 $p^2+(1-p)^2$（理论值分别是0.58与0.52）。根据 $Q(i)$ 在 $i=6$ 处开始显著增大的现象，便可以判定该自扰多项式的阶数为6，与实际情况完全符合。

表3.5　自同步扰码序列重码统计结果($p=0.3$)

| 重码长度 $i$ | 1 | 2 | 3 | 4 | 5 | **6** | **7** | **8** | **9** |
|---|---|---|---|---|---|---|---|---|---|
| $K(i)$ | 992288 | 495289 | 247035 | 123311 | 61360 | **30528** | **17434** | **10025** | **5764** |
| $Q(i)$ | 0.4991 | 0.4988 | 0.4992 | 0.4976 | 0.4975 | **0.5711** | **0.5750** | **0.5750** | — |

表3.6　自同步扰码序列重码统计结果($p=0.4$)

| 重码长度 $i$ | 1 | 2 | 3 | 4 | 5 | **6** | **7** | **8** | **9** |
|---|---|---|---|---|---|---|---|---|---|
| $K(i)$ | 992148 | 495905 | 248057 | 123846 | 61690 | **30902** | **16077** | **8364** | **4404** |
| $Q(i)$ | 0.4998 | 0.5002 | 0.4993 | 0.4981 | 0.5009 | **0.5203** | **0.5202** | **0.5265** | — |

为了利用重码统计法测出自扰多项式的阶数 $r$，重码长度 $i$ 至少要取 $r+1$，同时要求 $K(r+1)\geqslant 1$。根据式(3.25)和式(3.26)，加扰序列截取的长度 $l$ 应满足：

$$\frac{(l-r)(l-r-1)}{2}\cdot\left(\frac{1}{2}\right)^r(p^2+(1-p)^2)\geqslant 1 \tag{3.28}$$

由于 $1/2\leqslant p^2+(1-p)^2<1$，按最坏情况 $p^2+(1-p)^2=1/2$ 考虑，式(3.28)可整理为

$$(l-r)\cdot(l-r-1)\geqslant 2^{r+2} \tag{3.29}$$

再结合 $L>>r$，式(3.29)可近似为

$$l \geqslant 2^{r/2+1} \tag{3.30}$$

另外，计算 $K(r)$ 需要进行的比较次数 $N_{K(r)}$ 满足：

$$N_{K(r)} = C_{l-r+1}^{2} \cdot r = (l-r+1)(l-r)r/2 \tag{3.31}$$

而整个算法还需要计算多个 $K(i)$，$i$ 应在 $r$ 前后取值。因此基于重码统计的自扰多项式阶数测定算法的计算复杂度约为 $o(rl^2/2) \geqslant o(r \cdot 2^{r+1})$。

### 3.5.2 基于狭义重码统计的自扰多项式阶数测定方法

为了进一步探索自同步加扰序列的特性，本节将对 3.5.1 节中的重码定义进行约束，从而提出狭义重码的概念，并对自同步加扰序列的狭义重码统计特性进行深入研究。

**定义 3.2**　在二元序列 $\boldsymbol{z} = (z_0, z_1, \cdots)$ 中，令 $z_k(i) = (z_k, z_{k+1}, \cdots, z_{k+i-1})$，若有

$$z_m(i) = z_n(i), m \neq n \text{ 且 } z_{m-1} \neq z_{n-1}, z_{m+i} \neq z_{n+i} \tag{3.32}$$

则称 $z_m(i)$ 与 $z_n(i)$ 为一对狭义重码，或者称 $z_m(i)$ 与 $z_n(i)$ 狭义相重，$i$ 为狭义重码长度。为便于描述，令 $\boldsymbol{Z}_{m,n}(i)$ 表示 $z_m(i)$ 与 $z_n(i)$ 狭义相重。

**引理 3.1**　设信源序列 $\boldsymbol{d}$ 的分布满足 $P(d_i = 1) = p$。$\boldsymbol{d}$ 的自同步加扰序列为 $\boldsymbol{z}$，自扰多项式的阶数为 $r$。若有 $z_m(r) = z_n(r)$，$m \neq n$，则

$$P(z_m(r+1) = z_n(r+1) \mid z_m(r) = z_n(r)) = p^2 + (1-p)^2 \tag{3.33}$$

**证明**：由式(3.1)可知，加扰序列在 $i+r$ 时刻的码元为 $z_{i+r} = d_{i+r} \oplus c_1 z_{i+r-1} \oplus c_2 z_{i+r-2} \oplus \cdots \oplus c_r z_i$。由 $z_m(r) = z_n(r)$，$m \neq n$，显然有 $P(z_m(r+1) = z_n(r+1) \mid z_m(r) = z_n(r)) = P(z_{m+r} = z_{n+r}) = P(d_{m+r} = d_{n+r}) = p^2 + (1-p)^2$，得证。□

**引理 3.2**　假设同引理 3.1，若有 $z_m(r) = z_n(r)$，$m \neq n$，则有

$$P(z_m(r+k) = z_n(r+k) \mid z_m(r) = z_n(r)) = (p^2 + (1-p)^2)^k \tag{3.34}$$

**证明**：由引理 3.1 并运用数学归纳法不难证明该结论成立。□

**引理 3.3**　假设同引理 3.1，若 $z_m \neq z_n$ 且 $z_{m+1}(r-1) = z_{n+1}(r-1)$，$m \neq n$，则有

$$P(z_m(r+1) = z_n(r+1) \mid z_m \neq z_n, z_{m+1}(r-1) = z_{n+1}(r-1)) = 2p(1-p) \tag{3.35}$$

**证明**：对于 $r$ 阶自扰码器来讲，必有 $c_r = 1$。由 $z_m \neq z_n$ 且 $z_{m+1}(r-1) = z_{n+1}(r-1)$，$m \neq n$，并结合式(3.1)，有 $P(z_m(r+1) = z_n(r+1) \mid z_m \neq z_n, z_{m+1}(r-1) = z_{n+1}(r-1)) = P(d_{m+r} \neq d_{n+r}) = 2p(1-p)$，得证。□

**定理 3.2**　假设同引理 3.1，则 $\boldsymbol{z}$ 中任意两个长为 $i$ 的子序列 $z_m(i)$ 与 $z_n(i)$ $(m \neq n)$ 狭义相重的概率为

$$P(\boldsymbol{Z}_{m,n}(i)) \approx \begin{cases} \left(\frac{1}{2}\right)^{i+2} & (1 \leqslant i \leqslant r-2) \\ (p^2+(1-p)^2)\cdot\left(\frac{1}{2}\right)^{r} & (i=r-1) \\ 4p^2(1-p)^2\cdot\left(\frac{1}{2}\right)^{r} & (i=r) \\ 4p^2(1-p)^2\cdot(p^2+(1-p)^2)^{i-r}\cdot\left(\frac{1}{2}\right)^{r} & (i \geqslant r+1) \end{cases} \tag{3.36}$$

**证明：**

(1)当 $i \leqslant r-2$ 时，由 3.2 节中自同步加扰技术的“白化性”特征可知，$z$ 中各比特取值为“1”和取值为“0”的概率相等。因此加扰序列中任意两个比特相等的概率为 1/2，不相等的概率也为 1/2。当 $i \leqslant r-2$ 时，任意两个长为 $i$ 的子序列狭义相重的概率就等于 $1/2^{i+2}$。

(2)当 $i=r-1$ 时，

$P(z_m(i)=z_n(i),z_{m-1}\neq z_{n-1}) \approx \left(\frac{1}{2}\right)^{i+1}=\left(\frac{1}{2}\right)^{r}$，结合引理 3.3，有 $P(z_{m+i}\neq z_{n+i} \mid z_m(i)=z_n(i),z_{m-1}\neq z_{n-1}) = 1-P(z_{m+i}=z_{n+i} \mid z_m(i)=z_n(i),z_{m-1}\neq z_{n-1}) = 1-2p(1-p)=(p+(1-p))^2-2p(1-p)=p^2+(1-p)^2$。所以 $P(\boldsymbol{Z}_{m,n}(i))=P(z_m(i)=z_n(i),z_{m-1}\neq z_{n-1})P(z_{m+i}\neq z_{n+i} \mid z_m(i)=z_n(i),z_{m-1}\neq z_{n-1}) \approx (p^2+(1-p)^2)\cdot\left(\frac{1}{2}\right)^{r}$。

(3)当 $i=r$ 时，$P(z_m(i-1)=z_n(i-1),z_{m-1}\neq z_{n-1}) \approx \left(\frac{1}{2}\right)^{i}=\left(\frac{1}{2}\right)^{r}$，结合引理 3.3，有 $P(z_{m+i-1}=z_{n+i-1} \mid z_m(i-1)=z_n(i-1),z_{m-1}\neq z_{n-1})=2p(1-p)$，再应用引理 3.1，得 $P(z_{m+i}\neq z_{n+i} \mid z_m(i)=z_n(i)) = 1-P(z_{m+i}=z_{n+i} \mid z_m(i)=z_n(i))=1-(p^2+(1-p)^2)=(p+(1-p))^2-(p^2+(1-p)^2)=2p(1-p)$。所以，$P(\boldsymbol{Z}_{m,n}(i))=P(z_m(i-1)=z_n(i-1),z_{m-1}\neq z_{n-1})\cdot P(z_{m+i-1}=z_{n+i-1} \mid z_m(i-1)=z_n(i-1),z_{m-1}\neq z_{n-1})\cdot P(z_{m+i}\neq z_{n+i} \mid z_m(i)=z_n(i)) \approx 4p^2(1-p)^2\cdot\left(\frac{1}{2}\right)^{r}$

(4)当 $i \geqslant r+1$ 时，$P(z_m(r-1)=z_n(r-1),z_{m-1}\neq z_{n-1}) \approx \left(\frac{1}{2}\right)^{r}$，结合引理 3.3，有 $P(z_{m+r-1}=z_{n+r-1} \mid z_m(r-1)=z_n(r-1),z_{m-1}\neq z_{n-1})=2p(1-p)$。再应用引理 3.1，得 $P(z_{m+i}\neq z_{n+i} \mid z_{m+i-r}(r)=z_{n+i-r}(r)) = 1-P(z_{m+i}=z_{n+i} \mid z_{m+i-r}(i)=z_{n+i-r}(i))=2p(1-p)$。此外，根据引理 3.2 有 $P(z_m(i)=z_n(i)$

$|z_m(r)=z_n(r))=(p^2+(1-p)^2)^{i-r}$。所以，$P(\mathbf{Z}_{m,n}(i))=P(z_m(r-1)=z_n(r-1), z_{m-1}\neq z_{n-1})\cdot P(z_m(i)=z_n(i)|z_m(r)=z_n(r))\cdot P(z_{m+i}\neq z_{n+i}|z_{m+i-r}(r)=z_{n+i-r}(r))\approx 4p^2(1-p)^2\cdot(p^2+(1-p)^2)^{i-r}\cdot\left(\frac{1}{2}\right)^r$。

由(1)～(4)，得证。 □

设长为 $l(l>>i)$ 比特的自同步加扰序列中共有 $K'(i)$ 对狭义重码，则有

$$K'(i)=C_{l-(i+2)+1}^2\cdot P(\mathbf{Z}_{m,n}(i)) \tag{3.37}$$

定义变量 $Q'(i)=K'(i+1)/K'(i)$，当 $l>>i$ 时，有 $C_{l-(i+1+2)+1}^2/C_{l-(i+2)+1}^2=\frac{(l-i-2)(l-i-3)}{(l-i-1)(l-i-2)}=\frac{l-i-3}{l-i-1}\approx 1$，再结合定理 3.2 得

$$Q'(i)\approx\frac{P(\mathbf{Z}_{m,n}(i+1))}{P(\mathbf{Z}_{m,n}(i))}=\begin{cases}\frac{1}{2} & (1\leqslant i\leqslant r-3)\\ p^2+(1-p)^2 & (i=r-2)\\ \frac{4p^2(1-p)^2}{p^2+(1-p)^2} & (i=r-1)\\ p^2+(1-p)^2 & (i\geqslant r)\end{cases} \tag{3.38}$$

由不等式 $p^2+(1-p)^2\geqslant 2p(1-p)$ 和信源不平衡性易得 $p^2+(1-p)^2\geqslant 1/2$，而 $\frac{4p^2(1-p)^2}{p^2+(1-p)^2}\leqslant\frac{1}{2}$，如图 3.2 所示。

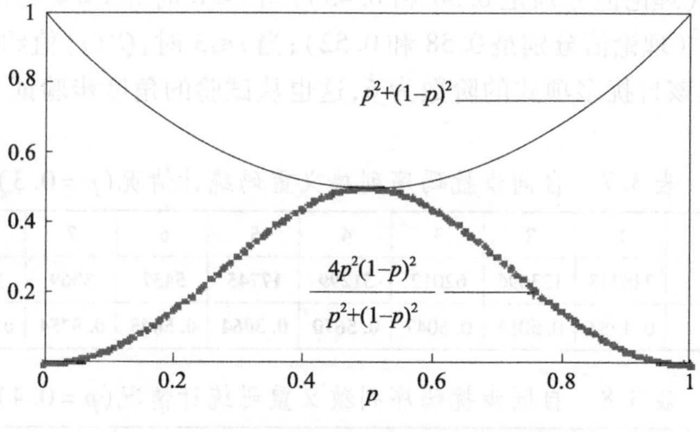


图 3.2　信源不平衡性对 $Q'(i)$ 极值的影响

图 3.3 给出了不同 $p$ 值下 $Q'(i)$ 随狭义重码长度 $i$ 的分布关系。显然，$Q'(i)$ 在 $i=r-1$ 处取到极小值，在 $i=r-2$ 和 $i\geqslant r$ 处取最大值。而且信源不平衡性越明显，极大值与极小值之差越大，也就越有利于检测自扰多项式的阶数。随着信源趋于平衡，即 $p\to 0.5$，$Q'(i)$ 的极小值和最大值都趋于 0.5，此时自扰多项式的阶数很难测定。

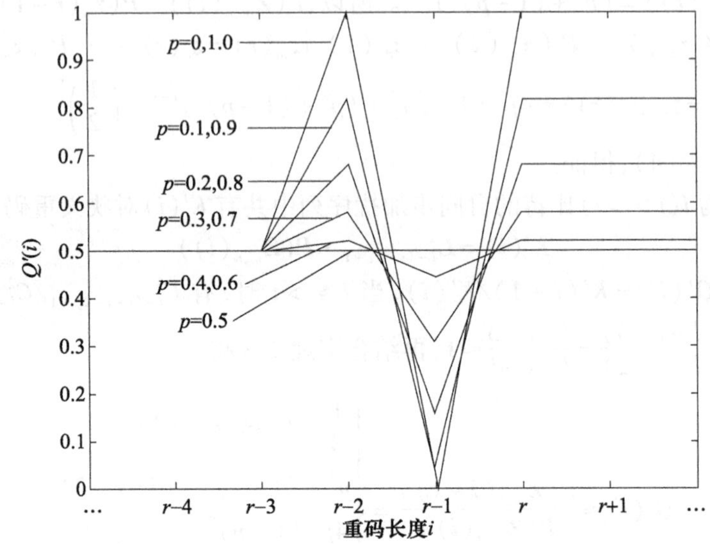


图 3.3 不同 $p$ 值下 $Q'(i)$ 随狭义重码长度 $i$ 的分布关系

随机生成长为 $L=2000$、"1"的概率 $p$ 分别为 0.3 和 0.4 的两条信源序列，并以 $x^6+x^5+1$ 为自扰多项式进行自同步扰码。表 3.7 和表 3.8 分别列出了 $p=0.3$ 及 $p=0.4$ 时，不同长度狭义重码的统计情况。可以看出：当 $i=5$ 时，$Q'(i)$ 取到最小值（理论值分别是 0.30 和 0.45）；当 $i\geqslant6$ 时和 $i=4$ 时，$Q'(i)$ 值约为 $p^2+(1-p)^2$（理论值分别是 0.58 和 0.52）；当 $i\leqslant3$ 时，$Q'(i)$ 值约为 0.50，据此便可以判定该自扰多项式的阶数为 6，这也从试验的角度步验证了定理 3.2 的正确性。

表 3.7 自同步扰码序列狭义重码统计情况（$p=0.3$）

| 重码级数 $i$ | 1 | 2 | 3 | **4** | **5** | **6** | **7** | **8** | **9** |
|---|---|---|---|---|---|---|---|---|---|
| $K'(i)$ | 248248 | 123696 | 62012 | **31299** | **17745** | **5437** | **3069** | **1766** | **1082** |
| $Q'(i)$ | 0.4983 | 0.5013 | 0.5047 | **0.5670** | **0.3064** | **0.5645** | **0.5754** | **0.6127** | — |

表 3.8 自同步扰码序列狭义重码统计情况（$p=0.4$）

| 重码级数 $i$ | 1 | 2 | 3 | **4** | **5** | **6** | **7** | **8** | **9** |
|---|---|---|---|---|---|---|---|---|---|
| $K'(i)$ | 247011 | 124206 | 61597 | 30937 | 16135 | 7230 | 3750 | 1951 | 1009 |
| $Q'(i)$ | 0.5028 | 0.4959 | 0.5022 | **0.5215** | **0.4481** | **0.5187** | **0.5203** | **0.5172** | — |

为了利用狭义重码统计法测出自扰多项式的阶数 $r$，狭义重码长度 $i$ 至少要取 $r+1$，同时要求 $K'(r+1)\geqslant1$。根据式(3.36)和式(3.37)，加扰序列截取的长度 $l$ 应满足：

$$\frac{(l-r-2)(l-r-3)}{2}\cdot 4p^2(1-p)^2\cdot(p^2+(1-p)^2)\cdot\left(\frac{1}{2}\right)^r\geqslant 1 \tag{3.39}$$

考虑到通常情况下 $0.3\leqslant p\leqslant 0.7$，式(3.39)可近似为

$$(l-r-2)\cdot(l-r-3)\geqslant 9.775\cdot 2^{r+1} \tag{3.40}$$

再结合 $l>>r$，式(3.39)可近似为

$$l>2^{(r+5)/2} \tag{3.41}$$

计算 $K'(r)$ 需要进行的比较次数 $N_{K'(r)}$ 满足

$$N_{K'(r)}=C_{l-(i+2)+1}^2\cdot(r+2)=\frac{1}{2}(l-r-2)(l-r-3)\cdot(r+2) \tag{3.42}$$

而整个算法还需要计算多个 $K'(i)$，$i$ 在 $r$ 前后取值。因此基于重码分析的自扰多项式阶数测定算法的计算复杂度约为 $o((r+2)\cdot l^2/2)\geqslant o((r+2)\cdot 2^{r+4})$。

### 3.5.3　基于游程统计的自扰多项式阶数测定方法

游程通常只是用来描述伪随机序列尤其是 **m** 序列的特性，很少用于密码分析或信道编码盲识别领域。文献[169]首次将游程统计的方法用于识别同步流密码的攻击，文献[171]提出了利用信道序列的游程特点粗略估计自扰多项式阶数的范围，但也仅是工程方法的介绍，并没有给出理论依据。本节将从理论上推导自同步加扰序列的游程统计特性，并提出一种可以精确检测自扰多项式的阶数的游程统计方法。

**定义 3.3**　在序列中形如“100…001”和“011…110”的子序列称为序列的0游程和1游程，0游程中“0”的个数或1游程中“1”的个数称为游程的长度。

**引理 3.4**　如果自扰多项式为 $f(x)=1+c_1x+c_2x^2+\cdots+c_rx^r$，则 $C=\sum_{i=1}^{r}c_i$ 为偶数。

**证明：**因为自同步扰码多项式肯定是既约多项式，而含有偶数项的多项式肯定是可约的，所以 $f(x)$ 一定包含奇数项，考虑到常数项恒为1，非常数项系数非0即1，所以 $C=\sum_{i=1}^{r}c_i$ 一定为偶数，得证。□

**定理 3.3**　设信源序列中“1”的概率为 $p_1$，自扰多项式阶数为 $r$，则根据式(3.1)加扰的信道序列中长度为 $i$ 的1游程[记为 $x_i=(z_0,z_1,\cdots,z_{i+1})$]出现的概率 $P(x_i)$ 满足以下关系：

$$P(x_i)=\begin{cases}\left(\frac{1}{2}\right)^{i+2} & (i\leqslant r-2)\\ p_1\left(\frac{1}{2}\right)^r & (i=r-1)\\ \left(\frac{1}{2}\right)^r(1-p_1)^2p_1^{\,i-r} & (i\geqslant r)\end{cases} \tag{3.43}$$

**证明:**根据1游程的定义,$x_i$ 满足 $z_0=z_{i+1}=0,z_1=z_2=\cdots=z_i=1$。

(1)当 $i\leqslant r-2$ 时,$P(x_i)=P(z_0=0)P(z_{i+1}=0)\prod_{j=1}^{i}P(z_j=1)=\left(\frac{1}{2}\right)^{i+2}$。

(2)当 $i=r-1$ 时,由式(3.1)可得 $z_{i+1}=d_{i+1}\oplus c_1z_i\oplus c_2z_{i-1}\oplus\cdots\oplus c_rz_{i+1-r}=d_{i+1}\oplus(c_1\cdot 1)\oplus(c_2\cdot 1)\oplus\cdots\oplus(c_{r-1}\cdot 1)\oplus(c_r\cdot 0)$。因为 $c_r=1$,结合引理3.3有 $C'=\sum_{i=1}^{r-1}c_i$ 为奇数,$(c_1\cdot 1)\oplus(c_2\cdot 1)\oplus\cdots\oplus(c_{r-1}\cdot 1)\oplus(c_r\cdot 0)=1$,$z_{i+1}=d_{i+1}\oplus 1=\overline{d_{i+1}}$。所以 $P(x_i)=P(z_0=0)\cdot P(z_{i+1}=0)\cdot\prod_{j=1}^{i}P(z_j=1)=\left(\frac{1}{2}\right)^{i+1}\cdot P(z_{i+1}=0)=\left(\frac{1}{2}\right)^{r}\cdot P(d_{i+1}=1)=p_1\cdot\left(\frac{1}{2}\right)^{r}$。

(3)当 $i\geqslant r$ 时,由式(3.1)可得 $z_j=d_j\oplus(c_1\cdot 1)\oplus(c_2\cdot 1)\oplus\cdots\oplus(c_r\cdot 1)=d_j,j>r+1$。$z_{r+1}=d_{r+1}\oplus(c_1\cdot 1)\oplus(c_2\cdot 1)\oplus\cdots\oplus(c_r\cdot 0)=d_{r+1}\oplus 1=\overline{d_{r+1}}$。所以,$P(x_i)=P(z_0=0)\cdot P(z_{i+1}=0)\cdot\prod_{j=1}^{r-1}P(z_j=1)\cdot\prod_{j=r}^{i}P(z_j=1)=\left(\frac{1}{2}\right)P(d_{i+1}=0)\left(\frac{1}{2}\right)^{r-1}P(d_{r+1}=0)\prod_{j=r+1}^{i}P(d_j=1)=\left(\frac{1}{2}\right)^{r}(1-p_1)^2{p_1}^{i-r}$。

由(1)、(2)和(3),得证。 □

**定理3.4** 设信源序列中“0”的概率为 $p_0$,自扰多项式阶数为 $r$,则根据式(3.1)加扰的信道序列中长度为 $i$ 的0游程[记为 $y_i=(z_0,z_1,\cdots,z_{i+1})$]出现的概率 $P(y_i)$ 满足:

$$P(y_i)=\begin{cases}\left(\frac{1}{2}\right)^{i+2} & (i\leqslant r-2)\\ p_0\left(\frac{1}{2}\right)^{r} & (i=r-1)\\ \left(\frac{1}{2}\right)^{r}(1-p_0)^2{p_0}^{i-r} & (i\geqslant r)\end{cases}\tag{3.44}$$

定理3.4的证明与定理3.3类似。

长为 $l(l>>r)$ 的自同步加扰序列中包含 $l-(i+2)+1=l-i-1$ 个长为 $i+2$ 的子序列。设该序列中长度为 $i$ 的1游程个数和0游程个数分别为 $K(x_i)$ 和 $K(y_i)$。则有

$$K(x_i)=(l-i-1)P(x_i)\tag{3.45}$$

$$K(y_i)=(l-i-1)P(y_i)\tag{3.46}$$

由于 $l>>r$,进而有

$$\eta_1(i)=\frac{K(x_{i+1})}{K(x_i)}=\frac{(l-i-2)P(x_{i+1})}{(l-i-1)P(x_i)}\approx\frac{P(x_{i+1})}{P(x_i)}\tag{3.47}$$

$$\eta_0(i)=\frac{K(y_{i+1})}{K(y_i)}=\frac{(l-i-2)P(y_{i+1})}{(l-i-1)P(y_i)}\approx\frac{P(y_{i+1})}{P(y_i)} \tag{3.48}$$

将式(3.43)代入式(3.47)、式(3.44)代入式(3.48)分别得

$$\eta_1(i)\approx\begin{cases}1/2 & (i\leqslant r-3)\\ p_1 & (i=r-2)\\ (1-p_1)^2/p_1 & (i=r-1)\\ p_1 & (i\geqslant r)\end{cases} \tag{3.49}$$

$$\eta_0(i)\approx\begin{cases}1/2 & (i\leqslant r-3)\\ p_0 & (i=r-2)\\ (1-p_0)^2/p_0 & (i=r-1)\\ p_0 & (i\geqslant r)\end{cases} \tag{3.50}$$

因为 $p_1+p_0=1$，令 $\eta(i)=\eta_1(i)-\eta_0(i)$，则有

$$\eta(i)\approx\begin{cases}0 & (i\leqslant r-3)\\ p_1-p_0 & (i=r-2)\\ ({p_0}^3-{p_1}^3)/p_1p_0 & (i=r-1)\\ p_1-p_0 & (i\geqslant r)\end{cases} \tag{3.51}$$

因为 $\eta(r-1)\approx({p_0}^3-{p_1}^3)/p_1p_0=-(p_1-p_0)\cdot({p_1}^2+p_1p_0+{p_0}^2)/p_1p_0$，所以当 $p_1-p_0>0$ 时，$\eta(i)$将在 $i=r-1$ 处取得极小值，在 $i=r-2$ 和 $i\geqslant r$ 等处取得极大值；当 $p_1-p_0<0$ 时，$\eta(i)$将在 $i=r-1$ 处取得极大值，在 $i=r-2$ 和 $i\geqslant r$ 等处取得极小值；当 $p_1-p_0=0$，即信源平衡时，$\eta(i)$值均约等于 0。表 3.9 给出不同 $p_1$ 情况下 $\eta(i)$ 的取值。

表 3.9　不同 $p_1$ 情况下 $\eta(i)$ 的取值

| $\eta(i)$ | $i\leqslant r-3$ | $i=r-2$ | $i=r-1$ | $i\geqslant r$ |
|---|---|---|---|---|
| $p_1=0.3$ | 0 | -0.4 | 1.505 | -0.4 |
| $p_1=0.4$ | 0 | -0.2 | 0.633 | -0.2 |
| $p_1=0.5$ | 0 | 0 | 0 | 0 |
| $p_1=0.6$ | 0 | 0.2 | -0.633 | 0.2 |
| $p_1=0.7$ | 0 | 0.4 | -1.505 | 0.4 |

从表 3.9 中可以看出，$|p_1-0.5|$越大，$\eta(i)$的极大值与极小值的差也越大。也就是说，信源不平衡性越强，自同步加扰后序列的游程统计所体现的极值越明显。而极值出现的位置与自扰码多项式的阶数密切相关，这一点恰好可以用来对自扰多项式的阶数进行盲识别。

随机生成不同 $p_1$ 情况下的信源序列，长度均为 40000b，加扰多项式为 $f(x)=$

$1+x^3+x^7$。对加扰序列进行1游程和0游程统计，结果如表3.10～表3.12。因为式(3.47)～式(3.50)在推导过程中采用了近似的方法，所以，表3.10～表3.12的结果与理想情况下表3.9中的数值有一定的偏差。但是，当$|p_1-0.5|\neq 0$时，$|\hat{\eta}(i)|$的最大值均出现在$i=6$的位置，准确地反映了真实的自扰多项式$f(x)=1+x^3+x^7$的阶数信息，即$r=i+1=7$，识别成功。

表3.10　自同步加扰序列的游程统计结果($p_1=0.3, p_0=0.7$)

| $i$ | 3 | 4 | 5 | 6 | 7 | 8 |
|---|---|---|---|---|---|---|
| $\hat{K}(x_i)$ | 1259 | 626 | 319 | **95** | 136 | 59 |
| $\hat{\eta}_1(i)$ | 0.497 | 0.510 | 0.298 | **1.432** | 0.434 | — |
| $\hat{K}(y_i)$ | 1248 | 611 | 327 | **201** | 27 | 22 |
| $\hat{\eta}_0(i)$ | 0.490 | 0.535 | 0.615 | **0.134** | 0.815 | — |
| $\hat{\eta}(i)$ | 0.007 | -0.025 | -0.317 | **1.298** | -0.381 | — |

表3.11　自同步加扰序列的游程统计结果($p_1=0.5, p_0=0.5$)

| $i$ | 3 | 4 | 5 | 6 | 7 | 8 |
|---|---|---|---|---|---|---|
| $\hat{K}(x_i)$ | 1257 | 626 | 330 | 175 | 94 | 47 |
| $\hat{\eta}_1(i)$ | 0.498 | 0.527 | 0.530 | 0.537 | 0.500 | — |
| $\hat{K}(y_i)$ | 1238 | 595 | 322 | 172 | 78 | 29 |
| $\hat{\eta}_0(i)$ | 0.481 | 0.541 | 0.534 | 0.453 | 0.372 | — |
| $\hat{\eta}(i)$ | 0.017 | -0.014 | -0.004 | 0.084 | 0.128 | — |

表3.12　自同步加扰序列的游程统计结果($p_1=0.6, p_0=0.4$)

| $i$ | 3 | 4 | 5 | 6 | 7 | 8 |
|---|---|---|---|---|---|---|
| $\hat{K}(x_i)$ | 1229 | 629 | 343 | **188** | 50 | 27 |
| $\hat{\eta}_1(i)$ | 0.512 | 0.545 | 0.548 | **0.266** | 0.540 | — |
| $\hat{K}(y_i)$ | 1266 | 637 | 280 | **124** | 116 | 48 |
| $\hat{\eta}_0(i)$ | 0.503 | 0.440 | 0.443 | **0.935** | 0.414 | — |
| $\hat{\eta}(i)$ | 0.009 | 0.105 | 0.105 | **-0.669** | 0.126 | — |

为了利用游程统计法测出自扰多项式的阶数$r$，游程长度$i$至少要取$r+1$，同时要求$K(x_i)\geqslant 1$且$K(y_i)\geqslant 1$。根据式(3.45)和式(3.46)，加扰序列截取的长度$l$应满足

$$(l-r-2)\cdot\left(\frac{1}{2}\right)^r(1-p_0)^2p_0\geqslant 1,(l-r-2)\cdot\left(\frac{1}{2}\right)^r(1-p_1)^2p_1\geqslant 1 \tag{3.52}$$

考虑到通常情况下$0.3\leqslant p\leqslant 0.7$，式(3.52)可近似为

$$(l-r-2) \geqslant 15.87 \cdot 2^{r} \tag{3.53}$$

再结合 $l>>r$,式(3.52)可近似为

$$l>2^{r+4} \tag{3.54}$$

统计长度为 $r$ 的游程 $K(x_i)$ 和 $K(y_i)$,需要进行的比较次数 $N_{K(x_i)}$ 和 $N_{K(y_i)}$ 满足

$$N_{K(x_i)}=N_{K(y_i)}=(l-r-2)(r+2) \tag{3.55}$$

而整个算法还需要计算多个 $K(x_i)$ 和 $K(y_i)$,$i$ 在 $r$ 前后取值。因此基于游程统计的自扰多项式阶数测定算法的计算复杂度约为 $O(2\cdot(r+2)\cdot l) \geqslant o((r+2)\cdot 2^{r+5})$。

### 3.5.4 自扰多项式阶数测定方法性能比较与分析

由 3.5.1~3.5.3 节的内容可知,不同的自扰多项式阶数测定方法所具有的性能特点也不尽相同。本节将主要从信息侦测人员最关心的检测灵敏度、所需原始数据长度、计算复杂度三个方面对前面三种自扰多项式阶数测定方法进行分析和比较。

**1. 检测灵敏度**

由式(3.27)、式(3.38)与式(3.51)可知,前面三种自扰多项式阶数测定方法都是根据某种统计量的极值出现的位置来估计阶数信息的。显然,统计量的理论极大值与极小值的差越大,就越容易精确检测自扰多项式的阶数信息。据此,定义以下变量来表征自扰多项式阶数测定方法的检测灵敏度:

$$\sigma(p)=\theta_{\max}(p)-\theta_{\min}(p) \tag{3.56}$$

式中:$p$ 为信源中"1"出现的概率;$\theta(p)$ 为式(3.27)、式(3.38)与式(3.51)中的统计变量。

因此,基于重码、狭义重码、游程统计的阶数测定的检测灵敏度依次为

$$\sigma_1(p)=Q_{\max}(p)-Q_{\min}(p)=p^2+(1-p)^2-\frac{1}{2}=2(p-0.5)^2 \tag{3.57}$$

$$\sigma_2(p)=Q'_{\max}(p)-Q'_{\min}(p)=p^2+(1-p)^2-\frac{4p^2(1-p)^2}{p^2+(1-p)^2}=\frac{4(p-0.5)^2}{p^2+(1-p)^2} \geqslant 2\sigma_1(p) \tag{3.58}$$

$$\sigma_3(p)=\eta_{\max}(p)-\eta_{\min}(p)=\left|\frac{(1-p)^3-p^3}{p(1-p)}-[p-(1-p)]\right|=\frac{2|p-0.5|}{p(1-p)} \tag{3.59}$$

因为 $p(1-p) \leqslant 1/4$,$|p-0.5| \geqslant 2(p-0.5)^2$,所以有

$$\sigma_3(p)=\frac{2|p-0.5|}{p(1-p)} \geqslant 8\sigma_1(p) \tag{3.60}$$

显然，游程统计法的检测灵敏度最高，狭义重码统计法次之，重码统计法最低。

**2. 所需数据长度**

由于三种自扰多项式阶数测定方法所需的数据长度与自扰多项式阶数、信源不平衡性有关，为便于比较，考虑通常情况下信源中“1”出现的概率在0.3～0.7。此时，由式(3.30)、式(3.41)和式(3.54)可知重码统计法所需数据最短，约为$2^{r/2+1}$b；狭义重码统计法所需数据稍长，约为$2^{r/2+5}$b；游程统计法所需数据最长，约为$2^{r+4}$b。

可以发现，这3种阶数测定方法所需的数据长度由阶数$r$决定，与$p$无关；而Walsh变换法和组合枚举求优势法所需的数据长度由信源不平衡性$p$决定，与阶数$r$无关。因为检测之前，$r$和$p$均未知，所以最好的办法，就是按照最坏的情况打算，截取尽量长的原始数据参与运算。通常$r$最大按60阶，$p$按$|p-0.5|=0.05$考虑，这样看来，三种阶数测定方法所需的数据长度要明显长于Walsh变换法和组合枚举求优势法。

按照最坏情况$r=60$考虑，重码统计法需要大约256MB数据，现有的光纤数据采集系统可以满足；狭义重码约需要4TB数据，一方面限制了该方法在高阶自扰多项式识别领域的应用，另一方面对光纤采集系统提出了更高的性能要求；而游程统计法需要的数据量将达到$2^{61}$B，可能今后很长一段时间都难以有如此巨大缓存容量的数据采集系统。所幸的是游程统计法只需在序列中统计形式固定的两类序列，完全可以在线处理，所以它在高阶自扰多项式识别领域中的应用将不会受到太大限制。

此外，由于三种阶数测定方法的原理均是子序列频次的统计，原始数据中间存在几个断点并不会影响最终的检测结果。这样，对于采集容量不够大的情况，可以通过采集多次数据，一起参与统计运算来弥补单次采集数据容量有限的不足。

**3. 计算复杂度**

由式(3.31)、式(3.42)和式(3.55)可知，进行长度为$r$的重码、狭义重码以及游程统计所需要的计算量分别为$O(r\cdot 2^{r+1})$、$O((r+2)\cdot 2^{r+4})$和$O((r+2)\cdot 2^{r+5})$。可见，游程统计法的计算量最大；狭义重码统计法的计算量次之；重码统计法的计算量最小。另外，在识别过程中，这3种阶数测定方法均不会通过占用太多的存储资源来缓存统计变量，仅需要$r$的数倍个存储单元，这一特点明显优于Walsh变换法。

为了便于比较阶数测定方法与Walsh变换法以及组合枚举求优势法的计算复杂度，各种检测方法均从三阶自扰多项式遍历到$r$阶。由3.4节可知，Walsh变换法所需总的计算量约为$T_1(r)=O\left(\sum_{i=3}^{r}[(i+1)\cdot(2^{i+1}+L)]\right)$，其中，$i$表

示阶数；组合枚举求优势法总的计算量约为 $T_2(r) = O\left(\sum_{j=1}^{r}(C_r^j \cdot j \cdot L)\right)$，其中，$j$ 表示抽头数。按照 $|p-0.5|=0.05$ 考虑，根据表 3.2 可知 $L=900$。而重码、狭义重码以及游程统计三种阶数测定方法总的计算复杂度分别为 $T_3(r) = O\left(\sum_{i=3}^{r}(i \cdot 2^{i+1})\right)$、$T_4(r) = O\left(\sum_{i=3}^{r}[(i+2) \cdot 2^{i+4}]\right)$ 和 $T_5(r) = O\left(\sum_{i=3}^{r}[(i+2) \cdot 2^{i+5}]\right)$。

图 3.4 给出了各种识别方法的计算复杂度，组合枚举求优势法的计算复杂度最高，重码统计法的计算复杂度最低，Walsh 变换的计算复杂度法略高于重码统计法的计算复杂度，狭义重码统计法与游程统计法的计算复杂度介于 Walsh 变换法和组合枚举求优势法之间。组合枚举求优势法的整体计算量要比三种阶数识别方法中计算复杂度最大者（游程统计法）高 5 ~6 倍。

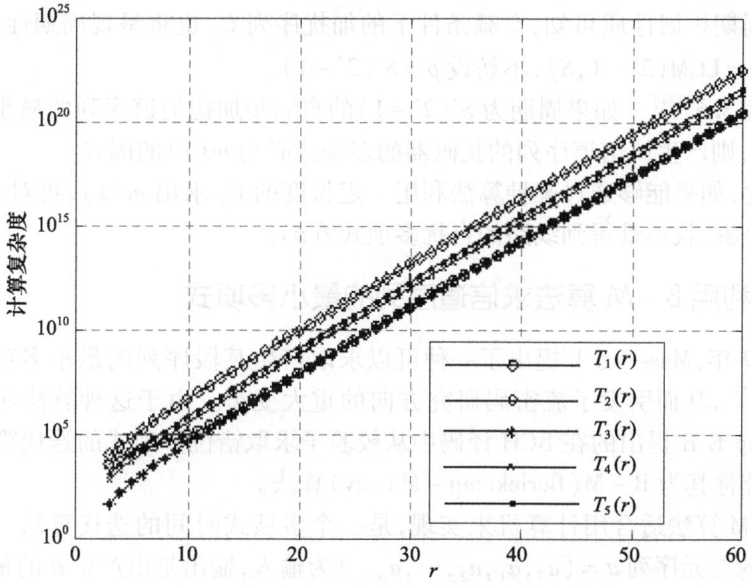


图 3.4　自扰多项式识别方法计算复杂度比较

由于 Walsh 变换法涉及的空间复杂度太大限制了其在高阶自扰多项式识别中的应用，而组合枚举求优势法又计算复杂度太高，因此通过重码统计法、狭义重码统计法或游程统计法先测定未知线路的自扰多项式阶数，再根据阶数大小来采用 Walsh 变换法或组合枚举求优势法识别自扰多项式系数是必要的，也是可行的。

在自扰多项式阶数测定方面，通过以上分析可以发现：游程统计法灵敏度最高，但其要求数据最长，识别过程涉及的计算量也最大；而重码统计法在数据长度需求以及计算复杂度方面均最优，然而其检测灵敏度最低，而且通过增加参与统计的数据长度也无法改善；狭义重码统计法各方面性能均处于其他两种方法之间。在实际的信息侦测应用中，应当综合考虑所能接收的数据长度以及业务信源特性等方面的因素，从而选择合适的识别方法以在识别效果和识别代价之间取得良好的折中效果。

## 3.6 空载条件下的自同步扰码多项式检测方法

高速光纤通信业务信号在传输的过程中可能会因为线路故障或业务量下降等因素而在某一段时间内出现空载的情况。通常情况下，数据链路层的空载信息会由一连串的填充字符组成，也就是说在空载条件下业务数据为周期序列。

假设填充字符的宽度是 $S$，线路的自扰多项式阶数为 $r$，由 3.2 节中自同步扰码的周期扩展性质可知，空载条件下的加扰序列 $C_p$ 也将呈现周期性，并且其周期为 $p=\mathrm{LCM}(2^r-1,S)$，不妨设 $p=S'(2^r-1)$。

**定理 3.5**[174] 如果周期为 $S'(2^r-1)$ 的自同步加扰信道序列的最小多项式为 $m(x)$，则产生该信道序列的扰码器的多项式必为 $m(x)$ 的因式。

因此，如果能够通过某种算法利用一定长度的 $C_p$ 求出 $m(x)$，再对 $m(x)$ 进行因式分解，就不难得到线路的自扰多项式 $f(x)$。

### 3.6.1 利用 B－M 算法求信道序列的最小多项式

1969 年，Massey J L 提出了一种可以求取产生某段序列的最小多项式的迭代算法[175]，从而引发了流密码研究方向的重大变革。由于这种算法实质上是 Berlekamp E R 提出的在 BCH 译码中从校验子求取错位多项式的迭代算法[176]，故人们统称其为 B－M（Berlekamp－Massey）算法。

B－M 算法适合用计算机来实现，是一个多项式时间的迭代算法。该算法以 $N$ 长的二元序列 $\boldsymbol{a}=(a_0,a_1,a_2,\cdots,a_{N-1})$ 为输入，输出是由产生 $\boldsymbol{a}$ 的最短线性移位寄存器的联结多项式 $f_N(x)$ 与该线性移位寄存器的长度 $l_N$ 构成的二元组 $\langle f_N(x),l_N\rangle$。在迭代过程中得到的中间结果 $\langle f_n(x),l_n\rangle$，$\deg f_n\leqslant l_n(n=1,2,\cdots,N-1)$ 均对应产生给定二元序列前 $n$ 位 $a_0,a_1,a_2,\cdots,a_{n-1}$ 的最短线性移位寄存器。

B－M 算法描述如下：

输入：$a_0,a_1,a_2,\cdots,a_{N-1}$；

输出：$f_N(x),l_N$；

初始化：$n=0,f_0(x)=1,l_0=0$；

计算 $d_n = f_n(x)a_n$，这里 $x$ 代表延迟算子。不妨设 $f_n(x) = c_0^{(n)} + c_1^{(n)}x + \cdots + c_{l_n}^{(n)}x^{l_n}$，其中 $c_0^{(n)} = 1$，则有 $d_n = c_0^{(n)}a_n + c_1^{(n)}a_{n-1} + \cdots + c_{l_n}^{(n)}a_{n-l_n}$。

(1) 若 $d_n = 0$，则 $f_{n+1}(x) = f_n(x)$，$l_{n+1} = l_n$，若 $n < N-1$，则 $n = n+1$；

(2) 若 $d_n = 1$ 且 $l_0 = l_1 = \cdots = l_n = 0$，则 $f_{n+1}(x) = x^{n+1} + 1$，$l_{n+1} = n+1$，若 $n < N-1$，则 $n = n+1$；

(3) 若 $d_n = 1$ 且 $l_m < l_{m+1} = l_{m+2} = \cdots = l_n (m < n)$，则 $f_{n+1}(x) = f_n(x) + x^{n-m}f_m(x)$，$l_{n+1} = \max\{l_n, n+1-l_n\}$，若 $n < N-1$，则 $n = n+1$。

从 B－M 算法迭代的最后结果 $\langle f_N(x), l_N\rangle$，可以得到产生二元序列 $\boldsymbol{a}$ 的最小多项式，且该算法的时间复杂度为 $o(N^2)$，空间复杂度为 $o(N)$。显然，在该算法中 $N$ 值大小的选取可能会影响到算法的最终输出结果。那么对于空载条件下的加扰信号，到底应该取多长的序列参与 B－M 算法才能得到信道序列的正确最小多项式 $m(x)$ 呢？以下定理给出了答案。

**定理 3.6**[174]　对于给定的 $N$ 长的二元序列 $a_0, a_1, a_2, \cdots, a_{N-1}$，假定产生该序列的最短线性移位寄存器的级数为 $r_N$，那么产生此序列的最短线性移位寄存器唯一的充要条件是 $r_N \leqslant N/2$，即 $N \geqslant 2r_N$。

对于周期为 $S'(2^r-1)$ 的空载加扰序列 $C_p$ 而言，产生该序列的最小多项式的阶数不会高于 $S'+r$。于是，根据定理 3.6，只需知道 $C_p$ 中长度为 $N=2(S'+r)$ 的序列，即可采用 B－M 算法求出产生 $C_p$ 的最小多项式 $m(x)$。

### 3.6.2　二元域中任意多项式的分解

Berlekamp E R 在 1970 年提出了一种有限域 GF($q$)（$q$ 为素数）上的因式分解算法[177]，它是一种模方法，即算法中的运算均为 mod$q$ 运算，因此它可以控制运算过程中的系数增长，减少运算时间。该算法的运算对象为 GF($q$) 上的多项式，满足以下三个条件：最高项系数为 1；不含重因式，即无重根；可约。这种多项式为首一无平方可约多项式。

Berlekamp 因式分解算法的运行步骤如下。

(1) 构造 $\boldsymbol{Q}$ 矩阵。对于 $k$ 次首一无平方可约多项式 $A(x)$，令其标准分解为 $A(x) = A_1(x)A_2(x)\cdots A_r(x)$，其中 $(A_i(x), A_j(x)) = 1, i \neq j$。构造一个 $k \times k$ 的方阵 $\boldsymbol{Q}$，使其满足

$$\begin{bmatrix} (x^q)^{k-1} \\ \vdots \\ (x^q)^1 \\ (x^q)^0 \end{bmatrix} \equiv \boldsymbol{Q} \times \begin{bmatrix} x^{k-1} \\ \vdots \\ x^1 \\ x^0 \end{bmatrix} \bmod A(x) \tag{3.61}$$

(2) 构造齐次线性方程组 $(\boldsymbol{Q}^{\mathrm{T}} - I)x = 0$。该方程组的解集合一定是 $r(A(x)$

的不可约因式个数)维向量空间,令其解空间的一组基为$\{V^{(1)},V^{(2)},\cdots,V^{(r)}\}$。

(3)在(2)中求得的任意向量$V^{(i)}$,以其分量为系数可得一个多项式,记为$V^{(i)}(x)$。首先,对所有$s\in\{0,1,\cdots,q-1\}$,计算$A(x)$与$V^{(1)}(x)-s$的最大公因式:

$$B_s^{(1)}(x)=\mathrm{GCD}(A(x),V^{(1)}(x)-s) \tag{3.62}$$

在$B_0^{(1)}(x),B_1^{(1)}(x),\cdots,B_{q-1}^{(1)}(x)$中$A(x)$的因子个数一定不超过$r$,不妨记为$r_1$,把这些因子记作$A_1^{(1)}(x),A_2^{(1)}(x),\cdots,A_{r_1}^{(1)}(x)$,则有

$$A(x)=A_1^{(1)}(x)A_2^{(1)}(x)\cdots A_{r_1}^{(1)}(x) \tag{3.63}$$

对所有$s\in\{0,1,\cdots,q-1\}$,再计算$\mathrm{GCD}(A_i^{(1)}(x),V^{(2)}(x)-s)(i=1,2,\cdots,r_1)$。这样,对每个$A_i^{(1)}(x)$又可进行分解,将计算结果重新标号,记为

$$A(x)=A_1^{(2)}(x)A_2^{(2)}(x)\cdots A_{r_2}^{(2)}(x)\quad(r_1\leqslant r_2\leqslant r) \tag{3.64}$$

这样一直计算下去,直至求得的因式个数增加为$r$,即可求出所有的$A_i(x)(i=1,2,\cdots,r)$,使得

$$A(x)=A_1(x)A_2(x)\cdots A_r(x) \tag{3.65}$$

如果令$q=2$就可以将Berlekamp因式分解算法应用于GF(2)上首一无平方可约多项式的分解。现在,考虑GF(2)上任意多项式$W(x)$的分解,令多项式$W(x)$的标准分解为

$$W(x)=W_1(x)W_2(x)\cdots W_r(x)=w_1^{k_1}(x)w_2^{k_2}(x)\cdots w_r^{k_r}(x) \tag{3.66}$$

式中:$W_i(x)=w_i^{k_i}(x)$;$(W_i(x),W_j(x))=1$;$i\neq j$。

由Berlekamp算法的理论推导[178]可知,算法的使用对象为首一无平方可约多项式。但对于上述二元域中的多项式$W(x)$,实际上算法仅要求$(W_i(x),W_j(x))=1,i\neq j$。也就是说,如果对$W(x)$应用Berlekamp算法进行分解,可以得到结果$W_1(x),W_2(x),\cdots,W_r(x)$。在编程实现分解的过程中,这一点也同样被多次证实。这样,只要根据$W_i(x)$再次获得$w_i(x)$和$k_i$,就可以完成因式分解。

为了分解$W_i(x)$,引入以下定义和定理。

**定义3.4**:设GF(2)中的多项式$w(x)$满足$w(0)\neq 0$,则能使$w(x)$整除$x^l+1$的最小正整数$l$称为$w(x)$的周期。

**定理3.7** GF(2)中$m$次不可约多项式$w(x)$为本原多项式的充要条件是$w(x)$的周期为$2^m-1$。

**定理3.8** GF(2)中的不可约多项式$w(x)$的周期$e$是一个奇数,即GF(2)中周期为偶数的多项式一定可约。

**定理3.9** GF(2)中的不可约多项式$w(x)$的方幂$w^k(x)$的周期等于$w(x)$的周期乘$2^t$,其中$t$是满足$k\leqslant 2^t$的最小非负整数。

**定理3.10** 如果$w(x)$是$f(x)$的$k$重既约因式,则$w(x)$必是$f(x)$的导数

$f'(x)$的 $k-1$ 重既约因式。

现在分解 $W_i(x)$,首先求 $w_i(x)$的周期 $e$。可以先使用长除法求出 $W_i(x)$的周期 $e'$。再根据定理 3.8 与定理 3.9,用 2 不断地除 $e'$,直至不能整除为止,得到的商为 $e$。

再求 $w_i(x)$和 $k_i$。由于 $e$ 为奇数,因此 $x^e-1$ 的导数为 $ex^{e-1}\neq 0$,$(ex^{e-1},x^e-1)=1$,根据定理 3.10 可知 $x^e-1$ 不含重因式。而 $w_i(x)$的周期为 $e$,即 $w_i(x)$为 $x^e-1$ 的因式,所以 $w_i(x)$为 $x^e-1$ 的一个一重因式。这样就有 $w_i(x)=\mathrm{GCD}(W_i(x),x^e-1)$。$W_i(x)$与 $w_i(x)$的阶数的商为幂次数 $k_i$。

综上所述,GF(2)上多项式 $W(x)$的因式分解分为两步,首先利用 $q=2$ 时的 Berlekamp 因式分解算法,得到 $W_i(x)$ $(i=1,2,\cdots,r)$ ,然后进行 $W_i(x)$的分解流程。这样,就得到了 GF(2)上多项式的因式分解的完整流程。

### 3.6.3 仿真验证

接收的高速光纤通信中某段加扰序列为“0000001010010011011110000101101110001101110010100110011011101001101100001010111000011100001000010100010100111111111101110000001010010011011110000101101110001101110010100110011011101001101100001010111000011100001000010100010100111111111101110000001010010011”,可见序列呈现明显的周期性,且周期为 120。对序列的周期进行因子分解得 $120=8\times(2^4-1)$,故截取 $N=2\times(8+4)=24$(b)数据进行 B-M 算法运算,如表 3.13 所列,可得信道序列的极小多项式为 $m(x)=x^{11}+x^{10}+x^9+x^7+x^6+x^5+x^4+1$。

利用 Berlekamp 因式分解算法对 $m(x)=x^{11}+x^{10}+x^9+x^7+x^6+x^5+x^4+1$ 进行因式分解,得

$$
\boldsymbol{Q}=\begin{bmatrix}
0&1&0&1&1&1&0&1&1&0&1\\
0&1&1&0&0&0&0&0&1&1&1\\
1&0&0&0&0&0&0&0&1&0&1\\
0&1&0&1&0&1&1&1&1&0&1\\
0&1&1&0&0&0&1&0&0&1&1\\
1&0&0&0&0&0&0&0&0&0&0\\
0&0&1&0&0&0&0&0&0&0&0\\
0&0&0&0&1&0&0&0&0&0&0\\
0&0&0&0&0&0&1&0&0&0&0\\
0&0&0&0&0&0&0&0&1&0&0\\
0&0&0&0&0&0&0&0&0&0&1
\end{bmatrix}
$$

经计算 $\boldsymbol{Q}$ 的秩为 9,因此解空间维数为 $11-9=2$,解集合的一组基为:$V^{(1)}(x)=$

$x^9+x^8+x^7+x^6+x^5+x^4+x^3+x^2$ 与 $V^{(2)}(x)=1$。$B_0^{(1)}(x)=\text{GCD}(m(x),V^{(1)}(x))=x^7+x^6+x^5+x^4+x^3+x^2+x+1$，$B_1^{(1)}(x)=\text{GCD}(m(x),V^{(1)}(x)-1)=x^4+x+1$。由于 $V^{(2)}(x)=1$，所以 Berlekamp 因式分解算法结束。

表 3.13　利用 B－M 算法求取空载加扰序列极小多项式的计算过程

| $n$ | $a_n$ | $f_n(x)$ | $l_n$ | $d_n$ |
|---|---|---|---|---|
| 0 | 1 | 1 | 0 | 1 |
| 1 | 0 | $x+1$ | 1 | 1 |
| 2 | 0 | 1 | 1 | 0 |
| 3 | 1 | 1 | 1 | 1 |
| 4 | 0 | $x^3+1$ | 3 | 0 |
| 5 | 0 | $x^3+1$ | 3 | 0 |
| 6 | 1 | $x^3+1$ | 3 | 0 |
| 7 | 1 | $x^3+1$ | 3 | 1 |
| 8 | 0 | $x^4+x^3+1$ | 5 | 0 |
| 9 | 1 | $x^4+x^3+1$ | 5 | 0 |
| 10 | 1 | $x^4+x^3+1$ | 5 | 1 |
| 11 | 1 | $x^6+x^4+1$ | 6 | 0 |
| 12 | 1 | $x^6+x^4+1$ | 6 | 0 |
| 13 | 0 | $x^6+x^4+1$ | 6 | 0 |
| 14 | 0 | $x^6+x^4+1$ | 6 | 1 |
| 15 | 0 | $x^8+x^7+x^6+1$ | 9 | 0 |
| 16 | 0 | $x^8+x^7+x^6+1$ | 9 | 0 |
| 17 | 1 | $x^8+x^7+x^6+1$ | 9 | 0 |
| 18 | 0 | $x^8+x^7+x^6+1$ | 9 | 1 |
| 19 | 1 | $x^{10}+x^7+x^6+x^4+1$ | 10 | 1 |
| 20 | 1 | $x^{10}+x^9+x^8+x^6+x^4+x+1$ | 10 | 1 |
| 21 | 0 | $x^{11}+x^{10}+x^9+x^7+x^6+x^5+x^4+1$ | 11 | 0 |
| 22 | 1 | $x^{11}+x^{10}+x^9+x^7+x^6+x^5+x^4+1$ | 11 | 0 |
| 23 | 1 | $x^{11}+x^{10}+x^9+x^7+x^6+x^5+x^4+1$ | 11 | 0 |
| 24 | 1 | $x^{11}+x^{10}+x^9+x^7+x^6+x^5+x^4+1$ | 11 | 0 |

接着，分解 $B_0^{(1)}(x)$ 和 $B_1^{(1)}(x)$。应用长除法得到它们的周期分别为 8 和 15，由于 15 是奇数，所以 $B_1^{(1)}(x)$ 不可约。$8=1\times 2^3$，所以 $B_0^{(1)}(x)$ 可约，设 $B_0^{(1)}(x)$ 的完全分解为 $B_0^{(1)}(x)=b^k(x)$，则 $b(x)$ 的周期为 1。$b(x)=\text{GCD}(B_0^{(1)}(x),x^1-1)=x+1$，$k=7$，即 $B_0^{(1)}(x)=(x+1)^7$。于是得 $m(x)=x^{11}+x^{10}+x^9+x^7+x^6+x^5+x^4+1$ 的完全分解为 $m(x)=(x+1)^7(x^4+x+1)$。而 $B_1^{(1)}(x)=x^4+$

$x+1$ 的周期 $15=2^4-1$ 恰好是信道序列周期 120 的因子，所以该加扰序列的扰码多项式为 $x^4+x+1$，与实际情况一致。

因为光纤通信线路的扰码多项式不会因为业务流量的大小以及有无而改变，所以只要根据某段空载的加扰序列（具有周期重复的特点）识别出线路的自扰多项式，就可以用来对整条线路进行全天候的正确解扰。当然，对于未知线路来讲，侦测方并不知道线路什么时候会出现空载，只能在接收的大段数据中通过搜索或查找周期现象来识别。

## 3.7　自扰多项式盲识别的容错性考虑

本章深入研究了高速光纤通信中自扰多项式的盲识别问题，相关论文在建模或理论推导中并没有专门分析误码对识别效果的影响，主要出于以下两个方面的考虑。

（1）自同步加扰序列的误码率非常小。本章的研究对象是高速光纤通信中已纠错条件下的自同步加扰序列，按照国际光纤骨干传输系统的要求，此时线路的平均误码率不得超过$10^{-12}$，相当于平均每 1 万亿比特中才有 1 个误码，所以误码的存在微乎其微，完全可以忽略。从另外一个角度来分析，即使某些运营商不愿遵从国际标准的要求，即自同步加扰序列的误码率高于$10^{-12}$，但考虑到自同步加扰技术固有的误码扩散特性，误码率也不可能太大，否则将严重影响线路的使用。

（2）自扰多项式识别方法本身所具有的容错特点。本章研究的 Walsh 变换法主要基于 Walsh 谱的物理意义，即方程成立个数与不成立个数之差的绝对值来识别自扰多项式，只要接收的序列足够长，低误码率造成的影响是可以忽略的。组合枚举求优势法基于正确解扰后序列的不平衡性来识别自扰多项式，因为误码的发生是随机的或近似平衡的，所以微量误码的存在不足以影响解扰序列的平衡性。三种自同步扰码多项式阶数测定方法都是基于不同长度子序列统计频次的变化规律来识别的，方法本身具有非常明显的容错特征，误码可能造成各个子序列频次发生微小改变，但只要原始数据足够长，子序列统计频次的变化规律是可以保持的。

当然，对于空载条件下线路的自扰多项式检测方法来讲，要辨证地分析。因为该方法实施的前提是要在加扰序列中搜索到周期序列，而线路的自扰多项式阶数越高，空载条件下加扰序列中的周期序列越长，就越容易受误码影响。以误码率为$10^{-12}$为例，如果周期序列长度接近$10^{12}\approx 2^{40}$，即自扰多项式阶数高于 40，就意味着很难在加扰序列中找到周期序列。

## 3.8 本章小节

本章首先对自同步扰码原理进行了描述;接着通过分析高速光纤通信信号的信源特征,得出了数据业务信息普遍存在信源不平衡的结论;随后研究了传统的基于穷举思想的 Walsh 变换法和组合枚举求优势法,通过性能分析指出了这两种方法存在的不足。

在信源不平衡条件下,本章重点研究了自同步加扰序列中不同长度子序列的重复现象,并得到了能够反映自扰多项式阶数信息的规律。以此为理论依据,提出了三种不同的自扰多项式阶数测定算法:重码统计法、狭义重码统计法和游程统计法。随后的实验和分析表明这 3 类阶数估计算法均有效,并能克服传统算法中存在的不足;但在检测灵敏度、所需数据长度以及计算复杂度等性能方面这 3 类算法各有优势,在实际应用中可以根据所具备的侦测条件进行选择,以在识别效果和识别代价之间取得良好的折中效果。

针对数据业务在空闲条件下存在序列周期重复的现象,利用 B－M 算法和基于有限域因式分解的方法解决了空载条件下的自扰多项式检测问题,随后的实验验证了该方法的有效性。在加扰序列中搜索序列重复现象并不容易,但由于线路的自扰多项式并不会因业务流量的大小而改变,所以在实际的信息侦测中该方法不失为一种有效的技术手段。

本章在最后,对各种自扰多项式检测方法的容错性能进行了分析。

# 第4章　重要线性分组码识别分析

## 4.1　引　言

线性分组码是纠错编码中最重要的一类编码。本章将分类对线性分组码进行研究，给出编码参数的识别分析方法。在线性分组码中，循环码是最重要的分支之一，具有严格的代数结构。本章将按照复杂程度，以渐进方式介绍线性分组码的识别分析方法。由于二进制循环码具有严格的代数结构、容易实现的编码译码方法和广泛的应用范围，因此4.2节首先讨论二进制循环码识别分析方法。进而依据RS码多进制校验矩阵的二进制等效映射，将4.2节的研究成果在4.3节推广到多进制情形下广泛应用的RS码的识别分析。与循环码不同，LDPC码普遍不具有循环码那样严格的代数结构，但依据其校验矩阵的稀疏性，4.4节给出LDPC码识别分析方法。进一步地，对于无任何关于编码类型的先验信息的情况，4.5节给出一般线性分组码的编码参数识别分析方法及编码类型分类方法。同时，各种类型的线性分组码在给出识别分析算法原理的基础上，通过仿真实验来验证算法的有效性。

## 4.2　高速光纤通信纠错编码技术特点分析

### 4.2.1　高速光纤通信中的纠错编码技术

应用于高速光通信系统中的FEC技术可分为带内FEC和带外FEC两类。带内FEC是指利用信道本身的未使用传输开销字节作为FEC纠错编码字节，实施FEC编码后信道码速保持不变，而带外FEC是指把FEC纠错冗余字节加入传输信道，实施FEC编码后信道码速增加，能够较大地改善系统性能[115]。总体而言，若对编码增益要求不太高，不想对现有系统进行大的调整，带内FEC是一种最佳方案，方便平滑升级。带外FEC具有灵活的开销，可用于需要更大编码增益的通信系统，但由于会改变调制速率，需要根据码率更换部分发送/接收设备。

当前，ITU－T推荐的用于光传输系统的两种FEC方案是：用于SDH系统的带内 FEC 和用于光传送网(OTN)的带外 FEC。带内 FEC 利用 SDH 帧中的部分开销字节装载 FEC 码的监督码元,常采用 BCH3 格式编解码,由 ITU - TG. 707 标准支持[179],该方法的缺点是在帧开销中可利用的字节数和帧长受限,纠错能力有限,因而几乎不用于长距离光缆中。

在 2001 年制定的 ITU - TG. 709 标准中提出了适合 DWDM 光传输网(OTN) 2.5Gb/s、10Gb/s、40Gb/s 速率的带外 FEC 方案[115],而 ITU - TG. 975 提出的带外 FEC 方案则主要用于 2.5Gb/s 以及更高速率的海底光纤传输网络[180]。这两种带外 FEC 方案基本相同,如图 4.1 所示,不同点是 ITU - TG. 975 采用的交织技术未形成标准,ITU - TG. 709 则有统一的标准。用于 OTN 的带外 FEC 为了实现纠错所增加的冗余校验位不像带内 FEC 那样插入原有帧格式的开销中,而是附加在数据帧之后,需要增加额外的带宽,即使用带外 FEC 后线路速率会提高。以上两种带外 FEC 均采用 Reed - Solomon 码(RS 码)。ITU - TG. 709 标准规定使用 RS(255,238)码,编码冗余度更大,且开销有一定的灵活性。由于各设备厂商的广泛支持和应用,目前带外 FEC 基本上已成为事实上的 FEC 编码标准。

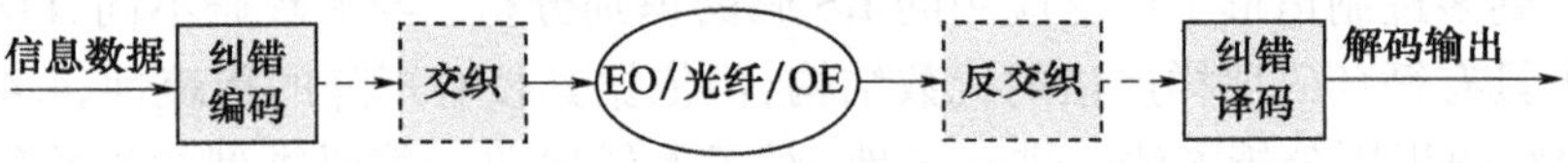


图 4.1 高速光纤通信带外 FEC 示意图

除上述常规的带外 FEC 方案外,随着软硬件技术的发展,光通信系统逐步引入了级联信道编码等大增益带外 FEC 技术,即超强 FEC(Super - FEC,SFEC)技术,主要用于时延要求不严、编码增益要求特别高的光通信系统。SFEC 技术不仅具有极强的纠正突发错误、随机错误的能力,可提供更大的编码增益,而且可以利用其构造方法达到信道编码定理给出的香农限。虽然 SFEC 的编解码过程比较复杂,目前还较少应用,但由于其性能优势,必将发展成为一项实用技术,并成为下一代高速光纤通信带外 FEC 的主流。

SFEC 通常由级联码构造,其中以两级编码最常用。图 4.2 给出了一个两级级联码差错控制系统的基本框图。可以看出,级联码主要由内码、外码以及交织器/反交织器构成。采用不同构造的内外码编码码型或不同的交织/反交织方案,将会得到不同的编码性能。目前,光纤通信中级联码的外码一般都选择 RS(255,239),以便和 ITU - TG. 975/ITU - TG. 709 建议兼容,而内码主要考虑的是中等长度的线性分组码,码型无外乎 RS 码和 BCH 码,实际上现在对 SFEC 展开研究的相关公司的内码也都采用这两种码型。

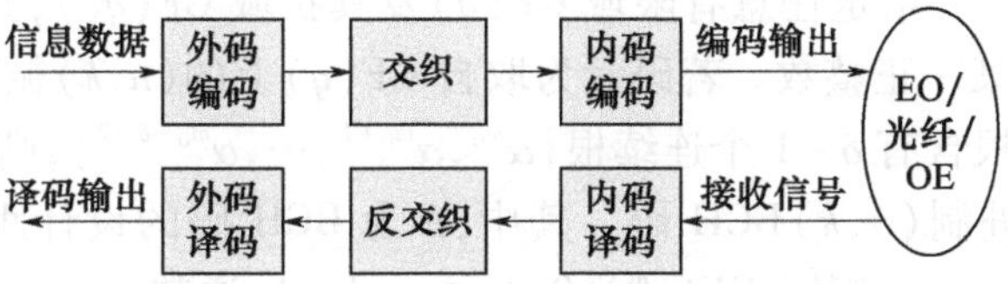

图 4.2　高速光纤通信 SFEC 示意图

### 4.2.2　光纤骨干传输网对纠错编码的要求

与无线通信、计算机网络等其他应用领域相比,高速光纤通信对纠错编码的要求有一定的特殊性,主要包括以下几个方面。

(1)高速率。高速光纤通信在纠错编码之前所要传输的信息速率通常为 2.5Gb/s、10Gb/s、40Gb/s 等,纠错编码之后的码元速率肯定不会小于纠错编码之前的速率。以标准的 SDH 信号为例,纠错编码前 STM - 64 的速率为 9.95328Gb/s,编码之后一般可达9.95 ~ 12.5Gb/s。这就要求选择的纠错编码方式能够满足高速实时处理的需要。

(2)高码率。由于光纤具有较强的抗干扰能力,因此信道环境不会非常恶劣,高码率的纠错编码可以保证信号的传输质量;另外,高速光纤通信的造价较高,低码率的纠错编码将造成带宽资源和成本的极大浪费。目前,公开的高速光纤通信纠错码标准以及现场识别的未知线路的纠错编码均满足这一特性。

(3)码长适中。高速光纤通信所采用的纠错编码码长不能太长,长码长不仅会使纠错编译码产生大的延时,而且会显著增加编译码的计算复杂度;同时码长也不能太短,在高码率的要求下短码长的纠错能力较小,可能无法保证通信质量。当前高速光纤通信中采用的纠错编码码长都在 128 ~ 8192b。

(4)合适的编译码复杂度。编译码简单的纠错码的检错、纠错能力往往很小,而具有超强纠错效果的纠错编码如 BTC(block turbo codes)码和 LDPC(low density parity check)码,又需要复杂的迭代解码和基于软判决的解码等操作,计算复杂度特别高。所以,虽然不同的高速光纤通信运营商可能使用和研发不尽相同的编码技术,但出发点基本都是在高编码增益与低实现复杂度之间取得最佳平衡。

### 4.2.3　高速光纤通信中纠错编码的结构特点

无论是带内 FEC、带外 FEC 还是 SFEC,就当前高速光纤通信中实用的纠错编码情况来看,涉及的纠错码结构主要集中于二进制 BCH 码和 RS 码两大类,而且均为系统码形式。因此,本章将针对二进制 BCH 码和 RS 码的盲识别展开研究。BCH 码和 RS 码都属于线性分组循环码,都是多进制 BCH 码的特例。为便于后文描述,首先对多进制 BCH 码作基本介绍。

**定义 4.1**[181] 给定任意有限域 GF($q$)及其扩域 GF($q^m$)，其中 $q$ 是素数或素数的幂，$m$ 为某一正整数。若码元为取自 GF($q$)上的($n,k$)循环码，它的生成多项式 $g(x)$ 的根含有 $\delta-1$ 个连续根 $\{\alpha^{m_0},\alpha^{m_0+1},\cdots,\alpha^{m_0+\delta-2}\}$，则由 $g(x)$ 生成的循环码称为 $q$ 进制($n,k$)BCH 码。其中，$\delta$ 为 BCH 码的设计距离，$\alpha$ 是域 GF($q^m$)中的 $n$ 级元素，$\alpha^{m_0+i}\in \mathrm{GF}(q^m)$，$0\leqslant i\leqslant n-k-1$，通常 $m_0=1$。

由线性分组循环码的性质可知，系统码形式的 $q$ 进制($n,k$)BCH 码的生成矩阵 $\boldsymbol{G}$ 可表示为

$$\boldsymbol{G}=[\boldsymbol{I}_k,\boldsymbol{P}] \tag{4.1}$$

等号左边是 $k\times k$ 阶单位矩阵，码字多项式的第 $n-1$ 次至第 $n-k$ 次的系数是信息位，而其余的为校验位。设信息码组为 $\boldsymbol{D}=[d_1,d_2,\cdots,d_k]$，纠错编码后的码组为 $\boldsymbol{C}=[c_1,c_2,\cdots,c_n]$，则有

$$\boldsymbol{C}=\boldsymbol{D}\cdot\boldsymbol{G}=\boldsymbol{D}[\boldsymbol{I}_k,\boldsymbol{P}]=[\boldsymbol{D},\boldsymbol{DP}]=[\boldsymbol{D},\boldsymbol{C}_{n-k}] \tag{4.2}$$

式中：$\boldsymbol{C}_{n-k}$为校验码组。在译码过程中，由 $\boldsymbol{DP}\oplus\boldsymbol{C}_{n-k}=0$ 的矩阵形式得

$$[\boldsymbol{D},\boldsymbol{C}_{n-k}]\cdot\begin{bmatrix}\boldsymbol{P}\\ \boldsymbol{I}_{n-k}\end{bmatrix}=0\Rightarrow\boldsymbol{C}\begin{bmatrix}\boldsymbol{P}\\ \boldsymbol{I}_{n-k}\end{bmatrix}=\boldsymbol{CH}^{\mathrm{T}}=\boldsymbol{0} \tag{4.3}$$

式中：$\boldsymbol{H}$ 为校验矩阵。

由上述关系可知，已知 $\boldsymbol{G}$ 可以立即得到 $\boldsymbol{H}$；同样，已知 $\boldsymbol{H}$ 可以立即得到 $\boldsymbol{G}$。生成矩阵 $\boldsymbol{G}$ 和校验矩阵 $\boldsymbol{H}$ 均决定了校验码组与信息码组之间的约束关系。进一步地，由循环码的性质可知，($n,k$)BCH 系统码的 $k\times n$ 阶生成矩阵 $G$ 的第 $i$ 行对应的多项式满足：

$$g(i)=x^{n-i}+x^{n-i}\bmod g(x)\quad(i=1,2,\cdots,k) \tag{4.4}$$

显然 $g(i)$ 可以被 $g(x)$ 整除，特别当 $i=k$ 时，因为 $g(x)$ 的阶数为 $n-k$，所以有

$$g(k)=x^{n-k}+x^{n-k}\bmod g(x)=g(x) \tag{4.5}$$

也就是说，($n,k$)BCH 系统码的生成矩阵 $\boldsymbol{G}$ 的最后一行对应的多项式恰好就是生成多项式 $g(x)$。所以已知($n,k$)BCH 系统码的生成矩阵 $\boldsymbol{G}$ 可以立即得到 $g(x)$；已知码长 $n$ 和 $g(x)$，利用式(4.4)也可以得到 $\boldsymbol{G}$。

不妨设 $\boldsymbol{C}$ 对应的多项式为 $c(x)$，则由式(4.2)可得

$$c(x)=\sum_{i=1}^{k}c_i g(i) \tag{4.6}$$

又因为 $g(i)(i=1,2,\cdots,k)$ 均可以被 $g(x)$ 整除，所以 $c(x)$ 也能被 $g(x)$ 整除，也就是说 $g(x)$ 为($n,k$)BCH 系统码的所有码组对应的多项式的公因式。

由以上分析得出的关于 $q$ 进制($n,k$)BCH 系统码的若干性质，是进行二进制 BCH 码和 RS 码盲识别的重要理论依据。另外，由 4.2.2 节可知，高速光纤通信纠错编码的一个显著特点是高码率，即满足 $k>n/2$。所以，在本章后面论述的纠错编码盲识别问题中均只针对高码率的情况。

# 4.3 二进制循环码识别分析方法

## 4.3.1 循环码的编码原理与特性

对于一个分组长度为 $n$、每个分组中信息码元数为 $k$ 的线性分组码 $C(n,k)$,如果每个码字的循环移位仍然是该码的有效的码子,则称其为循环码[182]。循环码是线性分组码的子类,对于一个信息分组:

$$\boldsymbol{M}=[m_0,\quad m_1,\quad \cdots,\quad m_{k-1}] \tag{4.7}$$

其对应的编码分组 $\boldsymbol{C}$ 可以通过线性运算得到:

$$\boldsymbol{C}=[c_0,\quad c_1,\quad \cdots,\quad c_{n-1}]=\boldsymbol{M}\times\boldsymbol{G} \tag{4.8}$$

式中:$\boldsymbol{G}$ 为 $m$ 行、$n$ 列的生成矩阵。对于循环码,其编码过程除了式(4.8)所示的矩阵形式,也可用多项式形式表示[182]

$$c(x)=m(x)g(x) \tag{4.9}$$

或其系统形式:

$$c(x)=m(x)\times x^{n-k}+(m(x)\times x^{n-k})\bmod g(x) \tag{4.10}$$

式中:$m(x)$、$c(x)$分别为信息多项式和码子多项式

$$c(x)=c_0+c_1x+\cdots+c_{n-1}x^{n-1} \tag{4.11}$$

$$m(x)=m_0+m_1x+\cdots+m_{k-1}x^{k-1} \tag{4.12}$$

$g(x)$为生成多项式:

$$g(x)=g_0+g_1x+\cdots+g_{n-k}x^{n-k} \tag{4.13}$$

$c(x)$、$m(x)$和 $g(x)$的系数均取自有限域 $\mathrm{GF}(q)$,式(4.9)的运算也遵循有限域的运算规则。当 $q=2$ 时,$c(x)$、$m(x)$和 $g(x)$的系数均取自二元域 $\mathrm{GF}(2)$,可用“0”和“1”表示。此时,该循环码称为二进制循环码。

对于一个二进制循环码,生成多项式 $g(x)$在 $\mathrm{GF}(2^m)$的扩域上可以分解为若干因式的乘积[71]:

$$g(x)=(x+\alpha_1)(x+\alpha_2)(x+\alpha_3)\cdots \tag{4.14}$$

式中:$\alpha_1,\alpha_2,\alpha_3,\cdots$为生成多项式 $g(x)$的根,称为“码根”;$m$ 为定义该码的有限域的指数,且 $\alpha_1,\alpha_2,\alpha_3,\cdots\in\mathrm{GF}(2^m)$。同时,$g(x)$也可在 $\mathrm{GF}(2)$上分解为若干最小多项式的乘积:

$$g(x)=m_1(x)m_2(x)\cdots m_\eta(x) \tag{4.15}$$

对循环码编码参数的识别分析,就是仅依据接收到的数据流估计出码长和生成多项式。对于一个编码系统,$m(x)$在每个码字中是不同的,而 $g(x)$是相同的。根据式(4.9)和式(4.10),$g(x)$的根同时也是 $c(x)$的根。如果通信信号在

传输过程中没有错误发生，$g(x)$的根将会出现在所有的码字中。然而，对于一个无效的码字，上述代数关系便不存在。由于一个特定的有限域的元素总数是有限的，因此一个定义在 $GF(2^m)$上的二进制循环码的码字多项式 $c(x)$的根的取值范围是一个有限的集合，共包含 $2^m-1$ 个符号。定义 $\boldsymbol{A}$ 为生成多项式的根组成的集合。在噪声环境中，从统计上看，对于每个码字多项式 $c(x)$，其多项式的根出现在 $\boldsymbol{A}$ 中的概率要大于出现在$\overline{\boldsymbol{A}}$[定义在 $GF(2^m)$上]中的概率。而对于无效的码字多项式 $c'(x)$，由于它不是生成多项式的倍式，其根在 $GF(2^m)$中是随机出现的。因此，对二进制线性分组码的编码参数进行识别分析，可以遵循以下总体方案。

**方案 1**：

(1)对码长和编码分组起始点的估计：遍历所有可能的码长和分组起始点，基于每种可能的码长和分组起始点参数组合，将前端接收机接收到的判决序列进行分组并表示成码字多项式，通过考查相关有限域上的元素是该码字多项式的根的概率分布规律是否具有随机特性来判断当前假定的码长和分组起始点是否正确，同时也可以获得定义该码的有限域的指数。

(2)基于(1)中估计获得的码长和编码分组起始点以及定义该码的有限域的指数，可以列出该有限域上所有可能的元素，并找出其中是码根的元素并根据式(3.8)还原生成多项式。

**方案 2**：

(1)对码长和编码分组起始点的估计：遍历所有可能的码长和分组起始点，基于每种可能的码长和分组起始点参数组合，将前端接收机接收到的判决序列进行分组并表示成码字多项式，通过考查相关有限域上的最小多项式能够整除该码字多项式的概率的分布规律是否具有随机特性来判断当前假定的码长和分组起始点是否正确，同时也可以获得定义该码的有限域的指数。

(2)基于估计获得的码长和编码分组起始点以及定义该码的有限域的指数，可以列出该有限域上所有可能的最小多项式，找出其中接收码字多项式的因式的最小多项式并还原生成多项式。

在已经公开发表的文献中，采用方案 1 的研究成果较多。本书在研究相关成果的基础上，采用方案 2 的思路进行二进制循环码的编码参数识别分析研究，并说明方案 2 较方案 1 具有显著的优越性。

### 4.3.2 硬判决条件下二进制循环码的编码参数识别分析算法

**1. 当前既有研究成果及存在的问题**

文献[183]提出了一种低码率情况下的二进制分组码盲识别方法。主要思路是根据低码率码字的重量分布的不均匀性对码长进行识别，并通过改进传统的矩阵化简来识别生成多项式。该方法在较高比特误码率(BER)情况下具有较好的识别性能,但不适用于高码率的情况,并且需要大量的观测数据进行统计。文献[184－187]是一系列通过搜索最小重量对偶码识别线性分组码校验矩阵的方法,这类方法对 LDPC 码的识别分析效果较好,但不适用于循环码这种校验矩阵中非零元素密度较高的情况。在文献[188－189]中,作者提出了一种基于码根信息差熵和码根统计(RIDERS)的二进制 BCH 码盲识别方法,二进制 BCH 码是二进制循环码中应用最广的重要分支。该方法可在 $10^{-2}$的 BER 条件下针对高、低码率都有较好的识别性能。然而,计算复杂度较高,尤其是在码长较长时。文献[190]的作者改进了文献[188－189]中提出的算法,减少了计算复杂度,以使识别过程更快。此外,文献[191－192]也给出了二进制 BCH 码或二进制循环码的一些识别分析方法。其中,文献[191]的算法原理与文献[188－190]类似,是 RIDERS 方法的一种推广。文献[192－193]提出基于码字多项式的循环移位码字公因式搜索的方法进行 BCH 码的识别分析,但存在以下缺陷:①要求至少存在一个不含误码的码字,不利于识别码长较长的编码参数;②其假设分组长度和分组起始点已知,这在编码参数未知的非合作通信背景下难以实现;③该方法基于搜索多项式的公因式的方法,不利于向软判决情形推广;④对广泛应用的缩短码情形未予考虑。

在本书的研究工作中,通过对比发现文献中[188－190]的工作对二进制 BCH 码的识别分析适用性相对较好。本书将在文献[188－190]的思路启发下提出新的、适用于一般二进制循环码的编码参数识别方法,并与文献[188－190]的实验结果进行了对比。

文献[188－190]都是基于 4.2.1 节方案 1 的方法。基于其原理,文献[188－189]的作者提出了如下未经证明的假说并被文献[190]所引用(本章稍后将证明该假说并不正确)。

**假说 4.1**　当多项式 $c'(x)$不是有效码子多项式时,$GF(2^m)$中的每个符号是 $c'(x)$的根的概率是均等的。

根据上述假说,文献[188－190]的作者提出一个 BCH 码码长识别算法:遍历所有可能的码长与本原多项式,找到使式(4.16)定义的信息差熵函数最大的码长值和本原多项式:

$$\Delta H = -\sum_{i=1}^{n}\frac{1}{n}\log\frac{1}{n} - \left(-\sum_{i=1}^{n}p_i\log p_i\right) = \sum_{i=1}^{n}p_i\log p_i + \log n \tag{4.16}$$

式中:$n=2^m-1$ 为码长;$p_i$为 $\alpha^i$ 是码根的概率,$\alpha$ 是 $GF(2^m)$的一个本原元。$p_i$计算式如下:

$$p_i = \frac{N_i}{N}\quad (1\leqslant i\leqslant 2^m-1) \tag{4.17}$$

接收序列，基于假设的码长 $l$ 被分解成 $\mu$ 个分组，如图 4.3 所示。在文献[188－190]中，作者假设第一个编码分组的起始点已经通过帧定位检测获取了，而码长、本原多项式和生成多项式未知。定义 $r_j(x)(1\leqslant j\leqslant\mu)$ 为接收序列中第 $j$ 个分组的码字多项式。在式(4.17)中，$N_i$ 表示元素 $\alpha^i$ 在接收码字多项式 $r_1(x), r_2(x), \cdots, r_\mu(x)$ 的所有根中出现的次数，并且

$$N = \sum_{i=1}^{2^m-1} N_i \tag{4.18}$$

图 4.3　接收序列被分为 $\mu$ 个分组

根据假说 4.1，当估计的码长和本原多项式不正确时，$p_i$ 可被认为是平均分布，并且 $p_i\approx 1/(2^m-1)$ $(1\leqslant i\leqslant 2^m-1)$。所以，式(4.16)中的 $\Delta H$ 较低。而当编码参数正确，并且 $\alpha^i$ 是 $g(x)$ 的一个根时，$p_i$ 应该较大。所以，$p_i$ 的分布不均匀，$p_i(1\leqslant i\leqslant 2^m-1)$ 的信息熵较低而 $\Delta H$ 较大。这就是通过最大化式(4.16)定义的 $\Delta H$ 来估计码长的基本原理。

码长估计之后，通过比较不同根处的 $p_i$，就可以找出其中明显较大者作为码根的估计并通过 $g(x)=(x-\alpha^{i_1})(x-\alpha^{i_2})\cdots(x-\alpha^{i_r})$ 获得生成多项式，其中 $\alpha^{i_1}, \alpha^{i_2}, \cdots, \alpha^{i_r}$ 为估计出的码根，也就是生成多项式的根。

RIDERS 算法虽然具有比较好的性能，但仍然存在以下缺陷。

(1) 该算法仅考虑了常规码长的 BCH 码的情形，也就是码长 $l=2^m-1$，忽略了广泛应用的缩短码情形。

(2) 码根可以分为若干共轭根组，每组包含若干个对应于同一最小多项式的共轭根。如果一个生成多项式 $g(x)$ 有一个根 $\beta$，其中 $\beta$ 也是最小多项式 $m_p(x)$ 的根，那么 $m_p(x)$ 的其他根也是 $g(x)$ 的根。所以，与测试 $GF(2^m)$ 上哪些元素是码根相比，可以测试哪些最小多项式是生成多项式的根，这样就可以在很大程度上降低搜索范围。

(4) 该算法仅考虑了 BCH 码的识别，未探讨在一般二进制循环码中的推广。

(5) 该算法忽略了编码分组的同步。其假设在识别编码参数之前已经通过帧检测获知了码字起始点。然而在实际应用中，对于非合作通信背景，此假设并不总是成立的。

(6) 文献[188－190]所基于的假说 4.1 是不正确的。下面将证明，事实上，不是所有的 $GF(2^m)$ 上的元素具有均等的成为无效码字多项式 $c'(x)$ 的根的概率。

**证明**:令 $c'(x)$ 为一个码子向量 $\boldsymbol{C}'$ 对应的码字多项式,那么可以计算 $p_i$,也就是 $\alpha^i$ 是 $c'(x)$ 的根的概率。为了计算 $p_i$,定义对应于 GF$(2^m)$ 上的元素 $\alpha^i$ 的最小奇偶校验矩阵 $\boldsymbol{H}_{\min}(\alpha^i)$:

$$\boldsymbol{H}_{\min}(\alpha^i)=[(\alpha^i)^{l-1},(\alpha^i)^{l-2},\cdots,(\alpha^i)^1,(\alpha^i)^0] \tag{4.19}$$

将 $\boldsymbol{H}_{\min}(\alpha^i)$ 转换成二进制形式,转换方法是将 $\boldsymbol{H}_{\min}(\alpha^i)$ 中的列用它们的二进制列向量模式代替[139],并将转换后的矩阵记为 $\boldsymbol{Hb}_{\min}(\alpha^i)$。

例如,在 GF$(2^3)$ 上面对应于元素 $\alpha^3$ 和码长 $l=2^3-1=7$ 的奇偶校验矩阵 $\boldsymbol{H}_{\min}(\alpha^3)$,可以写为

$$\boldsymbol{H}_{\min}(\alpha^3)=[\alpha^{18}\quad \alpha^{15}\quad \cdots\quad \alpha^3\quad 1] \tag{4.20}$$

基于本原多项式 $p(x)=x^3+x+1$,可以用向量 $[0\ 1\ 1]^{\mathrm{T}}$ 代替 $\alpha^3$,其他符号也进行类似处理,那么奇偶校验矩阵就可以在 GF$(2^3)$ 上写为

$$\boldsymbol{Hb}_{\min}(\alpha^3)=\begin{bmatrix}1&0&1&1&1&0&0\\1&1&1&0&0&1&0\\0&0&1&0&1&1&1\end{bmatrix} \tag{4.21}$$

如果 $\alpha^i$ 是 $c'(x)$ 的一个根,那么

$$\boldsymbol{Hb}_{\min}(\alpha^i)\times\boldsymbol{C}'=\boldsymbol{0} \tag{4.22}$$

$\boldsymbol{Hb}_{\min}(\alpha^i)$ 共有 $m$ 行,定义 $\boldsymbol{h}_j(1\leqslant j\leqslant m)$ 为 $\boldsymbol{Hb}_{\min}(\alpha^i)$ 的第 $j$ 行。那么,等式 $\boldsymbol{Hb}_{\min}(\alpha^i)\times\boldsymbol{C}'=\boldsymbol{0}$ 意味着 $\boldsymbol{Hb}_{\min}(\alpha^i)$ 中所有行与 $\boldsymbol{C}'$ 的乘积均为 $\boldsymbol{0}$,如式(4.23)所示:

$$\boldsymbol{Hb}_{\min}(\alpha^i)\times\boldsymbol{C}'=\boldsymbol{0}\Leftrightarrow\begin{cases}\boldsymbol{h}_1\times\boldsymbol{C}'=\boldsymbol{0}\\\boldsymbol{h}_2\times\boldsymbol{C}'=\boldsymbol{0}\\\vdots\\\boldsymbol{h}_m\times\boldsymbol{C}'=\boldsymbol{0}\end{cases} \tag{4.23}$$

所以,可以计算 $\alpha^i$ 是 $c(x)$ 的根的概率,也就是 $\boldsymbol{Hb}_{\min}(\alpha^i)\times\boldsymbol{C}'=\boldsymbol{0}$ 的概率:

$$P_r[\boldsymbol{Hb}_{\min}(\alpha^i)\times\boldsymbol{C}'=\boldsymbol{0}]=P_r(\boldsymbol{h}_1\times\boldsymbol{C}'=\boldsymbol{0},\boldsymbol{h}_2\times\boldsymbol{C}'=\boldsymbol{0},\cdots,\boldsymbol{h}_m\times\boldsymbol{C}'=\boldsymbol{0}) \tag{4.24}$$

令 $h_{j,u}(1\leqslant u\leqslant n)$ 和 $C_u$ 分别为向量 $\boldsymbol{h}_j$ 和 $\boldsymbol{C}'$ 的第 $u$ 个元素,并定义校验索引集 $\boldsymbol{S}_j$:

$$\boldsymbol{S}_j=\{C_u\mid h_{j,u}=1\} \tag{4.25}$$

显然,当 $\boldsymbol{S}_j$ 中的非零项的数量为偶数时,有

$$\boldsymbol{h}_j\times\boldsymbol{C}'=\boldsymbol{0} \tag{4.26}$$

当 $\boldsymbol{S}_j$ 中的非零项的数量为奇数时,有

$$\boldsymbol{h}_j\times\boldsymbol{C}'=\boldsymbol{1} \tag{4.27}$$

若 $\boldsymbol{C}'$ 不是一个有效的码字,也就是 $\boldsymbol{C}'$ 中的元素可以看作随机出现,那么

$\boldsymbol{S}_j$ 中非零元素的个数为奇数和偶数的概率相同,都是0.5。当 $\boldsymbol{Hb}_{\min}(\alpha^i)$ 是满秩矩阵时,$\boldsymbol{Hb}_{\min}(\alpha^i)$ 的行向量是线性独立的,所以式(4.24)的计算式也可以写为

$$P_r[\boldsymbol{Hb}_{\min}(\alpha^i)\times\boldsymbol{C}'=\boldsymbol{0}]=\prod_{j=1}^{m}P_r(\boldsymbol{h}_j\times\boldsymbol{C}'=\boldsymbol{0})=(0.5)^m \tag{4.28}$$

但当 $\boldsymbol{Hb}_{\min}(\alpha^i)$ 不是满秩矩阵时,通过式(4.28)计算 $P_r[\boldsymbol{Hb}_{\min}(\alpha^i)\times\boldsymbol{C}'=\boldsymbol{0}]$ 是不正确的。定义 $\boldsymbol{MI}$ 为集合 $\boldsymbol{H}=\{\boldsymbol{h}_j|1\leqslant\mu\leqslant m\}$ 的最大线性无关组,如果:

$\boldsymbol{MI}$ 是 $\boldsymbol{H}$ 的一个子集,并且满足以下性质。

(1)$\boldsymbol{MI}$ 中的向量是线性无关的;

(2)任何 $\boldsymbol{H}$ 中的向量都可以通过 $\boldsymbol{MI}$ 中的向量的线性组合得到。

很容易证明 $\boldsymbol{MI}$ 中的向量的个数等于 $\boldsymbol{Hb}_{\min}(\alpha^i)$ 的秩。

根据 $\boldsymbol{MI}$ 定义的第二个条件,如果 $\{\boldsymbol{h}_j|\boldsymbol{h}_j\in\boldsymbol{MI}\}$ 中所有的向量使得 $\boldsymbol{h}_j\times\boldsymbol{C}'=0$,那么同样对集合 $\{\boldsymbol{h}_j|\boldsymbol{h}_j\in\boldsymbol{H}\}$ 中所有的向量,有 $\boldsymbol{h}_j\times\boldsymbol{C}'=\boldsymbol{0}$。所以式(4.24)的计算式应为

$$P_r[\boldsymbol{Hb}_{\min}(\alpha^i)\times\boldsymbol{C}'=\boldsymbol{0}]=\prod_{\theta=1}^{\operatorname{rank}(\boldsymbol{Hb}_{\min}(\alpha^i))}P_r(\boldsymbol{h}_{j_\theta}\times\boldsymbol{C}'=\boldsymbol{0})=(0.5)^{\operatorname{rank}(\boldsymbol{Hb}_{\min}(\alpha^i))} \tag{4.29}$$

其中,集合 $\{\boldsymbol{h}_{j_\theta}|1\leqslant\theta\leqslant\operatorname{rank}(\boldsymbol{Hb}_{\min}(\alpha^i))\}$ 中的元素为 $\boldsymbol{MI}$ 中的向量,也就是 $\boldsymbol{Hb}_{\min}(\alpha^i)$ 的行向量的一个最大线性无关组。

根据式(4.29),仅当对于所有的指数 $i$,$\boldsymbol{Hb}_{\min}(\alpha^i)$ 有相同的秩时,假说1为真。然而,该条件不总能成立。例如,在 $GF(2^6)$ 中,可以得到以下结论:

$$\begin{cases}\operatorname{rank}(\boldsymbol{Hb}_{\min}(\alpha^1))=6\\ \operatorname{rank}(\boldsymbol{Hb}_{\min}(\alpha^{21}))=2\\ \operatorname{rank}(\boldsymbol{Hb}_{\min}(\alpha^{63}))=1\\ \quad\cdots\end{cases} \tag{4.30}$$

所以有

$$\begin{cases}P_r[\boldsymbol{Hb}_{\min}(\alpha^1)\times C=0]=\left(\dfrac{1}{2}\right)^6\\ P_r[\boldsymbol{Hb}_{\min}(\alpha^{21})\times C=0]=\left(\dfrac{1}{2}\right)^2\\ P_r[\boldsymbol{Hb}_{\min}(\alpha^{63})\times C=0]=\left(\dfrac{1}{2}\right)^1\\ \quad\cdots\end{cases} \tag{4.31}$$

因此可见,文献[188-190]提出与假说4.1不正确。

图 4.4 显示了 $GF(2^6)$ 上不同元素是某个长度等于 63 的随机分组对应码字多项式根的概率。

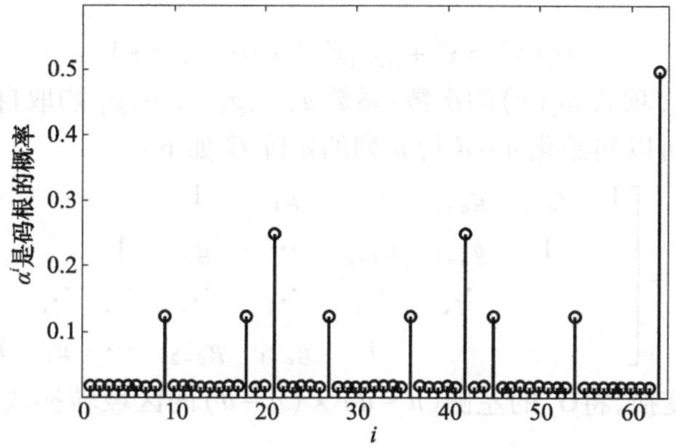


图 4.4　$GF(2^6)$ 上的元素是随机分组对应码字多项式根的概率

**证毕。**

**2. 识别分析的基本原理**

文献[194]提出了通过检测码字多项式是否能被某些最小多项式整除的方法来识别，即采用 4.3.1 节所述的"方案 2"简化搜索。但该方法未涉及码长和编码起始点的识别分析，且对判决阈值的选取没进行深入讨论。本节将给出一种新的适用于一般二进制循环码的编码参数识别分析方法，并给出理论分析与实验验证。为便于数学分析，本节设定以下合理假设。

(1) 识别分析的目标信号采用编码长度为 $n$、信息长度为 $k$ 的二进制循环码，且通信信号在 AWGN 信道上传输；

(2) 通信信号传输的信道为二进制对称信道且信道转换概率 $\tau < 0.5$；

(3) 编码过程中每个码字中的信息比特是随机选取的。

在进行编码识别分析的过程中，本章沿用第 2 章图 2.10 所示的存储矩阵的概念。假设 $c(x)$ 为发送方编码后的一个码字多项式，$e(x)$ 为传输过程中发生的错误图样对应的多项式，那么经过传输后接收方经过前端接收机匹配滤波和判决后收到的接收码字多项式可表示为

$$c'(x) = c(x) + e(x) \tag{4.32}$$

其中，加法运算定义在二元域 $GF(2)$ 上。如式(4.15)所示，一个定义在 $GF(2^m)$ 上的二进制循环码，其生成多项式可以在 $GF(2)$ 上分解为多个 $GF(2^m)$ 上最小多项式的乘积，而根据式(4.9)和式(4.10)，这些分解出的最小多项式同时也整除 $c(x)$。定义在 $GF(2^m)$ 上的最小多项式的个数是有限的，搜索出所有能够整除 $c(x)$ 的最小多项式，其乘积就是生成多项式。

假设定义在 $GF(2^m)$ 上的最小多项式有 $\varepsilon$ 个。为考查 $GF(2^m)$ 上某个最小多项式 $m_i(x)(1\leqslant i\leqslant\varepsilon)$ 是否能够整除 $c(x)$，下面给出“最小校验矩阵”的概念。$m_i(x)$ 可以写为

$$m_i(x)=x^d+g_{d-1}x^{d-1}+\cdots+g_1x+1 \tag{4.33}$$

式中：$d$ 为最小多项式 $m_i(x)$ 的次数；系数 $g_{d-1},g_{d-2},\cdots,g_1$ 均取自 GF(2)。根据 $m_i(x)$ 的系数，可以初始化 $n-d$ 行 $n$ 列的矩阵 $\boldsymbol{G}_i$ 如下：

$$\boldsymbol{G}_i=\begin{bmatrix}1 & g_{d-1} & g_{d-2} & \cdots & g_1 & 1 & & & & \\ & 1 & g_{d-1} & g_{d-2} & \cdots & g_1 & 1 & & & \\ & & \ddots & \ddots & \ddots & \ddots & \ddots & \ddots & & \\ & & & 1 & g_{d-1} & g_{d-2} & \cdots & g_1 & 1\end{bmatrix} \tag{4.34}$$

通过初等变换，将 $\boldsymbol{G}_i$ 的左侧 $(n-d)\times(n-d)$ 的区域转换成单位矩阵 $\boldsymbol{I}$，如式(4.35)所示：

$$\boldsymbol{G}_i'=(\boldsymbol{I}\,|\,\boldsymbol{P}) \tag{4.35}$$

式中：$\boldsymbol{P}$ 是 GF(2) 上的 $(n-d)$ 行 $d$ 列的矩阵。定义对应于最小多项式 $m_i(x)$ 的最小校验矩阵如下：

$$\boldsymbol{H}_i=(\boldsymbol{P}^{\mathrm{T}}\,|\,\boldsymbol{I}) \tag{4.36}$$

式中：$\boldsymbol{P}^{\mathrm{T}}$ 为 $\boldsymbol{P}$ 的转置。

**定理 4.1** 如果码字 $\boldsymbol{C}$ 编码所用的生成多项式为 $g(x)$ 且最小多项式 $m_i(x)$ 为 $g(x)$ 的一个因式，那么对于 $m_i(x)$ 的最小校验矩阵 $\boldsymbol{H}_i$，有

$$\boldsymbol{H}_i\times\boldsymbol{C}=\boldsymbol{0} \tag{4.37}$$

**证明：**

将式(4.35)中的矩阵 $\boldsymbol{P}$ 写为

$$\boldsymbol{P}=\begin{bmatrix}p_{1,1} & p_{1,2} & \cdots & p_{1,d}\\ p_{2,1} & p_{1,2} & \cdots & p_{1,d}\\ \vdots & \vdots & & \vdots\\ p_{n-d,1} & p_{n-d,2} & \cdots & p_{n-d,d}\end{bmatrix} \tag{4.38}$$

那么，$\boldsymbol{G}_i'$ 为

$$\boldsymbol{G}_i'=\begin{bmatrix}1 & 0 & \cdots & 0 & p_{1,1} & p_{1,2} & \cdots & p_{1,d}\\ 0 & 1 & \cdots & 0 & p_{2,1} & p_{2,2} & \cdots & p_{2,d}\\ \vdots & \vdots & \ddots & \vdots & \vdots & \vdots & \ddots & \vdots\\ 0 & 0 & \cdots & 1 & p_{n-d,1} & p_{n-d,2} & \cdots & p_{n-d,d}\end{bmatrix} \tag{4.39}$$

且

$$H_i=\begin{bmatrix} p_{1,1} & p_{2,1} & \cdots & p_{n-d,1} & 1 & 0 & \cdots & 0 \\ p_{1,2} & p_{2,2} & \cdots & p_{n-d,2} & 0 & 1 & \cdots & 0 \\ \vdots & \vdots & \ddots & \vdots & \vdots & \vdots & \ddots & \vdots \\ p_{1,d} & p_{2,d} & \cdots & p_{n-d,d} & 0 & 0 & \cdots & 1 \end{bmatrix} \tag{4.40}$$

容易由式(4.39)和式(4.40)得到:

$$\boldsymbol{H}_i \times \boldsymbol{G}_i'^{\mathrm{T}}=\boldsymbol{0} \tag{4.41}$$

设码字 $\boldsymbol{C}$ 对应的码字多项式为 $c(x)$,那么 $m_i(x)$ 是 $c(x)$ 的一个因式。因此,$c(x)$ 可以写为

$$c(x)=f(x)m_i(x) \tag{4.42}$$

式中:$f(x)$ 为系数取自 GF(2) 上的多项式。令

$$\begin{cases} c(x)=c_{n-1}x^{n-1}+c_{n-2}x^{n-2}+\cdots+c_1x^1+c_0 \\ f(x)=f_{nf-1}x^{n-1}+f_{nf-2}x^{n-2}+\cdots+f_1x^1+c_0 \end{cases} \tag{4.43}$$

且

$$\begin{cases} \boldsymbol{C}=[c_{n-1},c_{n-2},\cdots,c_1,c_0] \\ \boldsymbol{F}=[f_{nf-1},f_{nf-2},+\cdots+f_1,f_0] \end{cases} \tag{4.44}$$

式(4.43)中的 $\boldsymbol{C}$ 和 $\boldsymbol{F}$ 分别为 $c(x)$ 和 $f(x)$ 的系数组成的向量。根据式(4.33)、式(4.34)和式(4.42),有

$$\boldsymbol{C}=(\boldsymbol{F}\times\boldsymbol{G}_i)^{\mathrm{T}}=\boldsymbol{G}_i^{\mathrm{T}}\times\boldsymbol{F}^{\mathrm{T}} \tag{4.45}$$

进而有

$$\boldsymbol{H}_i\times\boldsymbol{C}=\boldsymbol{H}_i\times\boldsymbol{G}_i^{\mathrm{T}}\times\boldsymbol{F}^{\mathrm{T}} \tag{4.46}$$

矩阵 $\boldsymbol{G}_i$ 可以由 $\boldsymbol{G}_i'$ 通过初等行变换得到。因此,当式(4.41)成立时,有

$$\boldsymbol{H}_i\times\boldsymbol{G}_i^{\mathrm{T}}=\boldsymbol{0} \tag{4.47}$$

所以

$$\boldsymbol{H}_i\times\boldsymbol{C}=(\boldsymbol{H}_i\times\boldsymbol{G}_i^{\mathrm{T}})\times\boldsymbol{F}^{\mathrm{T}}=\boldsymbol{0} \tag{4.48}$$

**证毕。**

最小校验矩阵 $\boldsymbol{H}_i$ 中含有 $d$ 个行向量且线性独立。将 $H_i$ 中的行记录为 $\boldsymbol{h}_1$,$\boldsymbol{h}_2,\cdots,\boldsymbol{h}_d$,并称其为“校验向量”。式(4.37)等效于式(4.49),本章称式(4.49)为“校验方程”:

$$\begin{cases} \boldsymbol{h}_1\times\boldsymbol{C}=\boldsymbol{0} \\ \boldsymbol{h}_2\times\boldsymbol{C}=\boldsymbol{0} \\ \quad\vdots \\ \boldsymbol{h}_d\times\boldsymbol{C}=\boldsymbol{0} \end{cases} \tag{4.49}$$

因此,可以通过计算 $\boldsymbol{h}_j\times\boldsymbol{C}'=0(1\leqslant j\leqslant d)$ 的概率来检测 $m_i(x)$ 是否为当前所要识别分析的二进制循环码的生成多项式的因式的置信程度。本章用 $P_r(\boldsymbol{h}_j)$

表示$\boldsymbol{h}_j \times \boldsymbol{C}' = 0$ ($1 \leqslant j \leqslant d$)的概率。当填充存储矩阵时所使用的编码参数正确且$m_i(x)$是编码生成多项式的因式时，根据式(4.32)，有

$$\boldsymbol{h}_j \times \boldsymbol{C}' = \boldsymbol{h}_j \times (\boldsymbol{C} + \boldsymbol{E}) = \boldsymbol{h}_j \times \boldsymbol{E} \tag{4.50}$$

式中：$\boldsymbol{C}$、$\boldsymbol{C}'$和$\boldsymbol{E}$分别为码字多项式$c(x)$、接收码字多项式$c'(x)$以及错误图样多项式$e(x)$所对应的系数向量。因此，$P_r(\boldsymbol{h}_j)$就等于接收到的码字向量$\boldsymbol{C}'$中包含偶数个错误(包含0个错误)的概率。根据文献[184]，该概率可以写为

$$P_r(\boldsymbol{h}_j) = \frac{1 - (1 - 2\tau)^{w_j}}{2} \tag{4.51}$$

式中：$w_j$为向量$\boldsymbol{h}_j$的Hamming权重。而当码长不正确或者$m_i(x)$不是编码生成多项式的因式时，$\boldsymbol{C}'$中的元素不满足$m_i(x)$和$\boldsymbol{H}_i$确定的约束条件，可以看作随机出现的。所以在这种情况下，$\boldsymbol{C}'$中的元素在$\boldsymbol{h}_j$非零元素对应位置处的“1”的个数是奇数的概率和是偶数的概率相同，都为$\frac{1}{2}$，而不是式(4.51)的形式。这两者之间的不同之处，可作为二进制循环码的码长、分组起始点以及生成多项式识别分析的基础。

**3. 码长和分组起始点的识别分析**

二进制循环码是线性分组码的一个子类，因此，可以通过第2章给出的方法对码长和分组起始位置进行识别分析。但在“二进制循环码”这一先验信息的前提下，可以利用其编码特点，用适当方法获得更好的容错性能。

在进行编码参数识别分析时，首先设置一个初始的码长$n$和分组起始点$t$，据此将接收到的比特序列填入存储矩阵$\boldsymbol{X}$中，之后遍历$n$和$t$可能的取值范围进行计算。对于每个$n$值，列出所有的有限域指数$m$和GF($2^m$)上的所有最小多项式，对所有最小多项式对应的最小校验矩阵计算$\boldsymbol{h}_j \times \boldsymbol{X}^{\mathrm{T}}$。如果码长或域指数或同步位置不正确，那么所有的校验方程$\boldsymbol{h}_j \times \boldsymbol{X}^{\mathrm{T}}$计算所得的向量的Hamming权重具有数学期望$\mu/2$($\mu$为校验矩阵$\boldsymbol{X}$的行数)；相反，如果码长和域指数都正确且同步位置与真实值的距离不远，那么部分校验方程计算结果的Hamming权重具有数学期望$\mu[1 - (1 - 2\tau)^{w}]/2$，而其余的校验方程计算结果的Hamming权重的数学期望仍为$\mu/2$。因此，将所有的校验方程的计算结果的Hamming重量视为一个统计量，此时具有较大的方差。用向量$\boldsymbol{Y}$表示GF($2^m$)上的所有最小多项式的校验方程计算结果的Hamming权重，那么可以搜索出使$\boldsymbol{Y}$的方差最大的码长、域指数和分组起始点的参数组合，其对应的码长和域指数参数的值可作为该码的码长和域指数的估计。进一步地，可以通过一个修正算法来估计分组起始点的准确位置。

下面给出便于计算机软件实现的码长与域指数估计的详细算法步骤。

(1)设置分组长度$n$和域指数$m$的搜索范围，即设定$n$和$m$的最小值和最

大值：$n_{\min}$，$n_{\max}$，$m_{\min}$，$m_{\max}$，以及存储矩阵的行数$\mu$。

(2)令 $m=m_{\min}$。

(3)令 $n=n_{\min}$。

(4)列出 GF($2^m$)上所有的最小多项式并依据当前假设的码长 $n$ 获取相应的最小校验矩阵$\boldsymbol{H}_1,\boldsymbol{H}_2,\cdots,\boldsymbol{H}_\varepsilon$。其中，$\varepsilon$ 为 $GF(2^m)$上的最小多项式的数目。进一步地，构造以下矩阵：

$$\boldsymbol{H}=\begin{bmatrix}\boldsymbol{H}_1\\\boldsymbol{H}_2\\\vdots\\\boldsymbol{H}_\varepsilon\end{bmatrix} \tag{4.52}$$

(5)令 $t=1$。

(6)依据当前假设的码长 $n$，将接收到的比特序列从第 $t$ 个比特开始，填入行数为$\mu$、列数为 $n$ 的存储矩阵中。

(7)计算向量 $\boldsymbol{Y}$ 如下：

$$\boldsymbol{Y}=[y_1,y_2,\cdots,y_\varphi]=W_r(\boldsymbol{H}\times\boldsymbol{X}^{\mathrm{T}}) \tag{4.53}$$

式中：$y_u(1\leqslant u\leqslant\varphi)$为 $\boldsymbol{H}\times\boldsymbol{X}^{\mathrm{T}}$ 计算所得矩阵的第 $u$ 行的 Hamming 重量；$\varphi$ 为矩阵 $\boldsymbol{H}$ 的行数。计算 $\boldsymbol{Y}$ 的样本方差，记为 $S_{n,m,t}$。

(8)如果 $t=n$，执行步骤(9)；否则，令 $t=t+1$，并返回步骤(6)。

(9)如果 $n=2^m$ 或 $n=n_{\max}$，执行步骤(10)；否则，令 $n=n+1$ 并返回步骤(4)。

(10)如果 $m=m_{\max}$，执行步骤(11)；否则，令 $m=m+1$ 并返回步骤(3)。

(11)从记录的所有 $S$ 值中，选择大于阈值 $T$ 者组成集合 $\boldsymbol{A}$，并从集合 $\boldsymbol{A}$ 中找到最大的一个，记为 $S_{\max}$。获取 $S_{\max}$所对应的参数 $m$、$n$ 和 $t$，分别作为域指数、码长以及分组同步位置的估计。

上述步骤(11)中的阈值 $T$ 不是一致的，对于不同的参数组合 $T$ 的值也有所不同。下面将推导选取最佳阈值 $T$ 的方法。

$\boldsymbol{Y}$ 的样本方差可由式(4.54)计算：

$$S=\frac{1}{\varphi-1}\sum_{u=1}^{\varphi}(y_u-\overline{Y}) \tag{4.54}$$

式中：$\varphi$ 为矩阵 $\boldsymbol{H}$ 的行数；$\overline{Y}=\dfrac{1}{\varphi}\sum\limits_{u=1}^{\varphi}y_u$。下面分编码参数正确与不正确两种情况计算 $S$ 的数学期望。

当编码参数不正确时，存储矩阵中的行向量不是有效码字。此时，可以认为 $\boldsymbol{Y}$ 中的元素服从参数 $p=0.5$ 的二项分布。所以，根据概率论中的二项分布理论，$S$ 的数学期望为

$$E(S)=D(y_u)=\frac{\mu}{4}\quad(1\leqslant u\leqslant\varphi)\tag{4.55}$$

式中：$D(y_u)$为$y_u$的方差。

当参数正确时，$\boldsymbol{X}$中行向量是有效的码字，因此GF($2^m$)上至少一个最小多项式是生成多项式的根。在这种情况下，至少存在一组校验向量，也就是$\boldsymbol{H}$中至少有一部分行向量可以满足校验关系。这一部分校验向量即对应生成多项式根的最小多项式计算得到的最小校验矩阵。因此，对于这一部分校验向量$\boldsymbol{h}_j$，$\boldsymbol{h}_j\times\boldsymbol{X}^{\mathrm{T}}$的Hamming权重服从参数$p=[1-(1-2\tau)^{w_j}]/2$的二项分布。所以，此时$S$的数学期望计算如下：

$$\begin{aligned}E(S)&=\frac{1}{\varphi-1}\sum_{u=1}^{\varphi}{y_u}^2-\frac{\varphi}{\varphi-1}E\overline{Y}\\&=\frac{\sum\limits_{u=1}^{\varphi}(D(y_u)+(E(y_u))^2)-\varphi(D(\overline{Y})+(E(\overline{Y}))^2)}{\varphi-1}\\&=\frac{\sum\limits_{\nu=1}^{\varphi_1}D(y_{u_\nu})+\varphi_2D_0+\sum\limits_{\nu=1}^{\varphi_1}(E(y_{u_\nu}))^2+\varphi_2{E_0}^2}{\varphi-1}-\\&\quad\frac{\sum\limits_{\nu=1}^{\varphi_1}D(y_{u_\nu})+\varphi_2D_0+\left(\sum\limits_{\nu=1}^{\varphi_1}(E(y_{u_\nu}))+\varphi_2E_0\right)^2}{\varphi(\varphi-1)}\end{aligned}\tag{4.56}$$

式中：$D_0$、$E_0$分别为GF($2^m$)上不是生成多项式的因式的最小多项式对应的最小校验矩阵中的行计算$\boldsymbol{h}_j\times\boldsymbol{X}^{\mathrm{T}}$所得向量的Hamming权重的方差和数学期望；$y_{u_1}$，$y_{u_2}$，…，$y_{u_\varphi}$为GF($2^m$)上生成多项式的因式的最小多项式对应的最小校验矩阵中的行计算$\boldsymbol{h}_j\times\boldsymbol{X}^{\mathrm{T}}$所得的Hamming权重。根据二项分布理论，其方差和数学期望分别为$\mu[1-(1-2\tau)^{2w_j}]/4$和$\mu[1-(1-2\tau)^{w_j}]/2$。

不同的最小多项式有不同的$E(S)$。对于给定的码长$n$和域指数$m$，上述算法步骤中的阈值$T$可按式(4.57)选取：

$$T=\frac{E(S)+\dfrac{\mu}{2}}{2}=\frac{2E(S)+\mu}{4}\tag{4.57}$$

但是，本章在计算$E(S)$时需要先忽略最小多项式$x+1$的计算。因为最小多项式$x+1$对应的最小校验矩阵为全1向量，具有很大的Hamming权重，所以$\mu/2$和$\mu[1-(1-2\tau)^{w_j}]/2$之间的距离太短。不过，只有$x+1$这一个因式的生成多项式因其纠错能力太差而一般并不使用，因此忽略$x+1$的计算不影响码长的估计。

至此,已经估计出了域指数 $m$ 和码长 $n$ 以及粗略估计了分组起始。仿真研究表明预估的分组起始点此时尚不够准确,但距离实际的分组起始点不会太远。所以,需要进一步用一个修正算法来完善分组同步位置的估计。

令$\boldsymbol{h}_{i,j}$为式(4.52)中的最小校验矩阵$\boldsymbol{H}_i(1\leqslant i\leqslant\varepsilon)$的第 $j$ 行。如果$\boldsymbol{H}_i$ 对应的最小多项式 $m_i(x)$是生成多项式 $g(x)$的因式,那么 $y=\sum(\boldsymbol{h}_{i,j}\times\boldsymbol{X}^{\mathrm{T}})$服从二项分布且数学期望和方差分别为$\mu[1-(1-2\tau)^{w_{i,j}}]/2$ 和$\mu[1-(1-2\tau)^{2w_{i,j}}]/4$。其中,$w_{i,j}$表示$\boldsymbol{h}_{i,j}$的 Hamming 重量。当 $m_i(x)$不是 $g(x)$的因式时,$y$ 服从数学期望和方差分别为$\mu/2$ 和$\mu/4$ 的二项分布。依据6倍标准差边界原则,可以对 $y$ 通过如下所示的阈值来区分$\boldsymbol{h}_{i,j}$是否为有效的校验向量:

$$T_y=\frac{\mu}{2}\left[1-\frac{(1-2\tau)^{w_{i,j}}}{2}\right]+\frac{3\sqrt{\mu}}{2}\left[\sqrt{1-(1-2\tau)^{2w_{i,j}}}-1\right] \tag{4.58}$$

基于此,可以通过以下算法步骤对生成多项式进行预估,并对分组起始位置的估计进行修正。

(1)计算向量 $\boldsymbol{Y}$:

$$\boldsymbol{Y}=[y_1,y_2,\cdots,y_\varphi]^{\mathrm{T}}=Wr(\boldsymbol{H}\times\boldsymbol{X}^{\mathrm{T}}) \tag{4.59}$$

式中:$\varphi$ 为 $\boldsymbol{H}$ 的行数;$Wr(\boldsymbol{H}\times\boldsymbol{X}^{\mathrm{T}})$是 $\boldsymbol{H}\times\boldsymbol{X}^{\mathrm{T}}$ 的行的 Hamming 权重组成的向量。

(2)对 $\boldsymbol{H}$ 中的所有行根据式(4.58)计算阈值 $\boldsymbol{T}_Y$:

$$\boldsymbol{T}_Y=[T_{y_1},T_{y_2},\cdots,T_{y_\varphi}]^{\mathrm{T}} \tag{4.60}$$

其中

$$T_{y_u}(1\leqslant u\leqslant\varphi)=\frac{\mu}{2}\left[1-\frac{(1-2\tau)^{wt(h_u)}}{2}\right]+\frac{3\sqrt{\mu}}{2}\left[\sqrt{1-(1-2\tau)^{2wt(h_u)}}-1\right] \tag{4.61}$$

式中:$wt(\boldsymbol{h}_u)$为 $\boldsymbol{h}_u$的 Hamming 权重;$\boldsymbol{h}_u$为 $\boldsymbol{H}$ 的第 $u$ 行。

(3)计算向量 $\boldsymbol{D}$:

$$\boldsymbol{D}=[d_1,d_2,\cdots,d_\varphi]^{\mathrm{T}}=\boldsymbol{Y}-\boldsymbol{T}_Y \tag{4.62}$$

(4)根据式(4.40)和式(4.52),每个最小多项式可以生成 $\boldsymbol{H}$ 中的多行。将向量 $\boldsymbol{D}$ 中的元素分成多个组,每组对应同一个最小多项式。然后,对分组后的向量 $\boldsymbol{D}$ 中各组求和,生成一个新的向量 $\boldsymbol{D}'$:

$$\boldsymbol{D}'=[d_1',d_2',\cdots,d_\varepsilon']^{\mathrm{T}} \tag{4.63}$$

式中:$d_i'(1\leqslant i\leqslant\varepsilon)$为 $\boldsymbol{D}$ 中对应于 $m_i(x)$的元素的和;$\varepsilon$ 为 $\mathrm{GF}(2^m)$上最小多项式的数量。

(5)在 $\boldsymbol{D}'$中,如果 $d_i'(1\leqslant i\leqslant\varepsilon)<0$,记录 $\boldsymbol{H}$ 中对应于最小多项式 $m_i(x)$的各行。遍历 $\boldsymbol{D}'$中的所有元素重复上述操作,最终将所有记录的 $\boldsymbol{H}$ 中的行集合起来,组成一个新的矩阵 $\boldsymbol{H}_2$。

(6)在前述第一轮算法步骤中估计域指数和码长时,得到了一个不太精确

的分组起始位置 $t$。基于 $t$,令分组同步位置 $t'$ 从 $t-5$ 到 $t+5$ 递增,根据 $t'$ 和已经估计出的码长 $n$ 填充存储矩阵,计算 $\sum Wr(\boldsymbol{H}_2 \times \boldsymbol{X}^{\mathrm{T}})$,即 $\boldsymbol{H}_2 \times \boldsymbol{X}^{\mathrm{T}}$ 的各行的 Hamming 重量。最终,找到使 $\sum Wr(\boldsymbol{H}_2 \times \boldsymbol{X}^{\mathrm{T}})$ 最小的位置 $t'$,作为分组起始位置的估计。

在进行码长和域指数估计后,利用上述修正算法,即可进一步得到分组编码起始点的准确估计。

**4. 生成多项式的估计**

事实上,在估计分组起始点的修正算法中的步骤(1)~步骤(5)是一个校验矩阵初步识别分析的过程。然而,在此之前预估的同步位置不一定准确,而错误的同步位置可能会降低生成矩阵的识别性能。所以,在完成步骤(6)后,需重新执行步骤(1)~步骤(5)以得到一个更为准确的校验矩阵的估计,即 $\boldsymbol{H}_2$。

另外,该算法中还存在一个关于最小多项式 $x+1$ 的问题:当计算它对应的最小校验矩阵时,只能得到一个全 1 的一维向量。因为是全 1 向量,其 Hamming 重量 $w$ 较大,所以 $\mu[1-(1-2\tau)^{w_{i,j}}]/2$ 较小,以至于式(4.61)所示的阈值不足以清晰区分它是否为有效的校验向量。为确定 $x+1$ 是否是当前识别分析的二进制循环码的生成多项式的一个因式,可以将其最小校验矩阵替换成生成多项式的因式的可能性最大的最小多项式对应的最小校验矩阵取反所得的矩阵。此处矩阵取反操作是将阵中的"1"变为"0"、"0"变为"1"。下面说明该替换操作的有效性。

假设式(4.63)所示向量 $\boldsymbol{D}'$ 中最小的元素对应的最小校验矩阵是 $\boldsymbol{H}_i(1 \leqslant i \leqslant \varepsilon)$,将 $\boldsymbol{H}_i$ 与一个全 1 向量组合成矩阵 $\boldsymbol{H}_i{}'$:

$$\boldsymbol{H}_i{}' = \begin{bmatrix} \boldsymbol{H}_i \\ 11\cdots1 \end{bmatrix} \tag{4.64}$$

将 $\boldsymbol{H}_i{}'$ 的最后一行记为 $\boldsymbol{v}'$ 并选取 $\boldsymbol{H}_i$ 的任意一行记为 $\boldsymbol{V}$。如果 $\boldsymbol{H}_i{}'$ 的行均为有效的校验向量,那么对于一个有效的码字向量 $\boldsymbol{C}$,有 $\boldsymbol{H}_i{}' \times \boldsymbol{C} = \boldsymbol{0}$。而等式 $\boldsymbol{H}_i{}' \times \boldsymbol{C} = \boldsymbol{0}$ 意味着 $\boldsymbol{v}' \times \boldsymbol{C} = \boldsymbol{0}$ 且 $\boldsymbol{v} \times \boldsymbol{C} = \boldsymbol{0}$,因此 $(\boldsymbol{v}' + \boldsymbol{v}) \times \boldsymbol{C} = \boldsymbol{0}$,其中 $\boldsymbol{v}' + \boldsymbol{v}$ 的运算是在二元域 GF(2)上进行的。而 $\boldsymbol{v}'$ 是一个全 1 向量,因此在二元域 GF(2)上 $\boldsymbol{v}' + \boldsymbol{v}$ 相当于对 $\boldsymbol{V}$ 取反。并且当 $\boldsymbol{V}$ 是有效的校验向量而 $\boldsymbol{v}'$ 不是时,$(\boldsymbol{v}' + \boldsymbol{v}) \times \boldsymbol{C} = \boldsymbol{0}$ 取决于 $\boldsymbol{v}'$,为 1/2。因为 $\boldsymbol{V}$ 是从 $\boldsymbol{H}_i$ 中任意选取的,因此对 $\boldsymbol{H}_i$ 取反,即可作为判别 $x+1$ 是否为待识别的编码的生成多项式的因式对应的最小校验矩阵。

同时,在分组同步位置识别的步骤(5)中,获取 $\boldsymbol{D}'$ 中小于 0 的元素对应的最小多项式,其乘积即可作为生成多项式的估计。

### 4.3.3 软判决条件下二进制循环码的编码参数识别分析算法

信道软输出可以提供更多的有关判决置信度的信息。在纠错码译码算法的研究中,基于置信度的软判决译码,通常带来优于硬判决译码算法的纠错性能。

文献[142 – 145]的作者介绍了一种最大后验概率(MAP)方法来实现纠错编码的盲帧定位,包括 LDPC 码、RS 码和 BCH 乘积码,获得了比硬判决帧定位方法更好的性能。本节研究软判决条件下的二进制循环码识别算法。文献[87]也考虑了软判决条件下的编码参数识别问题。而事实上,其识别过程是半盲识别。作者假设信道编码参数虽然未知但取自一个已知的候选集合。该集合具有有限个候选项。该算法针对 ACM 具有较好的性能,但不适用于非合作通信的情况。

本书是首次提出二进制循环码在软判决情况下的全盲识别方法。基于文献[188 – 190]提出的 RIDERS 算法,本书对上述工作进行了改进和扩展以适应软判决情形。为了利用信道软判决输出,本书借鉴了文献[142 – 145]所采用的基于 MAP 的处理方法。

**1. 码长识别与盲分组同步**

信道软输出可以提供更多的有关判决可信度的信息。本节提出一种利用软判决信息提高二进制循环码编码参数识别性能的方法。定义 $c_r(x)$ 为码字向量 $\boldsymbol{C}_r$ 对应的码字多项式。根据循环码的代数原理,如果 $\alpha^i$ 是 $c_r(x)$ 的一个根,那么有 $c_r(\alpha^i)=0$ 和 $\boldsymbol{H}_{\min}(\alpha^i)\times\boldsymbol{C}_r=\boldsymbol{0}$。其中,$\boldsymbol{H}_{\min}(\alpha^i)$ 的构造方法如式(4.19)所示。在软判决条件下,可以计算 $\alpha^i$ 是图 4.3 所示接收序列的第 $j$ 个分组,也就是存储矩阵第 $j$ 行对应的码字多项式的根的概率 $p_{j,i}$,来代替检验 $\alpha^i$ 是否是一个码根,并计算式(4.16)和式(4.17)中的 $p_i$:

$$p_i=\frac{\sum_{j=1}^{\mu}p_{j,i}}{\sum_{i=1}^{2^m-1}\sum_{j=1}^{\mu}p_{j,i}}\quad(1\leqslant i\leqslant 2^m-1)\tag{4.65}$$

式中:$\mu$ 为存储矩阵的行数。在扩域 GF($2^m$)中的元素可以依据 GF($2^m$)上的最小多项式分成若干个分组。每个最小多项式在 GF($2^m$)上具有若干个根,称作一个共轭根组。GF($2^m$)上二进制循环码的生成多项式可以分解为若干系数取自 GF(2)的最小多项式的乘积:

$$g(x)=m_1(x)m_2(x)\cdots m_\eta(x)\tag{4.66}$$

由于生成多项式 $g(x)$ 是有效码字多项式 $c(x)$ 的因式,因此式(4.33)中的最小多项式也是 $c(x)$ 的因式。如果一个 GF($2^m$)上的元素 $\alpha^i$ 是 $c_r(x)$ 的根,那么对应于 $\alpha^i$ 的最小多项式的其他根也是码字的根。因此,可以仅计算最小多项式 $m_\lambda(x)$($1\leqslant\lambda\leqslant\varepsilon$)是 $c_r(x)$ 的因式的概率,其中 $\varepsilon$ 是 GF($2^m$)上最小多项式的个数。据此,可以将式(4.65)修改为式(4.67)来计算 $p_i$。这个修改可以降低计算复杂度,因为 GF($2^m$)上最小多项式的个数远远比 GF($2^m$)上元素的个数要少。在式(4.67)中,$p'_{j,\lambda}$表示$m_\lambda(x)$是图4.3所示的接收序列中的第$j$个分组的码字多项式的因式的概率,也就是存储矩阵中第$j$行的码字多项式的因式的概率。

$$p_\lambda{}' = \frac{\sum_{j=1}^{\mu} p'_{j,\lambda}}{\sum_{\lambda=1}^{\varepsilon}\sum_{j=1}^{\mu} p'_{j,\lambda}} \quad (1 \leqslant \lambda \leqslant \varepsilon) \tag{4.67}$$

并且式(4.16)定义的$\Delta H$需要修改为

$$\Delta H = -\sum_{\lambda=1}^{\varepsilon}\frac{1}{\varepsilon}\log\frac{1}{\varepsilon} - \left(-\sum_{\lambda=1}^{\varepsilon} p'_\lambda \log p'_\lambda\right) = \sum_{\lambda=1}^{\varepsilon} p'_\lambda \log p'_\lambda + \log\varepsilon \tag{4.68}$$

为了计算式(4.67)中的$p'_{j,\lambda}$,定义对应最小多项式$m_\lambda(x)$的二进制最小校验矩阵为$\boldsymbol{Hb}_{\min}(m_\lambda(x))$,并计算$\boldsymbol{Hb}_{\min}(m_\lambda(x)) \times \boldsymbol{C}_r = 0$的概率。

$m_\lambda(x)$的系数在GF(2)上,并且$m_\lambda(x)$可写为

$$m_\lambda(x) = g_d x^d + g_{d-1}x^{d-1} + \cdots + g_1 x + g_0 \tag{4.69}$$

式中:$d$为$m_\lambda(x)$的次数;$m_\lambda(x)$的系数$g_d, g_{d-1}, \cdots, g_0$均取自GF(2)。根据$m_\lambda(x)$的这些系数,可以通过以下步骤得到基于最小多项式的最小校验矩阵$\boldsymbol{Hb}_{\min}(m_\lambda(x))$。

(1)假设码长为$l$并且初始化一个矩阵$\boldsymbol{G}$:

$$\boldsymbol{G} = \begin{pmatrix} g_d & g_{d-1} & \cdots & g_1 & g_0 & 0 & \cdots & 0 \\ 0 & g_d & g_{d-1} & \cdots & g_1 & g_0 & 0 & \cdots \\ & \ddots & \ddots & \ddots & \ddots & \ddots & \ddots & \ddots \\ 0 & \cdots & 0 & g_d & g_{d-1} & \cdots & g_1 & g_0 \end{pmatrix} \tag{4.70}$$

在式(4.70)中,行数和列数分别为$l-d$和$l$。

(2)通过初等行变换将$\boldsymbol{G}$的左边$(l-d)\times(l-d)$区域转换为单位矩阵:

$$\boldsymbol{G} = (\boldsymbol{I} \mid \boldsymbol{Q}) \tag{4.71}$$

式中:$\boldsymbol{P}$为一个$l-d$行$d$列的矩阵。

(3)最小校验矩阵可以写为

$$\boldsymbol{Hb}_{\min}(m_i(x)) = (\boldsymbol{Q}^{\mathrm{T}} \mid \boldsymbol{I}) \tag{4.72}$$

根据编码理论的代数原理,可以通过$\boldsymbol{Hb}_{\min}(m_\lambda(x))$计算矫正子向量$\boldsymbol{S}$[59]:

$$\boldsymbol{S} = [S(1), S(2), \cdots, S(n_r)]^{\mathrm{T}} = \boldsymbol{Hb}_{\min}(m_\lambda(x)) \times \boldsymbol{C}_r \tag{4.73}$$

式中:$n_r$为$\boldsymbol{Hb}_{\min}(m_\lambda(x))$的行数,也就是$m_\lambda(x)$的次数。如果$m_\lambda(x)$是$c_r(x)$的一个因式并且传输过程中没有错误发生,那么所有的校正子等于零。如果分组中包含错误或者$m_\lambda(x)$不是$c_r(x)$的因式,那么不是所有的校正子都等于零。所以,当整除生成多项式的最小多项式估计正确时,$\boldsymbol{S}=\boldsymbol{0}$的概率大于参数估计不正确的情形。式(4.67)中的$p'_{j,\lambda}$为

$$p'_{j,\lambda}=\frac{1}{n_r}\sum_{k=1}^{n_r}P_r[\boldsymbol{S_H}(k)=0]\quad(1\leqslant k\leqslant n_r)\tag{4.74}$$

式中：$P_r[\boldsymbol{S_H}(k)=0](1\leqslant k\leqslant n_r)$为$\boldsymbol{S_H}(k)=0$的概率；$k$为$\boldsymbol{Hb}_{\min}(m_\lambda(x))$中相关的行序号。$P_r(\boldsymbol{x})$表示事件$\boldsymbol{x}$发生的概率。实际上，式(4.74)计算的$p'_{j,\lambda}$不是$m_\lambda(x)$整除码字多项式的概率，而仅是所有校正子等于零的概率的平均值。实际的$m_\lambda(x)$整除码字多项式的概率应该等于所有校正子同时为零的概率。然而如4.3.2节所示，所有校正子均为零的概率在不正确的参数估计情形下取决于相关的最小多项式的次数，其概率分布不是均等的。然而，可以用$P_r[\boldsymbol{S_H}(k)=0]$的均值间接描述一个最小多项式是码字多项式的因式的概率，这样，不同最小多项式之间次数的差异带来的影响就会降低。在此条件下，最小多项式是码字多项式的因式的概率分布可以近似均等。

Jing在Reed-Solomon(RS)软进软出译码算法中提出了一种自适应置信度传播方法[195]。其主要思想是在每次迭代译码时依据判决比特的可信度对校验矩阵进行自适应处理。其思想亦被文献[144]采纳来实现RS码的盲帧定位。处理过程降低了不可靠判决比特对校正子计算的影响。本章，在使用式(4.68)之前也采用该算法对最小校验矩阵进行自适应处理。对于一个接收到的码字向量$\boldsymbol{C}_r$和二进制最小校验矩阵$\boldsymbol{Hb}_{\min}(m_\lambda(x))$，处理过程包含以下步骤。

(1)将$\boldsymbol{Hb}_{\min}(m_\lambda(x))$和$\boldsymbol{C}_r^{\mathrm{T}}$结合起来组成一个新的矩阵$\boldsymbol{H}^*(m_\lambda(x))$：

$$\boldsymbol{H}^*(m_\lambda(x))=\begin{bmatrix} r_1 & r_2 & \cdots & r_l \\ \hdashline h_{1,1} & h_{1,2} & \cdots & h_{1,l} \\ h_{2,1} & h_{2,2} & \cdots & h_{2,l} \\ \vdots & \vdots & \ddots & \vdots \\ h_{n_r,1} & h_{n_r,2} & \cdots & h_{n_r,l}\end{bmatrix}\tag{4.75}$$

式中：$r_1,r_2,\cdots,r_l$为码字$\boldsymbol{C}_r$的软判决比特；$\{h_{k,u}|1\leqslant k\leqslant n_r,1\leqslant u\leqslant l\}$为最小校验矩阵$\boldsymbol{Hb}_{\min}(m_\lambda(x))$中的元素。

(2)将式(4.75)中的$r_u(1\leqslant u\leqslant l)$替换为它们的绝对值以构成另一个矩阵$\boldsymbol{H}_r^*(m_\lambda(x))$，调整$\boldsymbol{H}_r^*(m_\lambda(x))$中列的位置以使$\boldsymbol{H}_r^*(m_\lambda(x))$的第一行从小到大重新排列。如式(4.76)所示，$|r_{i_1}|\leqslant|r_{i_2}|\leqslant\cdots\leqslant|r_{i_l}|$并且$i_1,i_2,\cdots,i_l$是$r_{i_1},r_{i_2},\cdots,r_{i_l}$在$\boldsymbol{H}_r^*(m_\lambda(x))$首行中的位置索引。

$$\boldsymbol{H}_r^*(m_\lambda(x))=\begin{bmatrix} |r_{i_1}| & |r_{i_2}| & \cdots & |r_{i_l}| \\ \hdashline h_{1,i_1} & h_{1,i_2} & \cdots & h_{1,i_l} \\ h_{2,i_1} & h_{2,i_2} & \cdots & h_{2,i_l} \\ \vdots & \vdots & \ddots & \vdots \\ h_{n_r,i_1} & h_{n_r,i_2} & \cdots & h_{n_r,i_l}\end{bmatrix}\tag{4.76}$$

$$|r_{i_1}| \leqslant |r_{i_2}| \leqslant \cdots \leqslant |r_{i_l}| \tag{4.77}$$

(3)通过初等行变换使得$\boldsymbol{H}_r^*(m_\lambda(x))$的第一列的最后 $n_r$个元素仅在最上面有一个“1”,如式(4.78)所示。第一行不参与初等变换。

$$\boldsymbol{H}_r^*(m_\lambda(x)) = \begin{bmatrix} |r_{i_1}| & |r_{i_2}| & \cdots & |r_{i_l}| \\ \hdashline 1 & x & \cdots & x \\ 0 & x & \cdots & x \\ \vdots & \vdots & \ddots & \vdots \\ 0 & x & \cdots & x \end{bmatrix} \tag{4.78}$$

此变换将最不可靠比特的影响限制在了一个校正子上。进一步地,继续在$\boldsymbol{H}_r^*(m_\lambda(x))$上进行初等行变换以限制接下来 $n_r-1$ 个不可靠位对校正子的影响,如式(4.79)所示:

$$\boldsymbol{H}_r^*(m_\lambda(x)) = \begin{bmatrix} |r_{i_1}| & |r_{i_2}| & |r_{i_3}| & \cdots & |r_{i_{n_r}}| & |r_{i_{n_r+1}}| & \cdots & |r_{i_{l-1}}| & |r_{i_l}| \\ 1 & 0 & 0 & \cdots & 0 & x & \cdots & x & x \\ 0 & 1 & 0 & \cdots & 0 & x & \cdots & x & x \\ 0 & 0 & 1 & \cdots & 0 & x & \cdots & x & x \\ \vdots & \vdots & \vdots & \ddots & \vdots & \vdots & \ddots & x & x \\ 0 & 0 & 0 & 0 & 1 & x & \cdots & x & x \end{bmatrix} \tag{4.79}$$

当左下 $n_r \times n_r$ 区域变为单位矩阵时,停止操作。此时,$\boldsymbol{H}_r^*(m_\lambda(x))$的后 $n_r$ 行组成一个新的矩阵。恢复其原始序列,记录为 $\boldsymbol{Hb}_{\min\_a}(m_\lambda(x))$。因为变换过程是初等变换,$\boldsymbol{Hb}_{\min\_a}(m_\lambda(x)) \times \boldsymbol{C}_r = 0$ 这一校验关系在硬判决下仍然成立。所以可以依据 $\boldsymbol{Hb}_{\min_a}(m_\lambda(x))$计算概率 $P_r[\boldsymbol{S_H}(k)=0]$。该替换减小了 $n_r$个最不可靠判决的影响。

本节假设发送端发送二进制序列码字并使用 BPSK 调制,并且假设传输信道是二进制对称信道(BSC)并受到加性高斯白噪声(AWGN)的影响。在每次编码配置中,码字中的信息符号是随机选取的。以此为例,下面推导 BPSK 调制情况下二进制循环码编码参数软判决识别分析方法。

根据 BPSK 调制的数学原理,其调制过程可表述为:令 1 和 $-1$ 分别为 0 和 1 的调制符号。在数学上,从比特 $c$ 到符号 $s$ 的调制过程可以表述为 $s=1-2c$,接收端接收到的符号可以写为 $r=s+w$,其中 $w$ 为 AWGN。

根据前述假设,$s$ 是一个等概率二进制随机变量且

$$P_r(s=1) = P_r(s=-1) = 1/2 \tag{4.80}$$

噪声 $w$ 服从正态分布,其概率密度函数如下:

$$f(x) = \frac{1}{\sqrt{2\pi}\sigma}\exp\left(-\frac{x^2}{2\sigma^2}\right) \tag{4.81}$$

所以，$r$ 的条件概率密度为

$$f(r|s)=\frac{1}{\sqrt{2\pi}\sigma}\exp\left(-\frac{(x-s)^2}{2\sigma^2}\right) \tag{4.82}$$

式中：$\sigma^2=\dfrac{1}{2(E_s/N_0)}$为噪声方差。

对于一个给定的软判决接收比特 $r$，可以得到以下条件概率：

$$\begin{aligned}P_r(s=1|r)&=\frac{f(r|s=1)\times P_r(s=1)}{f(r|s=1)\times P_r(s=1)+f(r|s=-1)\times P_r(s=-1)}\\&=\frac{\exp(2r/\sigma^2)}{1+\exp(2r/\sigma^2)}\end{aligned} \tag{4.83}$$

$$P_r(s=-1|r)=1-P_r(s=1|r)=\frac{1}{1+\exp(2r/\sigma^2)} \tag{4.84}$$

令 $\boldsymbol{r}=[r_1,r_2,\cdots,r_n]$为对应调制符号序列 $\boldsymbol{s}=[s_1,s_2,\cdots,s_n]$的软判决接收序列。下面计算 $s_1\oplus s_2=1$ 和 $s_1\oplus s_2=-1$ 的条件概率。根据 $s=1-2c$ 定义的映射操作，有

$$\begin{aligned}&P_r(s_1\oplus s_2=+1|\boldsymbol{r})\\&=P_r(s_1=+1|r_1)\times P_r(s_2=+1|r_2)+P_r(s_1=-1|r_1)\times P_r(s_2=-1|r_2)\\&=\frac{1}{2}+\frac{1}{2}\prod_{u=1}^{2}\frac{\exp(2r_u/\sigma^2)-1}{\exp(2r_u/\sigma^2)+1}\end{aligned} \tag{4.85}$$

$$\begin{aligned}P_r(s_1\oplus s_2=-1|\boldsymbol{r})&=1-P_r(s_1\oplus s_2=+1|\boldsymbol{r})\\&=\frac{1}{2}-\frac{1}{2}\prod_{u=1}^{2}\frac{\exp(2r_u/\sigma^2)-1}{\exp(2r_u/\sigma^2)+1}\end{aligned} \tag{4.86}$$

类似地，可以计算条件概率 $s_1\oplus s_2\oplus s_3=1$ 和 $s_1\oplus s_2\oplus s_3=-1$，如下：

$$\begin{aligned}&P_r(s_1\oplus s_2\oplus s_3=+1|\boldsymbol{r})\\&=P_r(s_1\oplus s_2=+1|\boldsymbol{r})\times P_r(s_3=+1|r_3)+\\&\quad P_r(s_1\oplus s_2=-1|\boldsymbol{r})\times P_r(s_3=-1|r_3)\\&=\frac{1}{2}+\frac{1}{2}\prod_{u=1}^{3}\frac{\exp(2r_u/\sigma^2)-1}{\exp(2r_u/\sigma^2)+1}\end{aligned} \tag{4.87}$$

$$\begin{aligned}&P_r(s_1\oplus s_2\oplus s_3=-1|\boldsymbol{r})\\&=1-P_r(s_1\oplus s_2\oplus s_3=1|\boldsymbol{r})=\frac{1}{2}-\frac{1}{2}\prod_{u=1}^{3}\frac{\exp(2r_u/\sigma^2)-1}{\exp(2r_u/\sigma^2)+1}\end{aligned} \tag{4.88}$$

定义异或和操作为：$\sum\limits_{u=1}^{n}\otimes s_u=s_1\oplus s_2\oplus\cdots\oplus s_n$，并假设异或和的条件概率可以用式(4.89)描述：

$$\begin{cases} P_r\left(\sum_{u=1}^{n}\otimes s_u = +1 \mid \boldsymbol{r}\right) = \frac{1}{2} + \frac{1}{2}\prod_{u=1}^{n}\frac{\exp(2r_u/\sigma^2)-1}{\exp(2r_u/\sigma^2)+1} \\ P_r\left(\sum_{u=1}^{n}\otimes s_u = -1 \mid r\right) = \frac{1}{2} - \frac{1}{2}\prod_{u=1}^{n}\frac{\exp(2r_u/\sigma^2)-1}{\exp(2r_u/\sigma^2)+1} \end{cases} \tag{4.89}$$

那么有

$$\begin{aligned} & P_r\left(\sum_{u=1}^{n+1}\otimes s_u = 1 \mid \boldsymbol{r}\right) \\ & = P_r\left(\sum_{u=1}^{n}\otimes s_u = 1 \mid \boldsymbol{r}\right) \times P_r(s_{n+1} = 1 \mid \boldsymbol{r}) + \\ & \quad P_r\left(\sum_{u=1}^{n}\otimes s_u = -1 \mid \boldsymbol{r}\right) \times P_r(s_{n+1} = -1 \mid \boldsymbol{r}) \\ & = \frac{1}{2} + \frac{1}{2}\prod_{u=1}^{n+1}\frac{\exp(2r_u/\sigma^2)-1}{\exp(2r_u/\sigma^2)+1} \end{aligned} \tag{4.90}$$

$$\begin{aligned} P_r\left(\sum_{u=1}^{n+1}\otimes s_u = -1 \mid \boldsymbol{r}\right) &= 1 - P_r\left(\sum_{u=1}^{n+1}\otimes s_u = 1 \mid \boldsymbol{r}\right) \\ &= \frac{1}{2} - \frac{1}{2}\prod_{u=1}^{n+1}\frac{\exp(2r_u/\sigma^2)-1}{\exp(2r_u/\sigma^2)+1} \end{aligned} \tag{4.91}$$

根据归纳演绎原理，式(4.89)所表述的条件概率是正确的，且可以被简化为

$$\begin{cases} P_r\left(\sum_{u=1}^{n}\otimes s_u = 1 \mid \boldsymbol{r}\right) = \frac{1}{2} + \frac{1}{2}\prod_{i=1}^{n}\tanh(r_u/\sigma^2) \\ P_r\left(\sum_{u=1}^{n}\otimes s_u = -1 \mid \boldsymbol{r}\right) = \frac{1}{2} - \frac{1}{2}\prod_{i=1}^{n}\tanh(r_u/\sigma^2) \end{cases} \tag{4.92}$$

利用式(4.92)，可以计算概率 $P_r[\boldsymbol{S_H}(k)=0]$ 如下：

$$P_r[\boldsymbol{S_H}(k) = 0] = P_r\left(\sum_{v=1}^{w_k}\oplus s_{u_v} = 1 \mid \boldsymbol{r}\right) = \frac{1}{2} + \frac{1}{2}\prod_{v=1}^{w_k}\tanh(r_{u_v}/\sigma^2) \tag{4.93}$$

式中：$w_k$为自适应的最小二进制奇偶校验矩阵 $\boldsymbol{Hb}_{\min\_a}(m_\lambda(x))$ 第 $k$ 行的“1”的个数；$u_v$为 $\boldsymbol{Hb}_{\min\_a}(m_\lambda(x))$ 的第 $k$ 行的第 $v$ 个非零项的位置；$s_{u_v}$、$r_{u_v}$分别为发送的序列的第 $u_v$个调制符号及其在接收端的软判决输出。

在缩短码情况下，一个长度 $l$，缩短长度 $l_s$的码字，可以通过选择常规长度为 $l+l_s$的后 $l$ 个元素组成：

$$\boldsymbol{C}_w = [\underbrace{0 \quad \cdots \quad 0}_{l_s}\underbrace{c_l \quad c_{l-1} \quad \cdots \quad c_0}_{l}] \tag{4.94}$$

其中，$\boldsymbol{C}_w$ 的前 $l_s$个元素为零。因此，可以简单地通过删除 $\boldsymbol{Hb}_{\min}(m_\lambda(x))$ 前

$l_s$列来获得一个缩短码的最小奇偶校验矩阵。

**2. 生成多项式识别**

完成码长和同步位置估计后，扩域的次数 $m$ 也就获得。此时可以列出 GF($2^m$)上所有的最小多项式，并找到生成多项式的因式。这些最小多项式可以根据校正子等于零的概率来识别。

在码长和同步位置识别的过程中，已经计算出了每个最小多项式是接收到的码字多项式的因式的概率。假设估计的码长和扩域的次数分别为 $l$ 和 $m$，GF($2^m$)上的最小多项式的数量为 $\varepsilon$ 并记为 $m_1(x), m_2(x), \cdots, m_\varepsilon(x)$。

根据式(4.93)，对于一个给定的最小校验矩阵 $\boldsymbol{Hb}_{\min}(m_\lambda(x))$，可以计算第 $k$ 个校正子。式(4.95)是 $P_r[\boldsymbol{S_H}(k)=0]$ 的对数似然比(LLR)：

$$L[\boldsymbol{S_H}(k)] = \log\frac{P_r[\boldsymbol{S_H}(k)=0]}{P_r[\boldsymbol{S_H}(k)\neq 0]} = \log\frac{1+\prod_{v=1}^{w_k}\tanh(r_{u_v}/\sigma^2)}{1-\prod_{v=1}^{w_k}\tanh(r_{u_v}/\sigma^2)} = 2\operatorname{artanh}\left[\prod_{u=1}^{w_k}\tanh(r_{u_v}/\sigma^2)\right] \tag{4.95}$$

本节提出一个 $m_\lambda(x)(1\leqslant i\leqslant\varepsilon)$ 是生成多项式的因式的似然判断依据：

$$L(m_\lambda(x)) = \sum_{j=1}^{\mu}\frac{1}{n_r}\sum_{k=1}^{n_r}L_j[S_{\mathbf{Hb}_{\min\_a}(m_\lambda(x))}(k)] \quad (1\leqslant\lambda\leqslant\varepsilon) \tag{4.96}$$

式中：$\boldsymbol{Hb}_{\min\_a}(m_\lambda(x))$ 为对应于 $m_\lambda(x)$ 的自适应奇偶校验矩阵；$\mu$ 为图 4.3 所示的观察窗口 W 中的分组数，也就是存储矩阵的行数；$n_r$ 为 $\boldsymbol{Hb}_{\min\_a}(m_\lambda(x))$ 的行数；$L_j[S_{\mathbf{Hb}_{\min\_a}(m_\lambda(x))}(k)]$ 为在观察窗口 W 的第 $j$ 个分组处由式(4.95)计算的 LLR。根据式(4.96)，可以计算 GF($2^m$)上最小多项式的 LC。通过比较，可以选择 LC 明显高的最小多项式，作为生成多项式的因式的估计，然后生成多项式便可通过式(4.66)得到。

尽管如此，本节提出可以进一步测试若干最似然最小多项式的乘积是生成多项式的因子的概率来提高识别准确率。因为根据校验矩阵的自适应处理，越多的校验等式意味着越多的不可靠位的影响被降低。为了便于计算机自动识别处理，本节提出以下算法步骤估计最优奇偶校验矩阵。

(1)对 GF($2^m$)上所有最小多项式，计算 LC 以构成向量 $\boldsymbol{L}$：

$$\boldsymbol{L} = [L(m_1(x)), L(m_2(x)), \cdots, L(m_\varepsilon(x))] \tag{4.97}$$

(2)将向量 $\boldsymbol{L}$ 从大到小排列，构成$\boldsymbol{L}_R$：

$$\boldsymbol{L}_R = [L(m_{\lambda_1}(x)), L(m_{\lambda_2}(x)), \cdots, L(m_{\lambda_\varepsilon}(x))] \tag{4.98}$$

并记录索引：

$$\boldsymbol{Id} = [\lambda_1, \lambda_2, \cdots, \lambda_\varepsilon] \tag{4.99}$$

式中：$\lambda_\omega(1\leqslant\omega\leqslant\varepsilon)$为$L(m_{\lambda_\omega}(x))$在$\boldsymbol{L}$中的索引。

(3)令$\omega$从1增加到$\varepsilon$，将$m_{\lambda_1}(x)m_{\lambda_2}(x),\cdots,m_{\lambda_\omega}(x)$的最小奇偶校验矩阵结合起来组成$\boldsymbol{H}_\omega$：

$$\boldsymbol{H}_\omega=\begin{pmatrix}\boldsymbol{Hb}_{\min}(m_{\lambda_1}(x))\\\boldsymbol{Hb}_{\min}(m_{\lambda_2}(x))\\\vdots\\\boldsymbol{Hb}_{\min}(m_{\lambda_\omega}(x))\end{pmatrix}\quad(1\leqslant\omega\leqslant\varepsilon)\tag{4.100}$$

完成$\boldsymbol{H}_\omega$的自适应处理后，用式(4.101)计算$\boldsymbol{H}_\omega\times\boldsymbol{C}_r=\boldsymbol{0}(1\leqslant\omega\leqslant\varepsilon)$的LC，并得到LC向量$\boldsymbol{L_H}$如式(4.102)。

$$L(H_\omega)=\sum_{k=1}^{n_r}L[\boldsymbol{S}_{\boldsymbol{H}_\omega}(k)]\quad(1\leqslant\omega\leqslant\varepsilon)\tag{4.101}$$

$$\boldsymbol{L}_H=[L(H_1),L(H_2),\cdots,L(H_\varepsilon)]\tag{4.102}$$

(4)寻找$\boldsymbol{L_H}$的最大值点，记录相应的矩阵$\boldsymbol{H}_{\hat{\omega}}$。

(5)依据式(4.97)和式(4.98)，可以找到多项式$m_{\lambda_1}(x)m_{\lambda_2}(x)\cdots m_{\lambda_{\hat{\omega}}}(x)$并写出生成多项式：

$$g(x)=m_{\lambda_1}(x)m_{\lambda_2}(x)\cdots m_{\lambda_{\hat{\omega}}}(x)\tag{4.103}$$

但在研究工作中我们发现，一些最小多项式容易遗漏。这些最小多项式的最小校验矩阵的行数较小，所以自适应处理过程只能降低较少的不可靠位的影响。例如考虑以下GF($2^6$)上的元素$\alpha^1$、$\alpha^9$和$\alpha^0$的最小奇偶校验矩阵：

$$\begin{cases}m_1(x)=x^6+x^1+1\\m_2(x)=x^3+x^2+1\\m_3(x)=x+1\end{cases}\tag{4.104}$$

$m_1(x)$、$m_2(x)$和$m_3(x)$的次数分别为6、3、1。因此，对应于$m_1(x)$、$m_2(x)$和$m_3(x)$的二进制最小校验矩阵$\boldsymbol{Hb}_{\min}(m_1(x))$、$\boldsymbol{Hb}_{\min}(m_2(x))$和$\boldsymbol{Hb}_{\min}(m_3(x))$的行数也分别为6、3和1。所以，在自适应处理之后，$\boldsymbol{Hb}_{\min}(m_1(x))$、$\boldsymbol{Hb}_{\min}(m_2(x))$和$\boldsymbol{Hb}_{\min}(m_3(x))$分别可以限制6个、3个和1个不可靠位的影响。对于$m_2(x)$和$m_3(x)$，$\boldsymbol{Hb}_{\min_a}(m_2(x))$和$\boldsymbol{Hb}_{\min_a}(m_3(x))$的LC，尤其是$\boldsymbol{Hb}_{\min_a}(m_3(x))$，可能会在信噪比较低时低于不正确最小多项式的LC。为解决此问题，可以在步骤(4)中另外将这些最小校验矩阵与已识别出的其他最小校验矩阵结合，并验证相应的最小多项式是否为生成多项式的因式。增加的步骤详情如下。

(6)列出GF($2^m$)上所有行数低的二进制最小奇偶校验矩阵：$\boldsymbol{Hb}_{\min}(m_{L1}(x))$，$\boldsymbol{Hb}_{\min}(m_{L2}(x))$，$\cdots$，$\boldsymbol{Hb}_{\min}(m_{L\eta}(x))$，其中$\boldsymbol{\eta}$表示低行数的二进制奇偶校验矩阵的数量。

(7)记录$\mathrm{LC}_{\max}=\mathrm{LC}(\boldsymbol{H}_{\hat{\omega}})$并将$\boldsymbol{\tau}$初始化为1。

(8)将$\boldsymbol{H}_{\hat{\omega}}$和$\boldsymbol{Hb}_{\min}(m_{L\tau}(x))$结合起来组成一个新的矩阵$\boldsymbol{H}_{\hat{\omega},\tau}$：

$$H_{\hat{\omega},\tau}=\begin{pmatrix}\boldsymbol{H}_{\hat{\omega}}\\ \boldsymbol{Hb}_{\min}(m_{L\tau}(x))\end{pmatrix} \tag{4.105}$$

(9)如果 $\mathrm{LC}(H_{\hat{\omega},\tau})>0.9\mathrm{LC}_{\max}$，令$\boldsymbol{H}_{\hat{\omega}}=\boldsymbol{H}_{\hat{\omega},\tau}$并且 $\mathrm{LC}_{\max}=\max(\mathrm{LC}_{\max},\mathrm{LC}(\boldsymbol{H}_{\hat{\omega},\tau}))$。

(10)如果$\tau=\eta$，执行步骤(11)；否则，令$\tau=\tau+1$回到步骤(8)。

(11)输出新获得的$\boldsymbol{H}_{\hat{\omega}}$作为最终估计的奇偶校验矩阵并根据与$\boldsymbol{H}_{\hat{\omega}}$对应的最小多项式得到生成多项式。

**3. 总体识别过程**

本节基于前述算法原理将二进制循环码盲识别的总体过程进行总结和规范。在识别之前，可以利用一些先验信息来估计码长可能的范围。然后，遍历所有可能的码长$l$与起始点$t$，选择使式(4.16)定义的$\Delta H$最大化的参数对$(l,t)$作为码长和分组同步位置的估计。注意到为了获得每个码长值1的GF($2^m$)上的最小多项式，必须首先知道域指数$m$。对于一个二进制循环码，其码长为$2^m-1$，而一个缩短码的长度为$l_s=2^m-1-s$，其中$s$是缩短长度。所以，对应一个码长$l$，域指数$m$的最小值是使$l<2^k$的最小整数$k$。$m$的最大值需要根据一些先验信息来获取。对于每个长度1和同步起始位置$t$，遍历所有可能的域指数来计算$\Delta H$，并选择最大的一个记为$\Delta H(l,t)$。完成码长估计后，即可根据4.3节的算法搜索生成多项式因子的最小多项式。

总体识别过程描述如下。

(1)根据一些先验信息，设置码长$l$的搜索范围，也就是设置码长的最小值和最大值：$l_{\min}$和$l_{\max}$。

(2)设计一个窗口W，长度至少为$10\times l_{\max}$。

(3)用接收到的数据将窗口W填满。

(4)令码长$l=l_{\min}$。

(5)将初始的同步位置$t$设置为0，即窗口W的起始位置。

(6)假设码长为$l$，同步位置为$t$，计算$\Delta H$。注意到窗口W包含多个假设的码字，计算所有码字的$\Delta H$并求平均记为$\Delta H(l,t)$。

(7)如果$t<l$，那么令$t=t+1$并返回步骤(6)；如果$t=l$，跳转到步骤(8)。

(8)如果$l<l_{\max}$，那么令$l=l+1$并返回步骤(5)；如果$l=l_{\max}$，跳转到步骤(9)。

(9)比较所有计算所得的$\Delta H(l,t)$，选择其中最大的一个并获取相应的$l$、$t$和$m$的值分别作为码长，同步位置以及该码的伽罗华域指数的估计。

(10)令码长与同步位置为估计出的参数$l$和$t$，从窗口W中获取$\mu$个码字，

列出 $GF(2^m)$ 上的最小多项式 $m_1(x),m_2(x),\cdots,m_\varepsilon(x)$。

(11)对于窗口 W 中的 $\mu$ 个分组,通过式(4.95)和式(4.96)计算 $GF(2m)$ 上最小多项式的 LC,得到式(4.97)所示的 LC 向量。

(12)根据 4.3.3 节的算法步骤识别生成多项式。

最后,需要一个判决阈值来拒绝随机数据。当接收到的数据流不是被二进制循环码编码时,可以认为数据对于所有编码参数都是随机的。当估计出的校验矩阵不似然度不够高时,识别器应当给出一个拒绝所识别的参数的建议。

定义观察窗口中所有分组的 $p'_{j,\lambda}$ 的均值:

$$\text{mean}(p'_{j,\lambda}) = \frac{1}{\mu}\sum_{j=1}^{\mu} p'_{j,\lambda} \tag{4.106}$$

其中,$p'_{j,\lambda}$ 由式(4.95)根据识别出的奇偶校验矩阵 $\boldsymbol{H}_{\hat{\omega}}$ 计算所得,式(4.95)中的 $H$ 是识别出的 $\boldsymbol{H}_{\hat{\omega}}$,$n_r$ 是 $\boldsymbol{H}_{\hat{\omega}}$ 的行数。随机数据与编码数据的 $\text{mean}(p'_{j,\lambda})$ 的分布是分开的。两个分布之间的距离主要取决于噪声水平、$\boldsymbol{H}_{\hat{\omega}}$ 中行的数目,以及观察窗口中的码字分组的数量。根据仿真实验,本节将 0.6 作为经验阈值 $\delta$,以决定接收到的数据是否是随机数据。估计完编码参数后,对观察窗口中所有的编码分组计算 $\text{mean}(p'_{j,\lambda})$。如果 $\text{mean}(p'_{j,\lambda})$ 小于 $\delta$,那么放弃识别结果。

### 4.3.4 仿真验证

本节将通过仿真来说明本书提出的二进制循环码识别分析算法的有效性。在仿真中,假设通信系统采用 BPSK 调试方式并使用二进制循环码作为纠错编码。信号传输信道为 AWGN 信道,信道转换概率为 $\tau$,信噪比用 $E_s/N_0$(dB)表示。本节所列的仿真结果主要包含三个部分,其中前两部分分硬判决和软判决两种情况对 4.3.2 节和 4.3.3 节给出的二进制循环码编码参数识别分析算法过程进行进一步的直观阐释。第三部分将给出几种二进制循环码在不同信道噪声下的识别分析性能,并与已有参考文献中的方法进行对比。

首先,考虑硬判决的情况。假设信道信噪比 $E_s/N_0=4.93$dB,相应信道转换概率 $\tau=10^{-2.2}$,在仿真中设置存储矩阵的行数 $\mu=100$。以定义在 $GF(2^6)$ 上的 $n=63$、$k=36$ 的二进制循环码[记为 CYC(63,36)]为例,说明其参数识别分析过程。该码的构造方法,是由本原多项式为 $x^6+x+1$ 的 BCH(63,36)码,缩短 1b,再增加一个最小多项式 $x+1$ 作为生成多项式的因式,即该码的生成多项式的因式为下列最小多项式的乘积:

$$\begin{cases} m_1(x)=x^6+x+1 \\ m_2(x)=x^6+x^4+x^2+x+1 \\ m_3(x)=x^6+x^4+x^2+x+1 \\ m_4(x)=x^6+x^5+x^2+x+1 \\ m_5(x)=x^3+x^2+1 \\ m_{13}(x)=x+1 \end{cases} \tag{4.107}$$

在 GF($2^m$)上共有 13 个最小多项式,它们分别是

$$\begin{cases} m_1(x)=x^6+x+1 \\ m_2(x)=x^6+x^4+x^2+x+1 \\ m_3(x)=x^6+x^4+x^2+x+1 \\ m_4(x)=x^6+x^5+x^2+x+1 \\ m_5(x)=x^3+x^2+1 \\ m_6(x)=x^6+x^5+x^3+x^2+1 \\ m_7(x)=x^6+x^4+x^3+x^1+1 \\ m_8(x)=x^6+x^5+x^4+x^2+1 \\ m_9(x)=x^2+x^1+1 \\ m_{10}(x)=x^6+x^5+x^4+x+1 \\ m_{11}(x)=x^3+x+1 \\ m_{12}(x)=x^6+x^5+1 \\ m_{13}(x)=x+1 \end{cases} \tag{4.108}$$

如 4.3.2 节的算法步骤所描述,在进行码长和分组同步位置估计时,先不考虑 $x+1$ 这个最小多项式。当按照正确的编码参数填充存储矩阵时,在域指数和码长识别分析过程中,计算式(4.53)所示的向量 $\boldsymbol{Y}$,如图 4.5 所示。而当填充存储矩阵的编码参数不正确时,向量 $\boldsymbol{Y}$ 如图 4.6 所示。当按照正确的编码参数填充校验矩阵时,式(4.53)的向量 $\boldsymbol{Y}$ 应当具有较大的方差。

完成域指数和码长的估计后,需要对整除生成多项式的最小多项式进行预估,即 4.3.2 节 3 中的第二轮计算步骤。其中,计算式(4.63)中的 $\boldsymbol{D}'$ 如图 4.7 所示。此时可以清晰判断,最小多项式 $m_1(x)$、$m_2(x)$、$m_3(x)$、$m_4(x)$ 和 $m_5(x)$ 为该码的生成多项式的因式,而其余的最小多项式则不是。

依据图 4.7 所示的 $\boldsymbol{D}'$ 向量,即可通过 4.3.2 节 3 的算法步骤可对分组同步位置的估计进行修正。

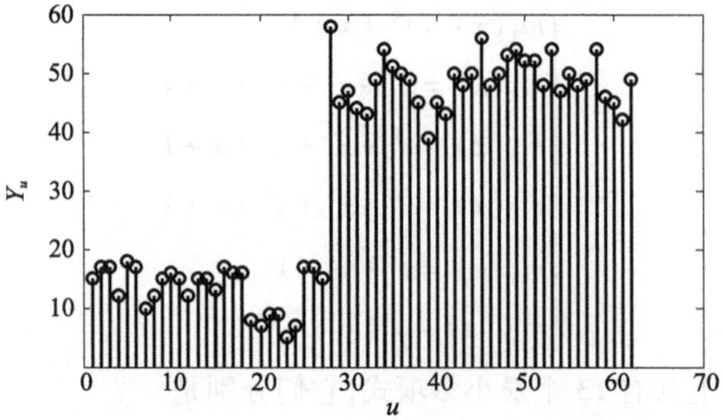


图 4.5　硬判决 CYC(63,36)编码参数正确时的向量 $\boldsymbol{Y}$

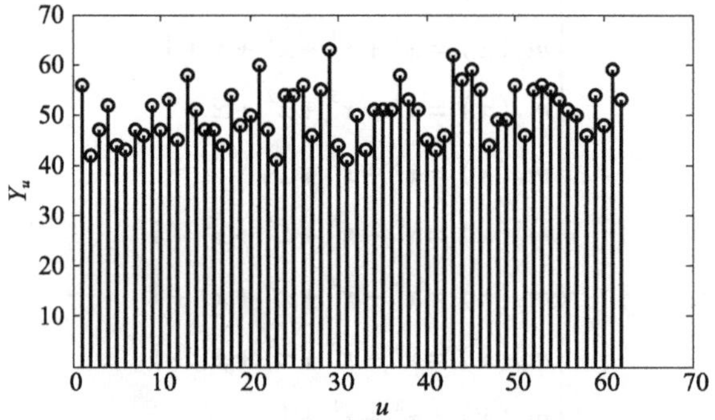


图 4.6　硬判决 CYC(63,36)编码参数不正确时的向量 $\boldsymbol{Y}$

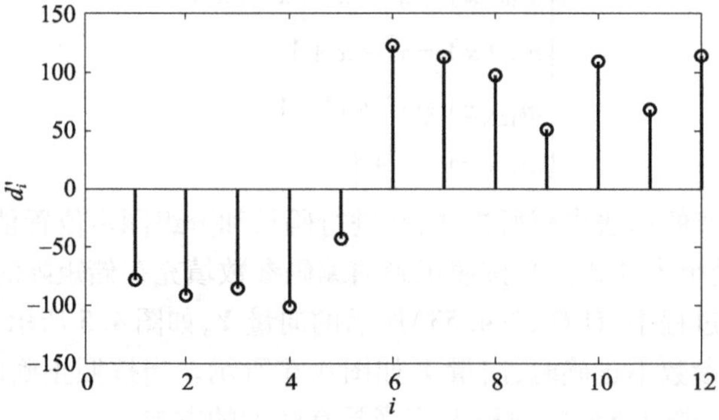


图 4.7　硬判决 CYC(63,36)生成多项式识别时的 $\boldsymbol{D}'$ 向量

在此基础上，基于估计出的码长、域指数以及分组同步位置，即可按照 4.3.2 节 4 中给出的算法步骤进行生成多项式的识别分析，如图 4.8 所示。其中，图 4.8(a)所示为通过取反操作改造了的最小多项式 $x+1$ 的最小校验矩阵后，式(4.59)给出的向量 $\boldsymbol{Y}$。同时，按照式(4.58)计算式(4.60)中的阈值向量如图 4.8(b)所示。将向量 $\boldsymbol{Y}$ 与对应的阈值作差后得到的向量 $\boldsymbol{D}$ 和 $\boldsymbol{D}'$ 分别如

图 4.8(c)和(d)所示。由图 4.8(d)可以清晰判读,估计出的整除生成多项式的最小多项式与仿真设置中式(4.107)所列最小多项式一致。

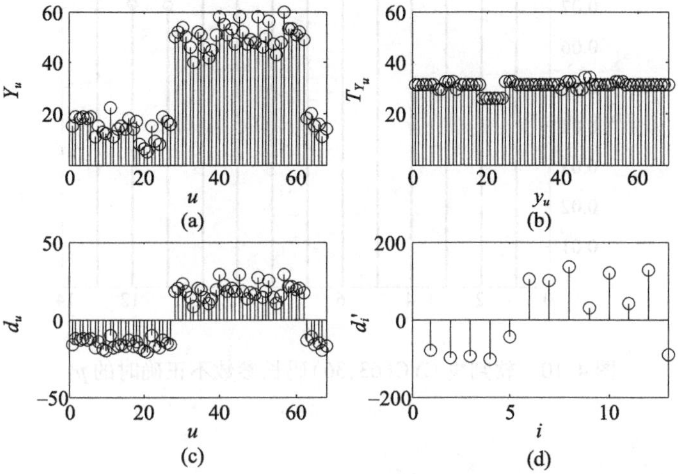

图 4.8　硬判决 CYC(63,36)生成多项式参数识别

下面仿真验证基于软判决的二进制循环码编码参数识别分析过程。当应用本节提出的算法识别 BCH (63,51)码时,码长和同步位置识别过程的仿真结果如图 4.9 ~ 图 4.11 所示。在仿真中,信噪比 $E_s/N_0=5\text{dB}$,相应的误码率为 $10^{-2.19}$。图 4.9 是当 $l=63$ 和 $m=6$ 并且帧定位正确时由式(4.67)定义的 $p'_\lambda$ 的值。图 4.10 是参数不正确时的情形。从这两幅图可以看出,当码长和同步位置被正确估计时,一些最小多项式是接收码字多项式因式的概率较高。其中明显较高者是在生成多项式因式的最小多项式处计算所得的。如果基于的编码参数不正确,这样的性质便不存在。

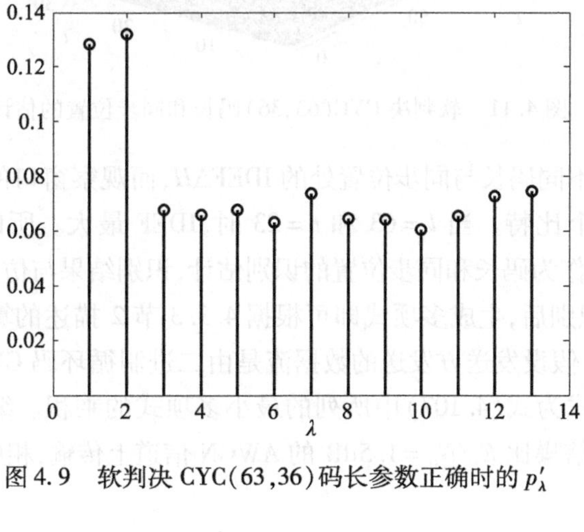

图 4.9　软判决 CYC(63,36)码长参数正确时的 $p'_\lambda$

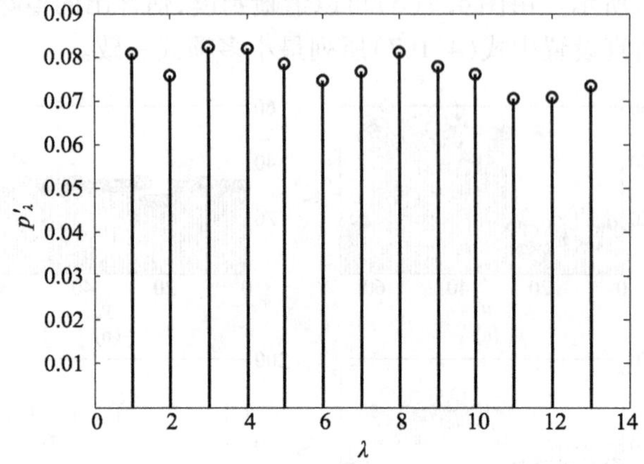


图 4.10　软判决 CYC(63,36)码长参数不正确时的 $p'_\lambda$

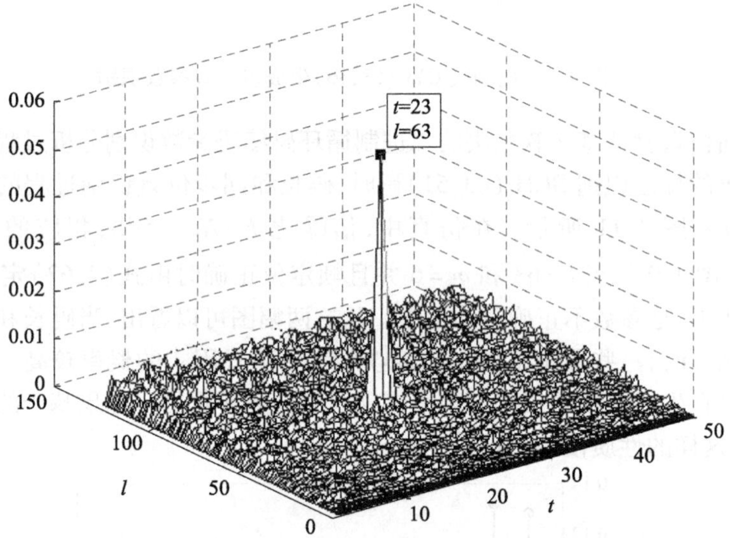


图 4.11　软判决 CYC(63,36)码长和同步位置的估计

图 4.11 为不同码长与同步位置处的 IDEF$\Delta H$,而观察窗口的第一个比特为某个码字的第 40 个比特。当 $l=63$ 和 $t=23$ 时,IDEF 最大。所以,将 $l=63$ 和 $t=23+lk(k\in\mathbb{Z}^+)$ 作为码长和同步位置的识别估计,识别结果与仿真设置相吻合。

完成码长识别后,生成多项式即可根据 4.3.3 节 2 描述的算法通过搜索最小多项式来识别。假设发送方发送的数据流是由二进制循环码 CYC(63,36)所编码的,其生成多项式为式(4.107)中所列的最小多项式的乘积。编码后的信号采用 BPSK 调制并在信噪比 $E_s/N_0=1.5\text{dB}$ 的 AWGN 信道上传输,相应的信道转换概率

(也就是硬判决误码率)约为 $4\times10^{-2}$。识别过程如图 4.12、图 4.13所示。

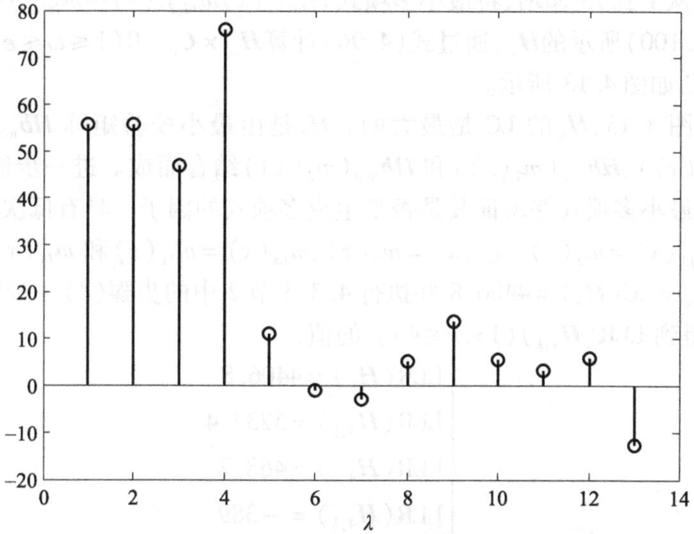


图 4.12　软判决 CYC(63,36)不同最小多项式的初始 LC

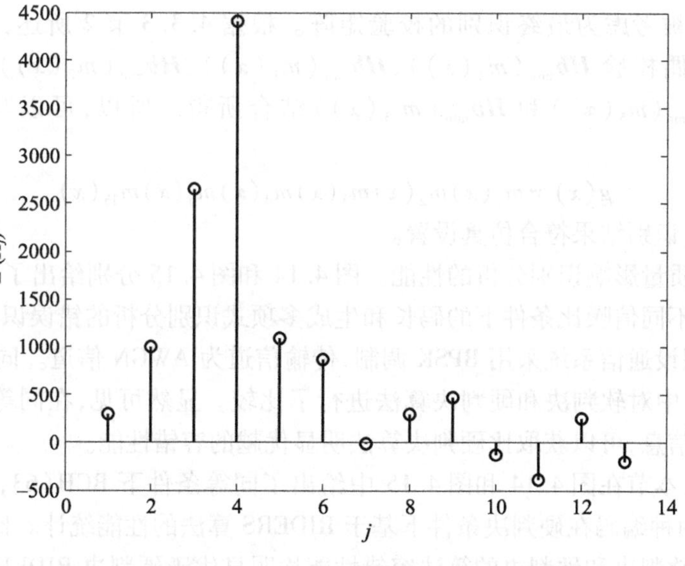


图 4.13　软判决 CYC(63,36)基于组合的$\boldsymbol{H}_\omega$ 的 LC

GF($2^6$)上共有 13 个最小多项式,列于式(4.108)中。图 4.12 所示为 GF($2^6$)上不同的最小多项式是观察窗口中码字多项式因式的初始 LC。将初始的 LC 重新从大到小排列,得到新的向量$\boldsymbol{L}_R$ 并记录索引 **Id**:

$$\mathbf{Id} = [4 \quad 1 \quad 2 \quad 3 \quad 9 \quad 5 \quad 12 \quad 10 \quad 8 \quad 11 \quad 6 \quad 7 \quad 13] \tag{4.109}$$

令$\omega$从1到13递增,将最小多项式$m_{Id(1)}(x)m_{Id(2)}(x)\cdots m_{Id(\omega)}(x)$结合起来组成式(4.100)所示的$\boldsymbol{H}_\omega$,通过式(4.96)计算$\boldsymbol{H}_\omega \times \boldsymbol{C}_r = 0(1 \leqslant \omega \leqslant \varepsilon)$的LC。计算出的LC如图4.13所示。

根据图4.13,$\boldsymbol{H}_4$的LC是最大的。$\boldsymbol{H}_4$是由最小校验矩阵$\boldsymbol{Hb}_{\min}(m_4(x))$、$\boldsymbol{Hb}_{\min}(m_1(x))$、$\boldsymbol{Hb}_{\min}(m_2(x))$和$\boldsymbol{Hb}_{\min}(m_3(x))$结合而成。进一步地,列出所有低次数的最小多项式并验证其是否是生成多项式的因子。具有低次数的最小多项式为$m_{L1}(x) = m_5(x)$、$m_{L2}(x) = m_9(x)$、$m_{L3}(x) = m_{11}(x)$和$m_{L4}(x) = m_{13}(x)$。记录$\mathrm{LC}_{\max} = \mathrm{LC}(\boldsymbol{H}_4) = 4406.8$并执行4.3.3节2中的步骤(8)~步骤(10)。最终,可以得到$\mathrm{LLR}(\boldsymbol{H}_{4,k})(1 \leqslant k \leqslant 4))$的值:

$$\begin{cases} \mathrm{LLR}(\boldsymbol{H}_4) = 4406.8 \\ \mathrm{LLR}(\boldsymbol{H}_{4,1}) = 5237.4 \\ \mathrm{LLR}(\boldsymbol{H}_{4,2}) = 468.2 \\ \mathrm{LLR}(\boldsymbol{H}_{4,3}) = -389 \\ \mathrm{LLR}(\boldsymbol{H}_{4,4}) = 5424.7 \end{cases} \tag{4.110}$$

显然,$\mathrm{LLR}(\boldsymbol{H}_{4,1}) > 0.9 \times \mathrm{LLR}(\boldsymbol{H}_4)$且$\mathrm{LLR}(\boldsymbol{H}_{4,4}) > 0.9 \times \mathrm{LLR}(\boldsymbol{H}_{4,1})$。所以,$\boldsymbol{H}_{4,4}$应被考虑为最终识别的校验矩阵。根据4.3.3节2所述,$\boldsymbol{H}_{4,4}$是通过将最小奇偶校验$\boldsymbol{Hb}_{\min}(m_4(x))$、$\boldsymbol{Hb}_{\min}(m_1(x))$、$\boldsymbol{Hb}_{\min}(m_2(x))$、$\boldsymbol{Hb}_{\min}(m_3(x))$、$\boldsymbol{Hb}_{\min}(m_5(x))$和$\boldsymbol{Hb}_{\min}(m_{13}(x))$结合所得。所以,可以写出生成多项式:

$$g(x) = m_1(x)m_2(x)m_3(x)m_4(x)m_5(x)m_{13}(x) \tag{4.111}$$

可见,识别结果符合仿真设置。

信道质量影响识别分析的性能。图4.14和图4.15分别给出了几种二进制循环码在不同信噪比条件下的码长和生成多项式识别分析的错误识别概率。其中,仍然假设通信系统采用BPSK调制,传输信道为AWGN信道。同时,图4.14和图4.15中对软判决和硬判决算法进行了比较。显然可见,在同等条件下,利用软判决信息,可以获取比硬判决算法明显优越的容错性能。

同时,本节在图4.14和图4.15中给出了同等条件下BCH(63,51)和BCH(31,21)两种编码在硬判决条件下基于RIDERS算法的性能统计。比较可见,本节给出的软判决和硬判决的算法容错性能均明显优于硬判决RIDERS算法的容错性能。

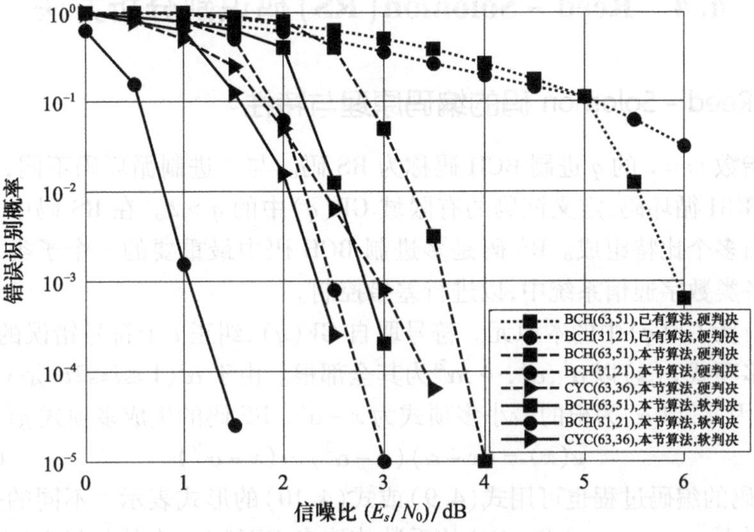


图 4.14　二进制循环码码长识别分析性能统计与比较

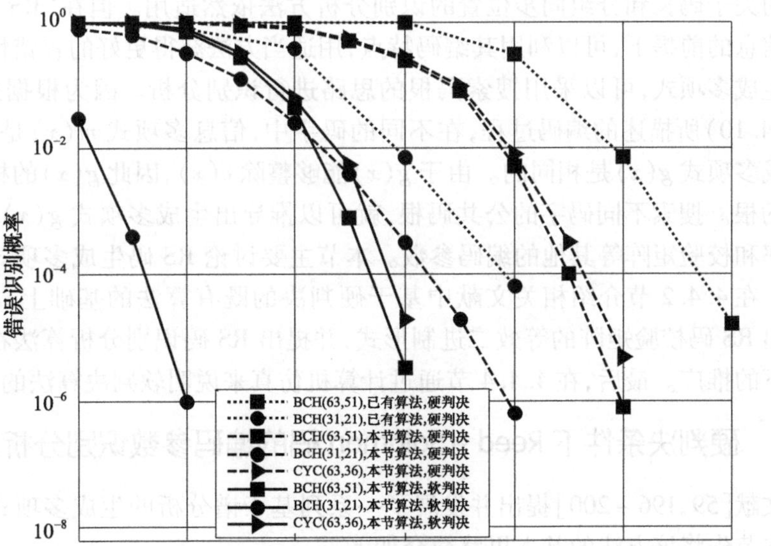


图 4.15　二进制循环码生成多项式识别分析性能统计与比较

# 4.4 Reed-Solomon(RS)码识别分析方法

## 4.4.1 Reed-Solomon 码的编码原理与特性

域指数 $m=1$ 的 $q$ 进制 BCH 码称为 RS 码。与二进制循环码不同,RS 码是多进制 BCH 循环码,定义该码的有限域 GF($q$)中的 $q>2$。在 RS 码中,一个编码符号由多个比特组成。RS 码是多进制 BCH 码中最重要的一个子类,被广泛应用于各类数字通信系统中,以进行差错控制。

令 $\alpha$ 为 GF($q$)中的本原元。符号取自 GF($q$)、纠正 $t$ 个符号错误的 RS 码,其生成多项式 $g(x)$ 以 $\alpha^1,\alpha^2,\cdots,\alpha^{2t}$ 为其全部根。由于 $\alpha^i(1\leqslant i\leqslant 2t)$ 是 GF($q$)中的元素,因此,以 $\alpha^i$ 为根的最小多项式为 $x-\alpha^i$。RS 码的生成多项式 $g(x)$ 为

$$g(x)=(x-\alpha)(x-\alpha^2)\cdots(x-\alpha^{2t}) \tag{4.112}$$

RS 码的编码过程也可用式(4.9)或式(4.10)的形式表示。不同的是,在二进制情形下,$m(x)$、$g(x)$ 和 $c(x)$ 的系数均取自 GF($2^m$),也就是只有“0”和“1”两个可能的取值,而对于 RS 码,$m(x)$、$g(x)$ 和 $c(x)$ 的系数取自 GF($q$)上的符号,每个符号对应一组固定长度的二进制代码段。RS 码为线性分组码,第 2 章给出的关于码长和分组同步位置的识别分析方法依然适用。但在“RS 码”这一先验信息的前提下,可以利用其编码特点,用适当方法获得更好的容错性能。而对于生成多项式,可以采用搜索码根的思路进行识别分析。因为根据式(4.9)或式(4.10)所描述的编码过程,在不同的码字中,信息多项式 $m(x)$ 是不同的,而生成多项式 $g(x)$ 是相同的。由于 $g(x)$ 能够整除 $c(x)$,因此 $g(x)$ 的根也就是 $c(x)$ 的根。搜索不同码字的公共码根,就可以推导出生成多项式 $g(x)$,进而得到码率和校验矩阵等其他的编码参数。本节主要讨论 RS 码生成多项式的识别分析。在 4.4.2 节介绍相关文献中基于硬判决的既有算法的基础上,在 4.4.3 节给出 RS 码校验矩阵的等效二进制形式,并提出 RS 码识别分析算法在软判决情形下的推广。最后,在 4.4.4 节通过计算机仿真来说明软判决算法的优越性。

## 4.4.2 硬判决条件下 Reed-Solomon 码的编码参数识别分析算法

文献[59,196-200]提出并发展了一系列基于谱分析的生成多项式识别方法。本节先将该方法的基本思路简介如下。

假设存在系数取自 GF($q$)上的多项式 $a(x)$:

$$a(x)=a_{n-1}x^{n-1}+a_{n-2}x^{n-2}+\cdots+a_1x+a_0,\ a_i(0\leqslant i\leqslant n-1)\in \mathrm{GF}(q) \tag{4.113}$$

则定义它在 GF($q$)上的谱多项式为

$$A(z) = A_{q-1}z^{q-1} + A_{q-2}z^{q-2} + \cdots + A_1 z + A_0 = \sum_{i=0}^{q-1} A_i z^i \tag{4.114}$$

其中

$$A_j = \sum_{i=1}^{n-1} a_i \alpha^{ji} \quad (0 \leqslant j \leqslant q-1) \tag{4.115}$$

$\alpha$ 为 GF($q$)上的本原元。那么,当且仅当 GF($q$)上的元素 $\alpha^j$($0 \leqslant j \leqslant q-1$)为多项式 $a(x)$ 的根时,有 $A_j = 0$。令

$$\boldsymbol{a} = [a_{n-1} \quad a_{n-2} \quad \cdots \quad a_0] \tag{4.116}$$

$$\boldsymbol{A} = [A_{q-1} \quad A_{q-2} \cdots \quad A_0] \tag{4.117}$$

则称由式(4.114)和式(4.108)定义的从 $\boldsymbol{a}$ 到 $\boldsymbol{A}$ 的映射为 $\boldsymbol{a}$ 在 GF($q$)上的傅里叶变换,或向量 $a$ 在 GF($q$)上的谱表示。

根据 RS 码的编码特性,码字多项式具有 $2t$ 个连续根。因此,码字多项式系数在 GF($q$)上的傅里叶变换应该具有 $2t$ 个连续的零元素。遍历所有可能的分组长度及本原多项式对若干组接收的码字做傅里叶变换,当其中满足一定数量的码字对应的傅里叶变换具有相同个数的连零时,认为当前傅里叶变换所基于的本原多项式和分组长度为该码编码所基于的本原多项式和码长。进而,根据 $\boldsymbol{A}$ 中连零的个数和位置即可获得生成多项式的根并根据式(4.105)给出生成多项式的识别分析结果。

可以看出,该算法思想需要依赖这样一个限制条件:在所接收的编码序列中,至少包含一部分在传输过程中没有发生错误的完整码字。只有如此,才能在其傅里叶变换中出现连零。而这限制了编码参数识别分析的容错性能,且需要较大的数据量。另外,常规方法均仅考虑了常规码长即码长为 $2^m-1$ 的情况(其中 $m$ 为描述 RS 码所基于的本原多项式的次数),而未考虑实际工程中被广泛应用的缩短码情形。下面,本章将利用软判决信息,提出在软判决条件下突破上述限制条件,提高 RS 码编码参数识别分析性能的方法。

### 4.4.3　软判决条件下 Reed – Solomon 码的编码参数识别分析算法

在硬判决条件下,4.4.2 节给出的码谱分析法通过验证 $A_j$($0 \leqslant j \leqslant q-1$)是否为零来判断 GF($q$)上的元素 $\alpha^j$ 是否为多项式 $a(x)$ 的根。而在软判决条件下,本章依据判决比特的可靠性给出 GF($q$)上的元素 $\alpha^j$ 是多项式 $a(x)$ 的根的可能性,即概率。为实现该概率的计算,首先本节借鉴文献[195,201]的方法给出 RS 码校验矩阵二进制映像的概念。

考虑一个 GF($2^m$)上码长为 $N$,信息长度为 $K$ 的($N$, $K$) RS 码 $\boldsymbol{C}_s$,其在 GF($2^m$)上的校验矩阵 $\boldsymbol{H}_s$ 为

$$\boldsymbol{H}_s=\begin{pmatrix}\alpha^{(N-1)} & \cdots & \alpha^2 & \alpha & 1\\ \alpha^{2(N-1)} & \cdots & \alpha^4 & \alpha^2 & 1\\ \vdots & \ddots & \vdots & \vdots & \vdots\\ \alpha^{(N-K)(N-1)} & \cdots & \alpha^{2(N-K)} & \alpha^{(N-K)} & 1\end{pmatrix}\tag{4.118}$$

其中,$\alpha$ 是 GF($2^m$)上的一个本原元。尽管 RS 码是非二进制码,其码字可以表示为二进制形式。其奇偶校验矩阵 $\boldsymbol{H}_s$ 也有等效的二进制映像。本节定义 $\boldsymbol{C}_b$ 为一个($N,K$) RS 码向量 $\boldsymbol{C}_s$ 的二进制表示,$\boldsymbol{H}_b$ 为其奇偶校验矩阵的等效二进制形式。那么,$\boldsymbol{C}_b$ 是一个码长为 $n=N\times m$、信息元数目为 $k=K\times m$ 的线性分组码。$\boldsymbol{H}_b$ 可以通过用一个二进制伴随矩阵 $\boldsymbol{B}$ 替换 $\boldsymbol{H}_s$ 中的 $\alpha$ 来获得。对于本原多项式:

$$p(x)=x^m+p_{m-1}x^{m-1}+\cdots+p_2x^2+p_1x+p_0,\ p_i(0\leqslant i\leqslant m-1)\in \mathrm{GF}(2^m)\tag{4.119}$$

伴随矩阵 $\boldsymbol{B}$ 为

$$\boldsymbol{B}=\begin{pmatrix}0 & 0 & \cdots & 0 & p_0\\ 1 & 0 & \cdots & 0 & p_1\\ 0 & 1 & \cdots & 0 & p_2\\ \vdots & \vdots & \ddots & \vdots & \vdots\\ 0 & 0 & \cdots & 1 & p_{m-1}\end{pmatrix}\tag{4.120}$$

通过上述映射,即可得到一个二进制的校验矩阵和二进制的编码序列。基于此变换,即可将 RS 码编码参数识别问题转换为二进制循环码的识别问题,将 RS 码视为二进制线性分组码来研究,以便利用每个接收比特的软判决信息。从而可以借鉴4.3 节二进制循环码识别分析的算法,略加调整即可适用于 RS 码的识别分析。在此之前,需要借助前述映射方法,本节给出针对 RS 码的最小校验矩阵的概念。若 $\alpha$ 是 GF($2^m$)上的一个本原元,那么 GF($2^m$)上的元素 $\alpha^j$ 对应的最小校验矩阵为

$$\boldsymbol{H}_{\min}(\alpha^j)=((\alpha^j)^{(N-1)}\ \cdots\ (\alpha^j)^2\ \ (\alpha^j)\ \ 1)\tag{4.121}$$

显然,对于一个 GF($2^m$)上符号表示的有效的码字 $\boldsymbol{C}$,若 $\alpha^j$ 是生成多项式的根,那么有

$$\boldsymbol{H}_{\min}(\alpha^j)\times\boldsymbol{C}=0\tag{4.122}$$

同样根据 RS 码校验矩阵的映射原理,可以分别获得最小校验矩阵 $\boldsymbol{H}_{\min}(\alpha^j)$ 和符号表示的码字向量 $\boldsymbol{C}$ 的二进制映像 $\boldsymbol{Hb}_{\min}(\alpha^j)\boldsymbol{Hb}_{\min}(\alpha^j)$ 和 $\boldsymbol{C}_b$,其中 $\boldsymbol{Hb}_{\min}(\alpha^j)$ 和 $\boldsymbol{C}_b$ 的元素均取自二元域 GF($2^m$)。

**1. 码长、本原多项式识别与盲分组同步**

对于码长、本原多项式及盲分组起始点识别分析的算法步骤如下。该算法将缩短码的情况也考虑在内。

(1)设置本原多项式次数 $m$ 的搜索范围,即设置 $m_{\min}$ 和 $m_{\max}$。在实际工程

应用中，通常 $m<13$。

(2)基于 $m$，确定码长 $n$ 的搜索范围：$n_{\min}=\omega m, n_{\max}=(2^m-1)m$，其中 $\omega$ 为小于或等于 $2^m-1$ 的正整数。根据一般的工程应用，可以将 $\omega$ 设为小于 $(2^m-1)/2$ 的最大整数；若在此范围内无法识别出正确的编码参数，则可考虑减小 $\omega$ 的取值以扩大码长搜索范围，此时可设 $\omega=3$。

(3)列出系数取自 $GF(2^m)$ 上的所有 $m$ 次本原多项式并将其编号，分别记为

$$p^{(m,1)}(x), \quad p^{(m,2)}(x), \quad \cdots, \quad p^{(m,\gamma)}(x) \tag{4.123}$$

式中：$\gamma$ 为 $m$ 次本原多项式的个数。

(4)令 $i=1$。

(5)基于本原多项式 $p^{(m,i)}(x)$，构造式(4.113)所示的伴随矩阵 $\boldsymbol{B}$。

(6)设置分组同步位置初始值 $n_0=1$。

(7)设码长为 $n$，从接收序列的第 $n_0$ 个比特开始，将数据填充到存储矩阵中。

(8)根据二进制循环码的 $\Delta H$ 的计算方法计算存储矩阵中所有行向量的 $\Delta H$，并求平均记为 $\Delta H(l,n_0)$。

(9)如果 $n_0<n$，那么令 $n_0=n_0+1$ 并返回步骤(7)；如果 $n_0=n$，跳转到步骤(10)。

(10)如果 $n<n_{\max}$，那么令 $n=n+m$ 并返回步骤(6)；如果 $n=n_{\max}$，跳转到下一步。

(11)如果 $i<\gamma$，那么令 $i=i+1$ 并返回步骤(5)；如果 $i=\gamma$，跳转到下一步。

(12)如果 $m<m_{\max}$，那么令 $m=m+1$ 并返回步骤(2)；如果 $m=m_{\max}$，跳转到下一步。

(13)比较所有计算所得的 $\Delta H(l,n_0)$，选择其中最大的一个并获取相应的 $l$、$t$ 和构造有限域所基于的本原多项式，分别作为码长、同步位置以及被识别的码的本原多项式的估计。

**2. 生成多项式识别**

假设估计出的二进制码长为 $n$、同步位置为 $n_0$、本原多项式为 $p(x)$，将接收序列从第 $t$ 个比特开始，按照码长参数为 $n$ 重新填入存储矩阵，并利用本原多项式 $p(x)$ 构造有限域 $GF(2^m)$ 和 $GF(2^m)$ 上各个元素的最小校验矩阵及其二进映像，其中 $m$ 为识别出的本原多项式 $p(x)$ 的次数。

根据RS码的编码特点，其生成多项式 $g(x)$ 的根为基于 $p(x)$ 的 $GF(2^m)$ 上的元素 $\alpha,\alpha^2,\cdots,\alpha^{2t}$，即从 $\alpha$ 开始的 $2t$ 个连续幂次，其中 $\alpha$ 为 $GF(2^m)$ 上基于本原多项式 $p(x)$ 的本原元。又由于在式(4.79)所示的校验矩阵自适应处理过程中，矩阵的行数越多意味着更多的不可靠判决比特对计算结果的影响被限制，因而也就意味着计算结果的可靠性越高。基于以上两点，在对RS码的生成多项式识别分析时，可以省去对 $GF(2^m)$ 上单个元素是码根的概率的计算统计。从 $\alpha$ 开始，首先计

算 $\alpha$ 和 $\alpha^2$ 的最小校验矩阵联合起来的矩阵满足校验关系的概率，再计算 $\alpha$、$\alpha^2$、$\alpha^3$ 和 $\alpha^4$ 的最小校验矩阵联合起来的矩阵满足校验关系的概率，然后计算 $\alpha$、$\alpha^2$、$\alpha^3$、$\alpha^4$、$\alpha^5$ 和 $\alpha^6$，以此类推。在此过程中，在到达 $\alpha^{2t}$之前，满足校验关系的概率的计算结果应当呈现递增的趋势；当明显不再递增时，即可推导出该码的硬判决纠错能力 $t$ 并得到生成多项式的根。进一步地，可依据式(4.112)得到生成多项式。为便于计算机软件自动处理，下面列出 RS 码生成多项式识别分析的具体算法步骤。

(1)依据码长分析环节识别出的码长 $n$ 和同步位置 $n_0$，从接收序列的第 $n_0$ 个比特开始将数据填充到 $\mu$ 行 $n$ 列的存储矩阵中。

(2)依据码长分析环节识别出的本原多项式 $p(x)$ 构造有限域 GF$(2^m)$，并设 GF$(2^m)$的本原元为 $\alpha$。

(3)令 $i=1$。

(4)构造以下临时校验矩阵 $\boldsymbol{H}_i$，并转换成二进制形式 $\boldsymbol{Hb}_i$。

$$\boldsymbol{H}_i=\begin{pmatrix} \alpha^{(N-1)} & \cdots & \alpha^2 & \alpha & 1 \\ \alpha^{2(N-1)} & \cdots & \alpha^4 & \alpha^2 & 1 \\ \vdots & \ddots & \vdots & \vdots & \vdots \\ \alpha^{2i(N-1)} & \cdots & \alpha^{2i} & \alpha^i & 1 \end{pmatrix} \tag{4.124}$$

(5)存储矩阵中每行为一个码字，依据每行码字中每个判决比特的可靠性对 $\boldsymbol{Hb}_i$ 进行自适应处理得到 $\boldsymbol{Hb}_i^{\ *}$，并计算 $\boldsymbol{Hb}_i^{\ *}$ 满足各行码字校验关系的概率，计算方法与二进制循环码情况下式(4.74)所示的计算方法相同。将各行码字的计算结果相加，记为 $S_i$。

(6)如果 $i>1$ 且 $S_i<0.9S_{i-1}$，那么令 $\hat{t}=i$ 作为该码硬判决纠错能力的估计并输出生成多项式：

$$g(x)=(x-\alpha)(x-\alpha^2)\cdots(x-\alpha^{2t}) \tag{4.125}$$

(7)如果 $i<2^{m-1}$，令 $i=i+1$ 并返回步骤(4)；如果 $i=2^{m-1}$，停止计算并报告识别分析失败。

### 4.4.4 仿真验证

由于 RS 码的识别分析过程及原理与二进制循环码类似，仅略有更改。因此，本节不再对算法实现过程进行仿真演示，而是直接给出几种不同参数的 RS 码在不同信噪比条件下的盲识别性能并与已有参考文献中基于硬判决的算法进行对比，以说明引入软判决信息后对编码参数识别容错性能的显著提升。

在仿真中，假设通信系统采用 BPSK 调试方式并使用 Reed - Solomon 码作为纠错编码。信号传输信道为 AWGN 信道，信道转换概率为 $\tau$，信噪比用 $E_s/N_0$(dB)表示。

对码长、分组同步和本原多项式识别分析的仿真结果如图4.16所示。对生成多项式识别分析的仿真结果如图4.17所示。其中，基于硬判决和软判决算法的存储矩阵的行数$\mu$统一设置为50。可以看见，在同等条件下，软判决算法的容错性能明显优于硬判决算法，说明本节提出的基于软判决可靠度信息的算法对编码参数识别分析的性能提升效果非常显著。

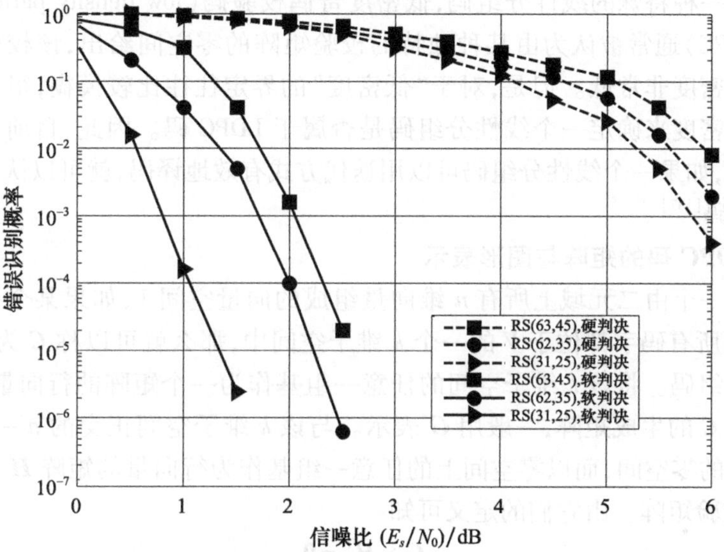


图4.16 RS码码长识别分析性能统计与比较

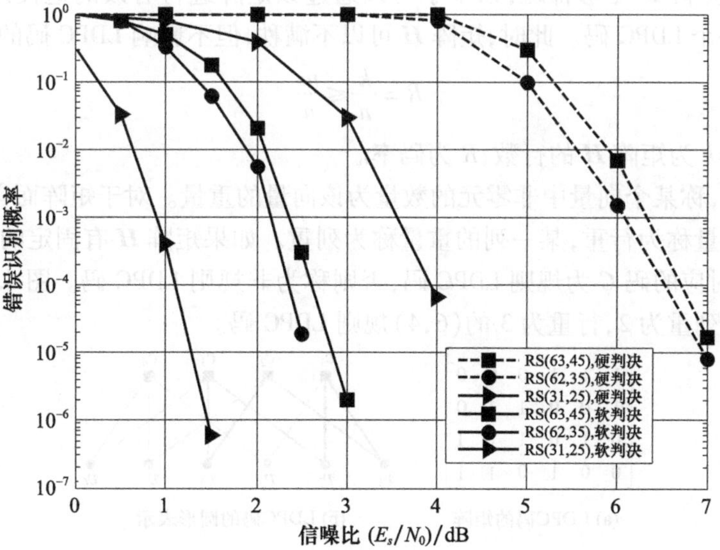


图4.17 RS码生成多项式识别分析性能统计与比较

# 4.5 LDPC 码识别分析方法

## 4.5.1 LDPC 码基础

作为一种特殊的线性分组码，低密度奇偶校验码（low density parity - check codes，LDPC）通常被认为由某种独特的校验矩阵的零空间给出，该校验矩阵中非零元的密度非常低。但是，对于“低密度”的界定往往比较模糊，很难单纯从非零元的密度来确定一个线性分组码是否属于 LDPC 码。因此，目前比较公认的做法是，如果一个线性分组码可以用迭代方式有效地译码，就可以认为它是一个 LDPC 码[187]。

**1. LDPC 码的矩阵与图形表示**

考虑一个由二元域上所有 $n$ 维向量组成的向量空间 $V$，如果某个二进制分组码 $C$ 的所有码字都位于 $V$ 的一个 $k$ 维子空间中，那么就可以称 $C$ 为一个 $(n,k)$ 线性分组码。将该 $k$ 维子空间的任意一组基作为一个矩阵的行向量，则该矩阵就是码 $C$ 的生成矩阵，一般用 $\boldsymbol{G}$ 表示。与该 $k$ 维子空间正交的 $n-k$ 维子空间称为它的零空间，而以零空间上的任意一组基作为行向量的矩阵 $\boldsymbol{H}$ 则被称为码 $C$ 的校验矩阵。由它们的定义可知

$$\boldsymbol{G}\times\boldsymbol{H}^{\mathrm{T}}=\boldsymbol{0} \tag{4.126}$$

式中：$\boldsymbol{0}$ 为一个全零矩阵。

如果矩阵 $\boldsymbol{H}$ 足够稀疏，以至于可以通过该矩阵进行有效的迭代译码，则称码 $C$ 为一个 LDPC 码。此时，矩阵 $\boldsymbol{H}$ 可以不满秩，但不影响 LDPC 码的码率，即

$$R=\frac{k}{n}\leqslant\frac{m}{n} \tag{4.127}$$

式中：$m\geqslant k$ 为矩阵 $\boldsymbol{H}$ 的行数；$R$ 为码率。

通常，称某个向量中非零元的数量为该向量的重量。对于矩阵而言，其中某一行的重量称为行重，某一列的重量称为列重。如果矩阵 $\boldsymbol{H}$ 有固定的行重和列重，则称对应的码 $C$ 为规则 LDPC 码，否则称为非规则 LDPC 码。图 4.18(a) 给出了一个列重为 2，行重为 3 的 (6,4) 规则 LDPC 码。

$$\begin{bmatrix}1&1&1&0&0&0\\1&0&0&1&1&0\\0&1&0&1&0&1\\0&0&1&0&1&1\end{bmatrix}$$

(a) LDPC码的矩阵

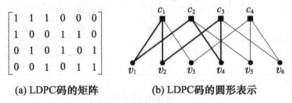

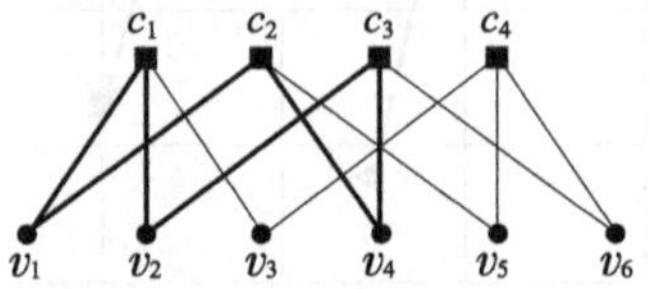


(b) LDPC码的圆形表示

图 4.18　LDPC 码的矩阵与图形表示

除了使用矩阵描述 LDPC 码,Tanner 图也是一种可以完全表示 LDPC 码的方法。它在描述 LDPC 码的迭代译码算法时起到了蓝图的作用,因此也被广泛使用。图4.18(b)为与图4.18(a)所示矩阵对应的 Tanner 图。一个 Tanner 图中通常包含两种节点,分别是变量节点(variable nodes,VN)和校验节点(check nodes,CN),它们分别对应了 LDPC 码校验矩阵的列和行。而校验矩阵中的非零元意味着对应的 Tanner 图中相应的节点之间存在边。因此,校验矩阵中的行指定了相应校验节点的连接,而列指定了对应变量节点的连接。在对 LDPC 码进行迭代译码时,每个节点对应了一个局部的计算单元,它们通过边传递消息,这些消息在节点之间不断传递,并在节点中更新,直到译码成功或者达到最大迭代次数。由于传递的消息通常是概率信息,因此这种译码结构也称置信传播(belief propagation,BP)译码。在 BP 译码的过程中,为了保证足够多的译码性能,通常希望消息在沿着边传递时不会或者尽可能晚地回到出发点,因为由某个节点发出的消息不会为该节点之后的运算提供更多的信息。这种需求对 Tanner 图中边的结构提出了一定的要求,即 Tanner 图中不应该存在由一系列边组成的封闭路径,或者这个封闭路径应该尽可能地包含更多的边。这种封闭路径通常称为环[140],组成环的边的个数称为环长。因此,Tanner 图中应当尽可能地避免短环。此外,Tanner 图中所有环的最小长度称为该图的围长。图4.18(b)中的粗线组成了一个长为6的环,Tanner 图中与某个节点相连的边的数量称为该节点的度,根据 Tanner 图与校验矩阵的对应关系,图中校验节点与变量节点的度分别与校验矩阵的行重和列重对应。一个规则 LDPC 码对应的 Tanner 图中两种节点的度是固定的;而非规则 LDPC 码的度则随着节点的变化而变化,通常使用度分布多项式来描述。如下所示:

$$\lambda(\boldsymbol{X}) = \sum_{d=1}^{d_v} \lambda_d \boldsymbol{X}^{d-1} \tag{4.128}$$

式中:$\lambda(\boldsymbol{X})$为变量节点的度分布多项式;$\lambda_d$ 为度为 $d$ 的变量节点占变量节点总数的比例;$d_v$ 为变量节点的最大度。类似地,校验节点的度分布多项式可以表示为

$$\rho(\boldsymbol{X}) = \sum_{d=1}^{d_c} \rho_d \boldsymbol{X}^{d-1} \tag{4.129}$$

式中:$\rho_d$ 为度为 $d$ 的校验节点占校验节点总数的比例;$d_c$ 为校验节点的最大度。度分布多项式可以用来衡量一个 LDPC 码集的平均性能,在设计 LDPC 码时,通常首先使用一些全局优化算法得到最优的度分布,以获取更低的译码门限。

LDPC 码于20世纪60年代由 Gallager 首次提出后,直到90年代才被重新发现和进一步推广。在 LDPC 码的编译码研究中,基于置信度传播算法的迭代译码方法在码长较长的情况下 LDPC 码纠错译码中能够获得十分接近香农限的

误码性能。因此,自21世纪以来LDPC码逐渐在数字通信和存储系统的差错控制中得到广泛应用。

**2. QC - LDPC 码**

与随机LDPC码相比,QC - LDPC码因其校验矩阵中的准循环结构而拥有更加高效的译码算法[202]。这种准循环结构不仅存在于校验矩阵中,也存在于生成矩阵中,还存在于码字中。其中,生成矩阵的准循环结构带来了更加简单的编码器结构[203],而码字中的准循环结构主要表现为分段循环移位后的不变性,即一个QC - LDPC码的码字经过分段循环移位后仍然是该码的码字。经过精心设计的QC - LDPC码可以获得与随机LDPC码相同的纠错能力,因此被大量研究并应用。一个典型的QC - LDPC码的校验矩阵如下:

$$\boldsymbol{H}=\begin{bmatrix}\boldsymbol{h}_{0,0} & \boldsymbol{h}_{0,1} & \cdots & \boldsymbol{h}_{0,t-1}\\ \boldsymbol{h}_{1,0} & \boldsymbol{h}_{1,1} & \cdots & \boldsymbol{h}_{1,t-1}\\ \vdots & \vdots & & \vdots\\ \boldsymbol{h}_{s-1,0} & \boldsymbol{h}_{s-1,1} & \cdots & \boldsymbol{h}_{s-1,t-1}\end{bmatrix} \tag{4.130}$$

对于每个$0\leqslant i\leqslant s-1$以及$0\leqslant j\leqslant t-1$,子矩阵$\boldsymbol{h}_{i,j}$要么是一个循环阵,要么是一个全零矩阵。它们的大小都是$b\times b$。这里的循环阵既可以是多个单位矩阵循环移位不同程度后的叠加,例如国际空间数据系统咨询委员会(Consultative Committee for Space Data Systems, CCSDS)在关于空间数据系统标准中建议的LDPC码[204];也可以是单个单位矩阵的循环移位,例如IEEE802.11n[205]、IEEE802.16e[206]等标准中使用的LDPC码。由于后者的结构通常更加简洁,而且在实际应用中使用更加广泛。本节之后所称的QC - LDPC码都是指后者,其循环阵的每行和每列都只有一个非零元。通过循环阵置换某个原模图中的边是QC - LDPC码的一种常见构造方法,此时称循环阵为循环置换矩阵(circulant permutation matrix, CPM),而这种置换过程称为提升。通常,由一个性能良好的原模图经过一次提升就可以得到纠错能力很强的QC - LDPC码,例如5G标准中使用的LDPC码[207]。然而,最近一些研究发现,相对于只提升一次,对原模图的多次提升可以得到更大的围长和最短距离[208]。

### 4.5.2 LDPC码的编码参数识别分析算法

如4.2节和4.3节所示,循环码的构造过程是基于严格的代数结构的。因此,在对循环码识别分析时,可以构造基于不同编码参数的校验矩阵,与接收到的数据进行匹配,参数组合是有限的。而与此不同的是,LDPC码的构造过程并不基于严格的代数结构,甚至有些码的构造过程是依靠计算机穷举搜索获得校验矩阵的。因此,校验矩阵的形式千变万化。并且由于通常LDPC码采用的码长较长,依靠遍历不同参数进行匹配的方法是不能实现的。

文献[84 - 95]提出的针对 LDPC 码的识别分析算法是基于已知的候选参数集合的识别检测方法,即从某个已知的编码参数集合中找出似然度最大的一个。此类方法对自适应编码调制(ACM)比较适用。因为 ACM 是在收发双方合作通信的前提下,发送方可以根据信道条件,在有限的参数集合中选择适合当前信道条件的编码参数进行编码,而接收端用同样的参数集合进行匹配识别。而对于非合作通信背景,无法预先构造这样一个候选参数集合,因此文献[84 - 95]的方法不再适用。文献[184 - 186]针对非合作通信背景给出了基于搜索最小重量码字[106]的方法识别 LDPC 码。其主要思想是,由于码字空间为校验矩阵的零空间,因此可将校验矩阵看作对偶码的生成矩阵,搜索对偶码中码重小的码字即可作为对该码校验矩阵的估计。但此类方法在进行迭代搜索之前需要对存储矩阵进行高斯消元操作,任何一个误码都有可能经过高斯消元过程扩散到其他码字上,而事先无法确认接收到的数据流中可能发生误码的位置。文献[209]给出了一种通过矩阵初等变换直接获取对偶码的估计的方法。该方法免去了繁杂的迭代运算,但只能给出一个等效的校验矩阵而无法给出低密度的校验矩阵。其算法所得的校验矩阵可以看作原始的低密度校验矩阵的初等行变换,不是所有的行都具有较低密度的“1”,甚至校验矩阵中还包含大量的 4 环,并不利于后续的译码处理。

本节在前述文献工作的基础上,结合文献[106]和文献[209]两种识别分析思路,给出一种新的、更易快速得到准确的校验矩阵的识别分析算法。对于码长和分组起始位置的识别分析,可以采用第 2 章给出的方法,这里不再赘述。本节给出在估计出码长和同步位置的基础上估计低密度校验矩阵的算法。该算法过程主要包含三个部分。首先估计等效系统校验矩阵,其次对校验矩阵的行向量的“1”的密度进行预估,最后进一步得到低密度校验矩阵。其中,第一部分的算法步骤基于文献[209]的方法并进行一些改进以期得到更加准确的等效校验矩阵。第二部分通过一个初步的迭代分析获得部分稀疏校验向量并预估低密度校验矩阵中行向量的“1”的密度,为进一步搜索最小质量对偶码提供参考以降低搜索耗时。第三部分基于准确的等效校验矩阵采用文献[106]的方法搜索最小质量对偶码进而恢复出低密度奇偶校验矩阵。

第一部分的算法过程描述如下。

(1)假设估计出的码长为 $n$,从接收序列中某个编码分组的起始位置开始,将接收到的比特序列填入行数为 $\mu$、列数位 $n$ 的存储矩阵 $\boldsymbol{X}$ 中。其中,$\mu$ 取经验值:$\mu=2n$。初始化标记参数 $u=0,\nu=0$。初始化计数器 cnt $=0$。

(2)将矩阵 $\boldsymbol{X}$ 进行初等变换化为下三角矩阵,具体步骤如下:

初始化:令 $\boldsymbol{L}=\boldsymbol{X}$,令 $\boldsymbol{A}$ 和 $\boldsymbol{B}$ 分别为 $\mu$ 阶单位矩阵和 $n$ 阶单位矩阵。

迭代:令 $i$ 从 1 到 $n$ 变化,顺次进行如下操作。

①如果 $\boldsymbol{L}$ 的第 $i$ 行第 $i$ 列处的元素为0，那么令 $j$ 从 $i$ 到 $n$；如果 $\boldsymbol{L}$ 的第 $i$ 行第 $j$ 列为“1”，那么置换 $\boldsymbol{L}$ 和 $\boldsymbol{B}$ 的第 $i$ 列和第 $j$ 列。

②如果 $L$ 的第 $i$ 行第 $i$ 列处的元素为0，那么令 $j$ 从 $i$ 到 $\mu$；如果 $\boldsymbol{L}$ 的第 $j$ 行第 $i$ 列为“1”，那么置换 $\boldsymbol{L}$ 和 $\boldsymbol{A}$ 的第 $i$ 行和第 $j$ 行。

③如果 $\boldsymbol{L}$ 的第 $i$ 行第 $i$ 列处的元素为1，那么令 $j$ 从 $i+1$ 到 $n$；如果 $\boldsymbol{L}$ 的第 $i$ 行第 $j$ 列为“1”，那么将 $\boldsymbol{L}$ 和 $\boldsymbol{B}$ 的第 $i$ 列与第 $j$ 列异或后替换第 $j$ 列。

输出：输出矩阵 $\boldsymbol{A}$、$\boldsymbol{B}$ 以及变换所得的下三角矩阵 $\boldsymbol{L}$。此时有

$$\boldsymbol{L}=\boldsymbol{A}\times\boldsymbol{X}\times\boldsymbol{B} \tag{4.131}$$

(3)截取矩阵 $\boldsymbol{L}$ 的第 $n+1$ 行到第 $\mu$ 行记为 $\boldsymbol{Q}$，记录 $\boldsymbol{Q}$ 中每列的“1”的数量并存入向量 $\boldsymbol{Z}$ 中：

$$\boldsymbol{Z}=[z_1 \quad z_2 \quad \cdots \quad z_n] \tag{4.132}$$

式中：$z_i(1\leqslant i\leqslant n)$ 为 $\boldsymbol{Q}$ 中第 $i$ 列的“1”的个数。

(4)如果向量 $\boldsymbol{Z}$ 中存在小于 $n/5$ 的元素，那么在向量 $\boldsymbol{Z}$ 中找到这些元素并记录其下标，同时取出 $\boldsymbol{B}$ 中对应的列(如果 $z_i<n/5$，那么取出对应 $\boldsymbol{B}$ 中的第 $i$ 列)。将所有从 $\boldsymbol{B}$ 中取出的列组成一个新的矩阵 $\boldsymbol{H}$，并令 $u=1$。如果向量 $\boldsymbol{Z}$ 中不存在小于 $n/5$ 的元素，那么令 $u=0$。

(5)如果 $u=0$ 那么执行步骤(6)；否则，进行如下操作：

①如果 $\nu=0$，则令 $\boldsymbol{H}^*=\boldsymbol{H}$ 且令 $v=1$；否则，将 $\boldsymbol{H}^*$ 与 $\boldsymbol{H}$ 合并。

②对 $\boldsymbol{H}^*$ 的列向量的线性相关性进行分析，留下一组最大线性无关组替换 $\boldsymbol{H}^*$，抛弃其余的列向量，并计算此时 $\boldsymbol{H}^*$ 的秩。

(6)如果当前记录的秩与前一次迭代相同并且大于0，那么令 cnt = cnt + 1；否则，令 cnt = 0。

(7)如果 cnt 大于某一阈值(推荐经验值20)，那么停止循环迭代，执行步骤(9)。

(8)清空存储矩阵，继续从信道中读取长度为 $n$ 的分组 $\boldsymbol{C}$，如果 $\boldsymbol{C}\times\boldsymbol{H}^*=\boldsymbol{0}$，那么将 $\boldsymbol{C}$ 填入存储矩阵 $\boldsymbol{X}$，否则抛弃 $\boldsymbol{C}$ 不填充。直到存储矩阵 $\boldsymbol{X}$ 填满 $\mu$ 行为，返回执行步骤(2)。以此迭代，直到 cnt 满足步骤(7)中的阈值条件或迭代次数达到设定的最大迭代次数上限时停止迭代并执行下一步。

(9)输出 $\boldsymbol{H}^*$ 作为等效校验矩阵的估计。同时，依据此时 $\boldsymbol{H}^*$ 的秩即可估计码率：由于在步骤(5)中经过线性相关性分析只留下了 $\boldsymbol{H}^*$ 的列向量中的最大线性无关组，因此 $\boldsymbol{H}^*$ 的秩等于 $\boldsymbol{H}^*$ 的列数。假设 $\boldsymbol{H}^*$ 的列数为 $d$，那么根据线性分组码的一般编码理论，码率为 $(n-d)/n$。

上述算法过程主体思路基于文献[121]进行了一些改进。与文献[121]相比，较显著的改进有以下几处。

(1)在步骤(4)中给出了具体的参考阈值，并经大量仿真实验验证了该阈值

的可靠性；

(2)在每次迭代过程中在步骤(5)中剔除 $\boldsymbol{H}^*$ 的线性相关的列，只留下线性无关的列，更符合 LDPC 码的编译码特点；

(3)通过步骤(6)和步骤(7)自动识别码率，并提出了提前停止迭代的判断方法及阈值，无须对码率有先验了解；

(4)通过步骤(8)，在找到一部分有效的校验向量后，可以进一步地在迭代过程中尽可能选择错误率低的码字参与计算，从而大大提高算法的收敛速度，更加高效地还原出准确的等效校验矩阵。

令 $\hat{k}=n-d$，至此通过上述算法得到了一个等效校验矩阵 $\boldsymbol{H}^*$。此时的 $\boldsymbol{H}^*$ 虽然对有效码字 $\boldsymbol{C}$ 满足 $\boldsymbol{C}\times\boldsymbol{H}^*=\boldsymbol{0}$ 校验关系，但仍是一个“1”的密度比较高的矩阵，甚至含有很多4环。因此，该矩阵还不宜作为 LDPC 码的校验矩阵进行迭代译码。下面需要将矩阵 $\boldsymbol{H}^*$ 中“1”的密度进行稀疏化处理，即引出校验矩阵识别分析的第二部分算法。这一部分算法主要是针对 $\boldsymbol{H}^*$ 进行一些预处理，对原始低密度校验矩阵行向量的“1”的密度进行初步估计。详细的算法步骤如下。

(1)令 $i=1$。

(2)令 $j=1$。

(3)如果 $i\neq j$，计算 $\boldsymbol{H}^*$ 第 $i$ 列和第 $j$ 列的异或记为向量 $\boldsymbol{h}$。

(4)计算 $\boldsymbol{H}^*$ 第 $j$ 列的 Hamming 重量 $w_j$ 和 $\boldsymbol{h}$ 的 Hamming 重量 $w_h$，如果 $w_h<w_j$，用 $\boldsymbol{h}$ 替换 $\boldsymbol{H}^*$ 的第 $j$ 列。

(5)如果 $j<d$($d$ 即 $\boldsymbol{H}^*$ 的列数)，那么令 $j=j+1$ 并返回步骤(3)；否则，执行下一步。

(6)如果 $i<d$，那么令 $i=i+1$ 并返回步骤(2)。否则，执行下一步。

(7)计算此时 $\boldsymbol{H}^*$ 中“1”的个数并记录。

(8)如果连续10次 $\boldsymbol{H}^*$ 的“1”的个数记录不再变化，那么停止迭代，执行下一步；否则，返回步骤(1)继续迭代计算。

(9)找出 $\boldsymbol{H}^*$ 中“1”的密度显著极低且具有相同的“1”的密度的列向量并进行记录，这些向量的最大线性无关组组成集合 $\boldsymbol{S}$。同时将这些向量的平均 Hamming 重量取整后记录为 $w$。

完成上述操作后，即可进入第三部分的算法。将 $\boldsymbol{H}^*$ 的转置通过初等行变换化为系统形式并推导出相应的系统生成矩阵 $\boldsymbol{G}$，依据文献[121]的方法搜索 $\boldsymbol{G}$ 的零空间中 Hamming 重量在 $w\pm0.2w$ 内的码字。当搜索到的码字与集合 $\boldsymbol{S}$ 中的向量线性无关时，将其加入集合 $\boldsymbol{S}$ 中，直到 $\boldsymbol{S}$ 中的低重量线性无关向量个数达到 $d$ 则停止搜索。进一步将 $\boldsymbol{S}$ 中的向量组合起来构成校验矩阵的最后估计。

文献[81－83]也采用搜索最小重量对偶码的方法对 LDPC 码的校验矩阵进行识别分析。与此相比，本书给出的算法进行了如下几个方面的改进。

(1)经过第一部分的运算得到了准确的等效校验矩阵,从而使在进行最小重量对偶码搜索时矩阵 $\boldsymbol{G}$ 成为可靠的计算依据。

(2)经过第一部分的运算得到了对码率的估计,从而为最小重量对偶码的搜索提供了合适的停止迭代的条件。

(3)经过第二部分的计算,对最小重量对偶码搜索过程的对偶码重量进行了限制,因此能够大大降低搜索耗时。

至此,本节给出了完整的还原 LDPC 码低密度校验矩阵的算法过程,为 LDPC 码校验矩阵的识别分析提供了规范、可靠并且高效的计算依据。

### 4.5.3 仿真验证

本节将对 4.5.2 节给出的 LDPC 码校验矩阵识别分析算法过程进行仿真验证。码长和分组同步参数的识别分析采用第 2 章给出的方法,此处不再赘述。因此本节给出的仿真结果仅在已经识别分析得到的码长和分组起始点的基础上对校验矩阵进行识别。在仿真设置中假设通信发送方采用码长 $n=1000$、信息位长度 $k=700$ 的 LDPC 码进行编码,用 BPSK 方式调制后经 AWGN 信道发送,信道噪声水平用信噪比表示为 $E_s/N_0$。

在估计得到码长和分组起始位置之后,将接收到的数据序列填入存储矩阵并按照 4.5.2 节给出的第一部分算法获取初步的等效校验矩阵。在信噪比 $E_s/N_0=8\text{dB}$ 的情况下,相应的误码率为 $10^{-3.72}$。此时,4.3.3 节第一部分算法中第一次迭代时步骤(2)计算所得的矩阵 $\boldsymbol{L}$、$\boldsymbol{A}$、$\boldsymbol{B}$ 和向量 $\boldsymbol{Z}$ 如图 4.19 所示。为便于显示,$\boldsymbol{L}$、$\boldsymbol{A}$、$\boldsymbol{B}$ 三个矩阵用"·"表示"1",空白表示"0"。由图 4.19 可见,向量 $\boldsymbol{Z}$ 中部分元素的值显著较低。将图 4.19 中的椭圆标示部分细节放大后如图 4.20 所示,向量 $\boldsymbol{Z}$ 共有 172 个元素的值显著较低(低于阈值 $n/5$)。将对应的 $\boldsymbol{B}$ 中的列取出并留下一个最大线性相关组,即可继续进行下一次迭代。

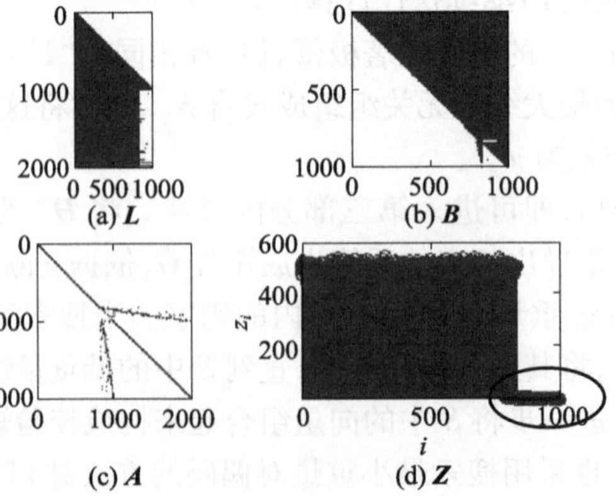


图 4.19　LDPC 等效校验矩阵识别分析:计算 $\boldsymbol{L}$、$\boldsymbol{A}$、$\boldsymbol{B}$、$\boldsymbol{Z}$

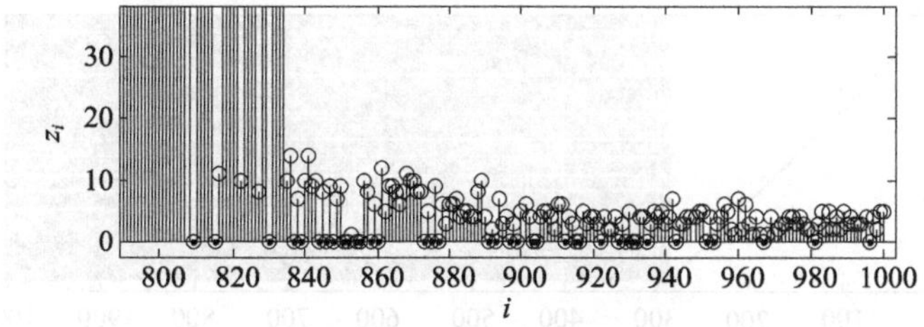


图 4.20　向量 **Z** 的局部放大

在迭代过程中，一旦找到部分有效的校验向量，算法将会快速收敛。图 4.21 所示为信噪比 $E_s/N_0$ 分别为 7.0dB、7.2dB 和 7.5dB 时迭代过程中记录的 $\boldsymbol{H}^*$ 的秩。横轴为迭代序号，纵轴表示每次迭代后的 $\boldsymbol{H}^*$ 的秩。当 $\boldsymbol{H}^*$ 的秩连续 20 次保持不变时停止迭代，此时读出 $\boldsymbol{H}^*$ 的秩为 300，即可知该码的信息位长度为 700，码率 7/10，符合仿真设置。

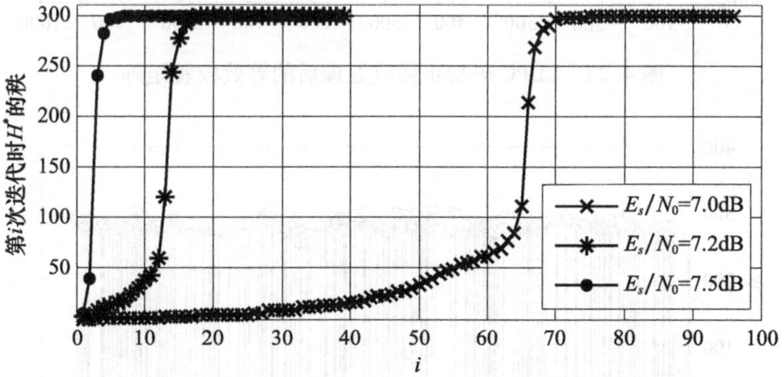


图 4.21　LDPC 码识别中不同信噪比下迭代过程中 $\boldsymbol{H}^*$ 的秩的记录

此时所得的等效校验矩阵 $\boldsymbol{H}^*$ 虽然是准确有效的校验矩阵，满足校验关系，但其中“1”的密度很大，如图 4.22 所示为 $\boldsymbol{H}^*$ 的转置，无法用来对 LDPC 码进行译码。接下来可依据 4.5.2 节给出的第二部分算法对 $\boldsymbol{H}^*$ 的转置通过初等行变换进行一些降低密度的初步操作。之后，可以得到图 4.23 所示的校验矩阵。该矩阵含有部分低重量的校验向量，如图 4.24 所示为其各行的重量。其中，纵轴 $w_i$ 表示图 4.23 所示矩阵中第 $i$ 行的 Hamming 重量。

同时从图 4.24 中可以读出低密度校验向量的 Hamming 重量约为 10。据此，再进一步采用 4.5.2 节第三部分的算法，即可完成低密度校验码的最终识别，结果如图 4.25 所示。图 4.26 所示为图 4.25 中矩阵中各行的 Hamming 重量。可见，此时校验矩阵中“1”的密度已满足 LDPC 码的译码要求。由于各行的“1”的密度并不完全一致，该码为一个非规则 LDPC 码。

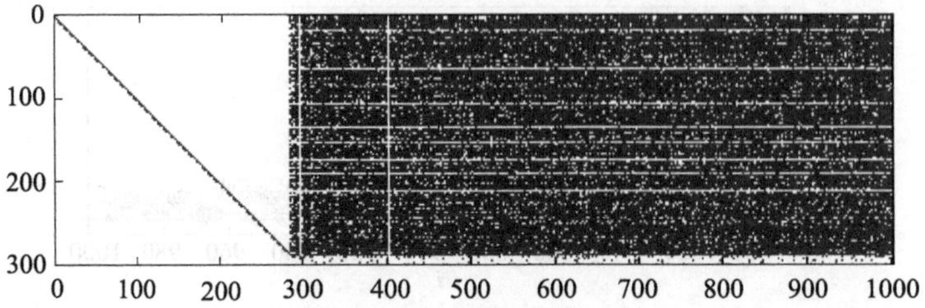


图 4.22 LDPC 码等效校验矩阵

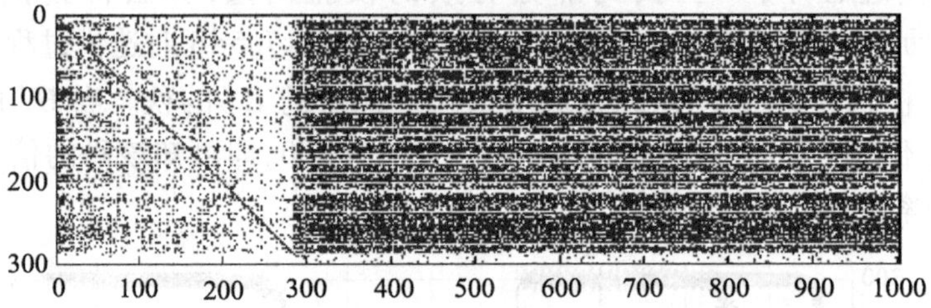


图 4.23 LDPC 码初步稀疏处理后的等效校验矩阵

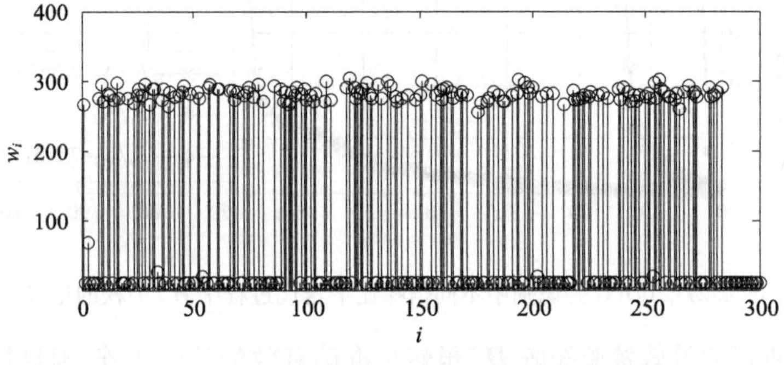


图 4.24 LDPC 码初步处理后的等效校验矩阵各行的 Hamming 重量

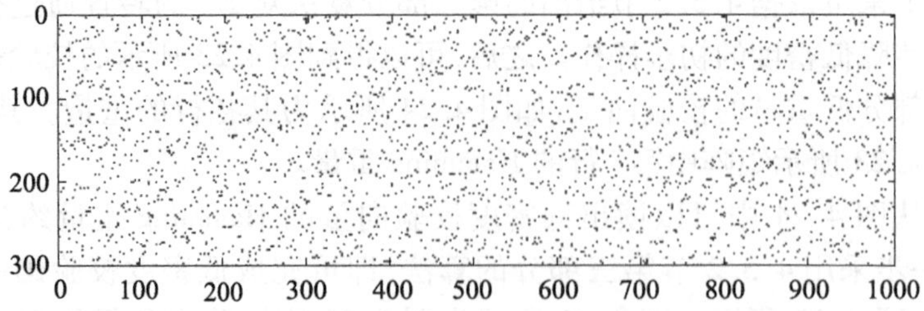


图 4.25 LDPC 码低密度校验矩阵识别分析结果

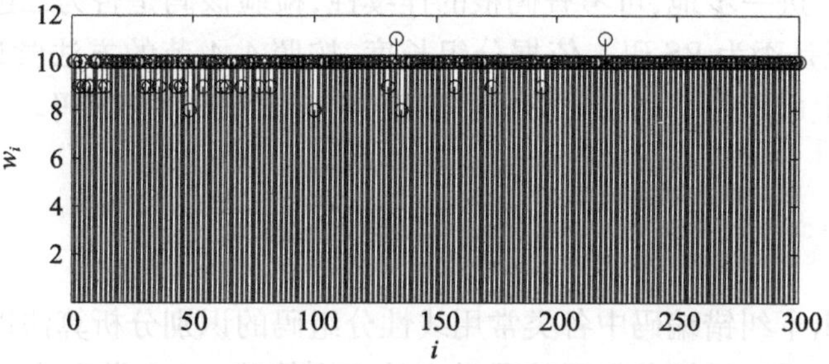


图 4.26　LDPC 码低密度校验矩阵中各行的 Hamming 重量

## 4.6　一般线性分组码识别分析

在没有码型先验信息的条件下，无法确定接收到的数据采用何种编码类型。本节给出在无任何先验信息的情况下对线性分组码的码型进行分类的方案。此处对具体的编码参数识别分析方法不再赘述，只给出区分编码类型的策略。

4.5.2 节中给出的 LDPC 码识别分析算法的第一部分算法过程适用于一般的线性分组码。在用第 2 章给出的分析方法估计出码长和同步位置后，采用 4.5.2 节的方法可以获得一个等效校验矩阵。对等效校验矩阵进行分析，可以进行编码类型的识别。思路如下。

(1)如果码长较长(几千比特至几万比特)，优先考虑 LDPC 码，因为 LDPC 码在较长的分组长度下具有较优越的差错控制性能。此时，如果进一步通过 4.5.2 节给出的第二部分算法可以获得部分 Hamming 重量极低的校验向量，那么即可确定该码就是 LDPC 码，并通过 4.5.2 节第三部分算法获取低密度校验矩阵。否则，继续进行下一步。

(2)如果码长较短(一般不超过 10b)，可考虑进一步验证是否为卷积码或 Hamming 码。由于卷积码具有有限记忆性，其校验矩阵的宽度需是编码分组长度的 2 倍或 2 倍以上，而线性分组码的校验矩阵宽度与编码分组长度是一致的。因此，可以验证能否通过 4.5.2 节的第一部分算法找到与编码分组长度相应的等效校验矩阵，如果能够找到，则编码类型可以确定为 Hamming 码或其他二进制短码；否则，将编码长度假设为原始识别的编码长度的整数倍，再通过 4.5.2 节的方法进行等效校验矩阵的识别，如果能够成功获取宽度为编码长度的某个固定整数倍的等效校验矩阵，那么可以确定编码类型为卷积码，根据第 4 章的方法还原卷积码的生成矩阵和校验矩阵。

(3)验证是否为二进制循环码。依据分组长度，按照 4.3 节的方法尝试还原二进制循环码的校验矩阵和生成矩阵。如果能够成功识别，则确定该码为二进制循环码。进一步地,可考查码根的连续性,检验该码是否为二进制 BCH 码。

(4)验证是否为 RS 码。依据分组长度,按照 4.4 节的方法尝试还原 RS 码校验矩阵和生成矩阵。如果能够成功识别,则确定该码为 RS 码。

## 4.7 本章小结

本章给出了纠错编码中各类常用线性分组码的识别分析算法以及没有先验信息的情况下一般线性分组码编码类型的识别策略。4.3 节首先给出了线性分组码最重要的子类——二进制循环码识别分析方法,并首次提出了软判决条件下利用信道软判决输出提高识别性能的方法。相关的算法思路在 4.4 节中推广到 RS 码编码参数的识别分析。4.5 节给出了一般线性分组码等效校验矩阵的识别分析方法及在 LDPC 码情况下进一步获取低密度校验矩阵的方法。仿真结果及其与目前公开文献中的既有算法的对比表明了本章提出的识别分析算法的有效性。最后,依据不同编码类型的特点,4.6 节给出了无先验信息情况下对编码类型进行区分的识别策略。

# 第5章 卷积码与卷积交织识别分析

## 5.1 引言

卷积码是纠错编码中的又一个重要分支,自1955年由Elias提出[28]以来不断发展和完善。其与线性分组码一样成为当今最主流的纠错编码之一,尤其是在无线通信和空间通信系统中应用广泛。其中,通常以二进制卷积码的应用为主。同时,二进制卷积码编码参数的逆向识别也一直受到关注。目前,在公开文献中已有不少卷积码编码参数识别分析的研究成果。文献[210]提出了在无误码条件下1/n码率卷积码识别方法。该方法在文献[211-213]中被推广到任意码率的情况。BM快速合冲法[214-216]和欧几里得识别法[217-218]适应噪声环境,具有一定的容错性能,但仅限于1/2码率卷积码的识别分析,难以向任意码率情形推广。基于Walsh变换的方法[219]具有较强的容错能力,但在码字长度和分组起始点未知的情况下运算量巨大,且存在多解的情况。文献[120]给出了一种基于期望最大化算法[221]的1/n码率卷积码迭代识别方法,但运算过程比较复杂且未讨论码长和编码分组起始点的估计方法,码率识别以及向任意码率情形的推广也比较困难。文献[222]基于主元消元法[223]提出了一种针对(n-1)/n码率卷积码的参数识别算法,该算法运算简单且容错性能较好。进一步地,文献[222]的研究成果在文献[224]中被推广到了任意码率的情况,以较低的运算复杂度较好地实现了任意码率下卷积码参数识别方法。但文献[224]只给出了硬判决条件下的识别分析方法,未对软判决条件下的识别分析进行讨论。本章将在5.2节首先简介二进制卷积码编码的原理及特性。5.3节在简要陈述文献[224]提出的任意码率卷积码编码参数识别算法的基础上提出一些改进,并进一步提出软判决条件下利用信道软判决输出改善算法容错性能、加快迭代收敛速度的方法。但毕竟主元消元法是一种基于高斯消元的线性矩阵分析方法,高斯消元过程中误码的影响容易扩散。所以在信噪比进一步降低使得主元消元法不再适用时,5.4节利用卷积码码长较短的特点提出一种相关攻击算法,并给出利用卷积码编码特点降低搜索空间的方法。该方法同样适用于硬判决和软判决两种情形。并在5.5节给出卷积交织参数的识别分析方法。最后,通过仿真实验说明本章提出的识别分析方法的有效性。

## 5.2 二进制卷积码的编码原理及特性

线性分组码在编码过程中,一个码字内部的校验元只取决于本组的信息元,而与其他的编码分组无关,即每个编码分组是独立的,码元之间的约束关系仅限于码字内部。与此不同的是,卷积码码元之间的约束关系跨越多个码字,即编码时每组码字的输出不仅取决于当前码字的信息元输入,还取决于之前若干时刻的信息元输入。但这种约束关系的长度是有限的,即卷积码可以看作一个有限记忆系统。卷积码的编码过程是通过线性移位寄存器来实现的。图 5.1 所示为一个存储级数为 3、码率为 2/3 的卷积编码器。在每次编码运算中,输入 2b 信息元,输出 3b 编码码字,同时三级线性移位寄存器进行一次移位。每次输入编码器的 2b 信息元,不仅参与当前时刻输出码字的计算,而且需要暂时存储下来,参与之后两个时刻输出码字的计算。

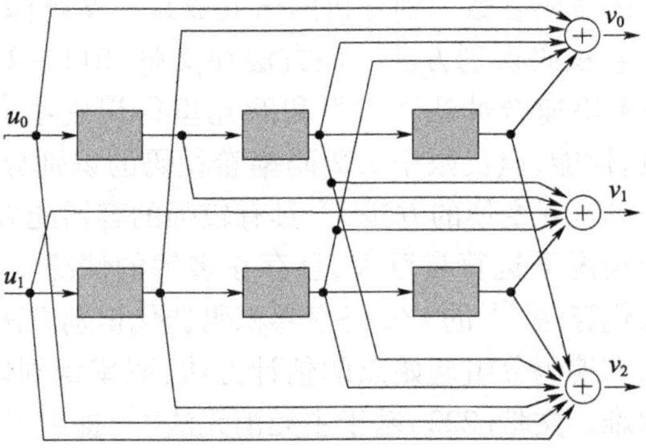


图 5.1 存储级数为 3、码率为 2/3 的卷积编码器

对于线性分组码的编码过程,可以用生成矩阵来描述输入信息元到输出码字的运算关系。卷积码的编码过程也可通过生成矩阵来描述。但与线性分组码不同的是,卷积码的生成矩阵所描述的是输入信息码元与线性移位寄存器状态的组合到输出码字的编码运算关系。以图 5.1 所示的 2/3 码率卷积编码器为例,假设输入的信息元序列为

$$\boldsymbol{u} = [u_1, u_2, u_3, \cdots] \tag{5.1}$$

那么,从输入信息元序列 $\boldsymbol{u}$ 到输出码元序列 $\boldsymbol{v}$ 的编码映射过程可以用输入码元序列与生成矩阵之间的乘积表示为

$$\boldsymbol{v} = [v_1, v_2, v_3, v_4, v_5, v_6, v_7, v_8, v_9, \cdots] = \boldsymbol{u} \times \boldsymbol{G} \tag{5.2}$$

其中,生成矩阵 $\boldsymbol{G}$ 是一个半无限矩阵[77]。根据图 5.1 所示的编码结构,生成矩阵 $\boldsymbol{G}$ 可以写为

$$
G=\begin{bmatrix}
101 & 111 & 010 & 101 & & & \\
011 & 111 & 101 & 011 & & & \\
 & 101 & 111 & 010 & 101 & & \\
 & 011 & 111 & 101 & 011 & & \\
 & & 101 & 111 & 010 & 101 & \\
 & & 011 & 111 & 101 & 011 & \ddots \\
 & & & 101 & 111 & 010 & \ddots \\
 & & & 011 & 111 & 101 & \ddots \\
 & & & & 101 & 111 & \ddots \\
 & & & & 011 & 111 & \ddots \\
 & & & & & 101 & \ddots \\
 & & & & & 011 & \ddots \\
 & & & & & & \ddots
\end{bmatrix} \tag{5.3}
$$

定义基本生成矩阵 $G^0$ 如下：

$$
G^0=\begin{bmatrix} 101 \\ 011 \\ 010 \\ 101 \\ 111 \\ 111 \\ 101 \\ 011 \end{bmatrix} \tag{5.4}
$$

上述编码过程也可进一步理解为

$$
\begin{cases}
[v_1,v_2,v_3]=[00,00,00,u_1u_2]\times G^0 \\
[v_4,v_5,v_6]=[00,00,u_1u_2,u_3u_4]\times G^0 \\
[v_7,v_8,v_9]=[00,u_1u_2,u_3u_4,u_5u_6]\times G^0 \\
[v_{10},v_{11},v_{12}]=[u_1u_2,u_3u_4,u_5u_6,u_7u_8]\times G^0 \\
[v_{13},v_{14},v_{15}]=[u_3u_4,u_5u_6,u_7u_8,u_9u_{10}]\times G^0 \\
[v_{16},v_{17},v_{18}]=[u_5u_6,u_7u_8,u_9u_{10},u_{11}u_{12}]\times G^0 \\
\vdots
\end{cases} \tag{5.5}
$$

因此，一般的卷积码编码过程可以表示成线性映射过程，其中的线性映射即对应基本生成矩阵 $G^0$。如此，便可将卷积码看作一类特殊的分组码，其输出码元之间的约束关系也可通过线性校验矩阵来描述。与线性分组码的校验矩阵不同的是，线性分组码的校验矩阵描述每个编码分组内部码元之间的约束关系，而卷积码的校验矩阵描述了前后关联的若干编码分组的码元之间的约束关系。因此,卷积码的校验矩阵与生成矩阵一样是一个半无限矩阵[77]。以图 5.1 所示的 2/3 码率卷积码为例,编码后的码字之间的约束关系可以通过校验矩阵 $\boldsymbol{H}$ 描述如下:

$$\boldsymbol{H}\times\boldsymbol{v}^{\mathrm{T}}=\begin{bmatrix}111 & & & & \\ 110 & 111 & & & \\ 001 & 110 & 111 & & \\ 111 & 001 & 110 & 111 & \\ & 111 & 001 & 110 & \ddots \\ & & 111 & 001 & \ddots \\ & & & 111 & \ddots \\ & & & & \ddots\end{bmatrix}\times\begin{bmatrix}v_1\\ v_2\\ v_3\\ v_4\\ v_5\\ v_6\\ v_7\\ \vdots\end{bmatrix}=\boldsymbol{0} \tag{5.6}$$

式(5.6)中的校验矩阵 $\boldsymbol{H}$ 可简记为

$$\boldsymbol{H}=\begin{bmatrix}\boldsymbol{h}_0 & & & & \\ \boldsymbol{h}_1 & \boldsymbol{h}_0 & & & \\ \boldsymbol{h}_2 & \boldsymbol{h}_1 & \boldsymbol{h}_0 & & \\ \boldsymbol{h}_3 & \boldsymbol{h}_2 & \boldsymbol{h}_1 & \boldsymbol{h}_0 & \\ & \boldsymbol{h}_3 & \boldsymbol{h}_2 & \boldsymbol{h}_1 & \ddots \\ & & \boldsymbol{h}_3 & \boldsymbol{h}_2 & \ddots \\ & & & \boldsymbol{h}_3 & \ddots \\ & & & & \ddots\end{bmatrix} \tag{5.7}$$

其中

$$\begin{cases}\boldsymbol{h}_0=[1\quad 1\quad 1]\\ \boldsymbol{h}_1=[0\quad 1\quad 1]\\ \boldsymbol{h}_2=[1\quad 1\quad 0]\\ \boldsymbol{h}_3=[1\quad 1\quad 1]\end{cases} \tag{5.8}$$

定义基本校验矩阵$\boldsymbol{H}^0$ 如下:

$$\boldsymbol{H}^0=[\boldsymbol{h}_3\quad \boldsymbol{h}_2\quad \boldsymbol{h}_1\quad \boldsymbol{h}_0] \tag{5.9}$$

那么,式(5.6)所示的校验关系可进一步理解为式(5.10)所示的校验方程组。

$$\begin{cases} \boldsymbol{H}^0 \times [\nu_1,\nu_2,\nu_3,\ \ \nu_4,\nu_5,\nu_6,\ \ \nu_7,\nu_8,\nu_9,\ \ \nu_{10},\nu_{11},\nu_{12}]' = 0 \\ \boldsymbol{H}^0 \times [\nu_4,\nu_5,\nu_6,\ \ \nu_7,\nu_8,\nu_9,\ \ \nu_{10},\nu_{11},\nu_{12},\ \ \nu_{13},\nu_{14},\nu_{15}]' = 0 \\ \boldsymbol{H}^0 \times [\nu_7,\nu_8,\nu_9,\ \ \nu_{10},\nu_{11},\nu_{12},\ \ \nu_{13},\nu_{14},\nu_{15},\ \ \nu_{16},\nu_{17},\nu_{18}]' = 0 \\ \vdots \end{cases} \tag{5.10}$$

由式(5.10)可知，如果能够识别出基本校验矩阵$\boldsymbol{H}^0$，那么即可确定编码序列中的码元之间的相互约束关系。扩展到一般的约束长度为$K$、码率为$k/n$的卷积码，基本校验矩阵$\boldsymbol{H}^0$可表示为

$$\boldsymbol{H}^0 = [\boldsymbol{h}_{\beta^\perp}\quad \boldsymbol{h}_{\beta^\perp-1}\quad \cdots\quad \boldsymbol{h}_1\quad \boldsymbol{h}_0] \tag{5.11}$$

其中，$\boldsymbol{h}_i(0 \leqslant i \leqslant \beta^\perp)$为$n-k$行$n$列的矩阵，而$\boldsymbol{H}^0$为$n-k$行$(\beta^\perp+1)n$列的矩阵且满秩。也就是说，$\boldsymbol{H}^0$包含了$n-k$个相互线性独立的校验向量。因此，可将线性分组码识别分析方法运用到卷积码的编码参数识别中，首先针对校验向量和基本校验矩阵$\boldsymbol{H}^0$进行识别分析，再由$\boldsymbol{H}^0$导出生成矩阵和其他编码参数。式(5.11)中的$\beta^\perp$可由该卷积码的生成矩阵得到，计算方法如下。

(1)将生成矩阵$\boldsymbol{G}$表示成多项式形式$\boldsymbol{G}(D)$[77]：

$$\boldsymbol{G}(D) = \begin{bmatrix} g_{1,1}(D) & g_{1,2}(D) & \cdots & g_{1,n}(D) \\ g_{2,1}(D) & g_{2,2}(D) & \cdots & g_{2,n}(D) \\ \vdots & \vdots & & \vdots \\ g_{k,1}(D) & g_{k,2}(D) & \cdots & g_{k,n}(D) \end{bmatrix} \tag{5.12}$$

其中，$g_{i,j}(D)(1 \leqslant i \leqslant k, 1 \leqslant j \leqslant n)$为生成多项式。

(2)获取生成矩阵$\boldsymbol{G}(D)$中的各个生成多项式$g_{i,j}(D)$的次数，并计算：

$$\beta_i = \max_{j=1,2,\cdots,n} \deg[g_{i,j}(D)] \quad (1 \leqslant i \leqslant k) \tag{5.13}$$

(3)将所有行的$\beta_i$求和，即得到$\beta^\perp$：

$$\beta^\perp = \sum_{i=1}^{k} \beta_i \tag{5.14}$$

## 5.3　基于主元消元法的二进制卷积码识别分析算法

### 5.3.1　主元消元法识别任意码率的二进制卷积码编码参数

如5.1节所述，对于卷积码编码参数的识别分析，文献[224]以较小的运算代价较好地实现了对$k/n$码率(任意码率)卷积码编码参数的识别分析。该算法首先根据编码序列码元之间的相关性，通过主元消元法搜索存储矩阵中是否存在线性相关列，进而估计出码长和最大约束长度；再通过主元消元法中描述高

斯消元过程所进行的初等变换的列变换矩阵,迭代识别基本校验矩阵的 $n-k$ 个校验向量,从而完成卷积码的识别分析。本节将文献[224]的算法过程简述如下。

**1. 码长识别**

本章仍沿用第2章和第3章给出的"存储矩阵"的概念。即从某一时刻开始,将来自接收机的接收比特序列依次填入 $\mu$ 行 $l$ 列的矩阵 $\boldsymbol{X}$ 中。假设编码过程送入编码器的信息码元是随机的且 $\mu$ 足够大($\mu >> l$),如果存储矩阵满足以下条件:

(1) $\boldsymbol{X}$ 的列数等于码长的整数倍,即

$$l = \alpha n (\alpha \in \mathbb{Z}^+) \tag{5.15}$$

(2) $\alpha$ 大于某一阈值:

$$\alpha \geqslant \left\lfloor \frac{\beta^{\perp}}{n-k} + 1 \right\rfloor \tag{5.16}$$

(3)填入 $\boldsymbol{X}$ 的第一个比特恰好为某个编码分组的起始点。

(4)传输过程中没有发生错误。

那么,存储矩阵 $\boldsymbol{X}$ 的秩满足以下性质:

$$\operatorname{rank}(\boldsymbol{X}) = \alpha k + \beta^{\perp} \tag{5.17}$$

否则,$\boldsymbol{X}$ 的秩为 $l$(此结论由文献[224]提出,但在本书的研究过程中发现,在满足上述条件(1)、(2)、(4)而不满足条件(3)时,此结论不完全正确,但对码长识别影响不大)。

不含噪声的理想条件在实际的通信系统中是几乎不存在的,上述分析只是为引出噪声环境下的卷积码识别分析方法提供思路。为便于描述,本书将满足上述条件(1)、(2)、(3)的存储矩阵称为噪声信道上基于正确编码参数的存储矩阵,满足条件(1)、(2)、(3)、(4)的存储矩阵称为无误码时基于正确编码参数的存储矩阵,不满足条件(1)、(2)、(3)其中之一的存储矩阵称为基于错误编码参数的存储矩阵。从噪声信道上接收到的码元序列通常是含有误码的,因而即使在满足上述条件(1)、(2)、(3)时,存储矩阵 $\boldsymbol{X}$ 的秩也可能不满足式(5.17)所示的关系,甚至可能是满秩的,也就与基于错误的编码参数的存储矩阵时的情形无异。此时,就需要考查在 $\boldsymbol{X}$ 中是否能够找到某些列在概率上与其他一些列线性相关。Gauss - Jordan 主元消元法(Gauss - Jordan elimination through pivoting, GJETP)为此提供了一种好的解决方案,并被文献[225]采纳以识别交织编码参数。同时,文献[224]在识别卷积码编码参数时也采用了 GJETP 方法。给定一个存储矩阵 $\boldsymbol{X}$,GJETP 处理过程首先进行以下初始化:令 $\boldsymbol{L} = \boldsymbol{X}$,令 $\boldsymbol{A}$ 和 $\boldsymbol{B}$ 分别为 $\mu$ 阶和 $n$ 阶单位矩阵。然后,令 $i$ 从 1 到 $n$ 变化进行消元,每步消元依次进行以下三项操作。

(1)如果 $\boldsymbol{L}$ 的第 $i$ 行第 $i$ 列处的元素为 0,那么令 $j$ 为 $i \sim n$,如果 $\boldsymbol{L}$ 的第 $i$ 行第 $j$ 列为“1”,那么置换 $\boldsymbol{L}$ 和 $\boldsymbol{B}$ 的第 $i$ 列和第 $j$ 列。

(2)如果 $\boldsymbol{L}$ 的第 $i$ 行第 $i$ 列处的元素为 0,那么令 $j$ 从 $i$ 到 $\mu$,如果 $\boldsymbol{L}$ 的第 $j$ 行第 $i$ 列为“1”,那么置换 $\boldsymbol{L}$ 和 $\boldsymbol{A}$ 的第 $i$ 行和第 $j$ 行。

(3)如果 $\boldsymbol{L}$ 的第 $i$ 行第 $i$ 列处的元素为 1,那么令 $j$ 为 $i+1 \sim n$,如果 $\boldsymbol{L}$ 的第 $i$ 行第 $j$ 列为“1”,那么将 $\boldsymbol{L}$ 和 $\boldsymbol{B}$ 的第 $i$ 列与第 $j$ 列异或后替换第 $j$ 列。

最后,输出矩阵 $\boldsymbol{A}$、$\boldsymbol{B}$ 以及存储矩阵 $\boldsymbol{X}$ 经初等变换所得的下三角矩阵 $\boldsymbol{L}$。此时有

$$\boldsymbol{L} = \boldsymbol{A} \times \boldsymbol{X} \times \boldsymbol{B} \tag{5.18}$$

无误码时基于正确编码参数的存储矩阵 $\boldsymbol{X}$ 经过 GJETP 处理后得到下三角矩阵 $\boldsymbol{L}$,从第 $l+1$ 行开始的下半部分(以下简称“$\boldsymbol{L}$ 的下半部分”)其中一些列为全零列。这意味着这些列可以由其他列的线性组合表出,可称其为“线性相关列”,而其他列称为“线性独立列”,也就是 $\boldsymbol{L}$ 的列向量的一个最大线性无关组。这些列存在的原因是在编码过程中每次送入编码器的码元数小于编码器输出的码元数,在编码过程中产生了冗余,这些加入的冗余信息由输入编码器的信息码元完全决定。

在噪声信道上,有误码存在的情况下,这些列未必为全零列,但其中有一部分列的 Hamming 重量极小。本书称这些列为“准线性相关列”,而称其他列为“准线性独立列”。据此,便可在有误码的情况下区分出准线性相关列。根据文献[224]的分析,基于错误的编码参数填充存储矩阵时,GJETP 处理后 $\boldsymbol{L}$ 的下半部分所有列的 Hamming 重量的数学期望是其行数的一半。对于基于正确的编码参数时的矩阵 $\boldsymbol{L}$,其下半部分的准线性独立列的 Hamming 重量也同样具有其行数一半的数学期望,而准线性相关列则具有相对小得多、几乎接近零的 Hamming 重量。

文献[224]忽略了码字同步问题,即默认上述存储矩阵的条件(3)是始终满足的。在这种情况下,文献[224]提出令存储矩阵的填充参数 $l$ 遍历某个比较宽的范围,当 $\boldsymbol{X}$ 经 GJETP 变换后的矩阵 $\boldsymbol{L}$ 的下半部分存在 Hamming 重量小于某一阈值的列时,认为此时存在准线性相关列并记下当前的 $l$ 值。根据式(5.15),在所有记录的 $l$ 值中,相邻的两个之间的差值为码长的估计。以图 5.1 所示的码长 $n=3$ 的 2/3 码率卷积码为例,图 5.2 给出了在噪声条件下遍历 $l(6 \sim 50)$ 时不同的 $l$ 值对应的准线性相关列的数目,用 $N_l$ 表示。由图 5.2 可见,遍历 $l$ 时 $N_l$ 相邻两个非零项的下标的差为 3,即可作为码长的估计。

**2. 校验向量识别**

对卷积码编码参数的识别分析,可以从校验矩阵的识别入手,进而导出码率和生成矩阵等其他参数。由式(5.7)和式(5.11)可写出码率为 $k/n$、约束长度为 $K$ 的卷积码校验矩阵 $\boldsymbol{H}$ 的一般形式:

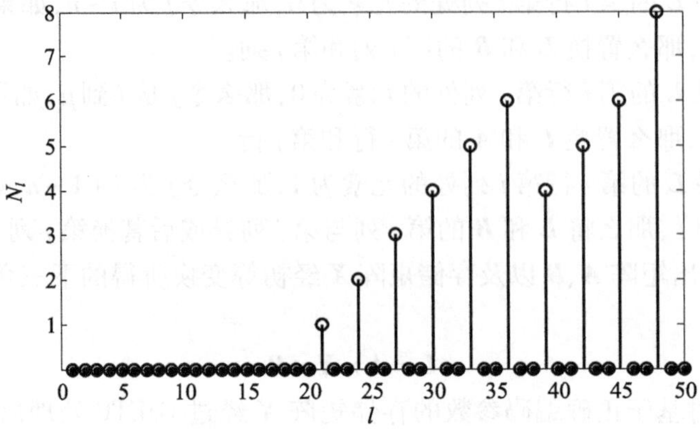


图 5.2　2/3 码率卷积码遍历 $l$ 时记录的准线性相关列数

$$\boldsymbol{H}=\begin{bmatrix} \boldsymbol{h}_{\beta^{\perp}} & \boldsymbol{h}_{\beta^{\perp}-1} & \cdots & \boldsymbol{h}_0 & & & \\ & \boldsymbol{h}_{\beta^{\perp}} & \boldsymbol{h}_{\beta^{\perp}-1} & \cdots & \boldsymbol{h}_0 & & \\ & & \boldsymbol{h}_{\beta^{\perp}} & \boldsymbol{h}_{\beta^{\perp}-1} & \cdots & \boldsymbol{h}_0 & \\ & & & \ddots & \ddots & \ddots & \ddots \end{bmatrix} \tag{5.19}$$

其中，$\boldsymbol{h}_i(0\leqslant i\leqslant\beta^{\perp})$为 $n-k$ 行、$k$ 列的矩阵。由式(5.19)可知，$\boldsymbol{H}$ 的每一行均为第一行向右移位后的结果，其有效部分为式(5.11)所示的基本校验矩阵 $\boldsymbol{H}^0$。因此，对卷积码校验矩阵的识别分析是对基本校验矩阵 $\boldsymbol{H}^0$ 的识别分析。

根据文献[224]的推导，$\boldsymbol{h}_i(0\leqslant i\leqslant K-1)$可以写成以下形式：

$$\boldsymbol{h}_i=\begin{bmatrix} h_{1,1}(i) & \cdots & h_{1,k}(i) & h_0(i) & & \\ \vdots & \ddots & \vdots & & \ddots & \\ h_{n-k,1}(i) & \cdots & h_{n-k,k}(i) & & & h_0(i) \end{bmatrix} \tag{5.20}$$

其中，$h_{p,q}(i)(1\leqslant p\leqslant n-k,1\leqslant q\leqslant k)\in \mathrm{GF}(2)$且对于物理可实现的卷积编码器，需满足 $h_0(0)=1$。因此，根据文献[224]的算法 1 和算法 2，可以基于已经分析得到的码长 $n$，通过以下步骤识别卷积码的码率和 $n-k$ 个校验向量，进而得到基本校验矩阵的估计。

(1)将码长识别过程中 $\boldsymbol{N}_l$向量中下标 $l$ 最小的非零项的下标 $l$ 记为 $n_a$。

(2)令 $k=1$。

(3)令 $Z=1$。

(4)令 $s=1$。

(5)构造序列 $\boldsymbol{x}_s$：

$$\boldsymbol{x}_s=[y_1 \quad \cdots \quad y_k \quad y_{k+s} \quad y_{n+1} \quad \cdots \quad y_{n+k} \quad y_{n+k+s} \quad y_{2n+1} \quad \cdots] \tag{5.21}$$

其中，$y_j(j\in\mathbb{Z}^+)$表示接收到的码元序列中某个编码分组起点开始的第 $j$ 个接收比特。

(6)令 $\beta^{\perp}=n_a(1-k/n)-Z$ 且 $l=K(k+1)$。

(7)将序列 $\boldsymbol{x}_s$ 依次填入 $2l$ 行、$l$ 列的存储矩阵 $\boldsymbol{X}_s$,并运用 GJETP 处理对 $\boldsymbol{X}_s$ 进行消元处理,得到下三角矩阵 $\boldsymbol{T}$:

$$\boldsymbol{T}=\boldsymbol{A}\times\boldsymbol{X}_s\times\boldsymbol{B} \tag{5.22}$$

(8)计算下三角矩阵 $\boldsymbol{T}$ 下半部分(从第 $l$ 行到第 $2l$ 行)各列的 Hamming 重量,记为 $N_l$。此处用 $N_l(i)$ 表示 $\boldsymbol{T}$ 下半部分第 $i$ 列的 Hamming 重量。

(9)令 $i$ 从 1 到 l 递增,如果 $N_l(i)$ 小于阈值且 $\deg(\boldsymbol{b}_i)=K(k+1)$,那么记录为

$$\tilde{\boldsymbol{h}}_s=\boldsymbol{b}_i \tag{5.23}$$

式中:$\boldsymbol{b}_i$ 为矩阵 $\boldsymbol{B}$ 的第 $i$ 列。

(10)如果 $l<l_{\max}$,则令 $l=l+1$ 且返回步骤(7);否则,执行下一步。

(11)如果 $s<n-k$,则令 $s=s+1$ 且返回步骤(5);否则,执行下一步。

(12)如果 $Z<n-k$,则令 $Z=Z+1$ 并返回步骤(4);否则,执行下一步。

(13)如果 $k<n-1$,则令 $k=k+1$ 并返回步骤(3);否则,计算过程结束。

在上述算法运算过程中,一旦在某个 $k$、$K$ 组合下通过步骤(9)对 $\tilde{\boldsymbol{h}}_1,\tilde{\boldsymbol{h}}_2,\cdots,\tilde{\boldsymbol{h}}_{n-k}$ 均有有效记录,就将相应的 $k$ 作为卷积码编码参数 $k$ 的估计,即每次移位寄存器进行移位操作时在输入端输入的信息码元的比特数,可提前结束。如果最终结束后还未出现有效记录,那么可增加 $l_{\max}$ 重新执行上述算法过程。文献[224]给出了 $l_{\max}$ 的最小取值的建议。

完成上述算法步骤后,得到一组向量:$\tilde{\boldsymbol{h}}_1,\tilde{\boldsymbol{h}}_2,\cdots,\tilde{\boldsymbol{h}}_{n-k}$,其中每个向量长度均为 $K(k+1)$,且向量中的元素均取自 GF(2)。将这组向量表示为

$$\begin{cases}\tilde{\boldsymbol{h}}_1=\left[\tilde{h}_{1,1} \quad \tilde{h}_{1,2} \quad \cdots \quad \tilde{h}_{1,K(k+1)}\right]\\ \tilde{\boldsymbol{h}}_2=\left[\tilde{h}_{2,1} \quad \tilde{h}_{2,2} \quad \cdots \quad \tilde{h}_{2,K(k+1)}\right]\\ \vdots\\ \tilde{\boldsymbol{h}}_{n-k}=\left[\tilde{h}_{n-k,1} \quad \tilde{h}_{n-k,2} \quad \cdots \quad \tilde{h}_{n-k,K(k+1)}\right]\end{cases} \tag{5.24}$$

那么根据式(5.19),便可由 $\tilde{\boldsymbol{h}}_1,\tilde{\boldsymbol{h}}_2,\cdots,\tilde{\boldsymbol{h}}_{n-k}$ 来构造基本校验矩阵 $\boldsymbol{H}^0$:

$$\boldsymbol{H}^0=\begin{bmatrix}\tilde{h}_{1,1} & \cdots & \tilde{h}_{1,k} & \tilde{h}_{1,k+1} & & & \tilde{h}_{1,k+2} & \cdots & \tilde{h}_{1,2k+1} & \tilde{h}_{1,2k+2} & & & \tilde{h}_{1,k+2} & \cdots\\ \vdots & \ddots & \vdots & & \ddots & & \vdots & \ddots & \vdots & & \ddots & & \vdots & \cdots\\ \tilde{h}_{n-k,1} & \cdots & \tilde{h}_{n-k,k} & & & \tilde{h}_{n-k,k+1} & \tilde{h}_{n-k,k+2} & \cdots & \tilde{h}_{n-k,2k+1} & & & \tilde{h}_{n-k,2k+2} & \tilde{h}_{n-k,k+2} & \cdots\end{bmatrix} \tag{5.25}$$

进一步地，根据基本校验矩阵 $\boldsymbol{H}^0$ 即可很容易地构造完整的校验矩阵和生成矩阵。同时，得到卷积码的码率 $k/n$。

**3. 问题与改进**

文献[224]提出的主元消元法对任意码率卷积码校验矩阵的识别分析给出了一个计算简单且效果显著的解决方案。但需要指出的是，文献[224]是在未考虑分组同步的条件下得到上述结论的。而在非合作通信条件下，在获取编码参数之前未必能够事先获得同步位置。另外，在分组同步位置不正确，即5.3.1节给出的存储矩阵 $\boldsymbol{X}$ 四个条件中的条件(3)不满足时，虽对码长的估计影响不大，但码率和校验矩阵的识别会因为线性独立列的增加而失败。如图5.3所示为图5.1的2/3码率卷积码在同步参数不正确的情况下遍历 $l$ 时记录的 $N_l$。

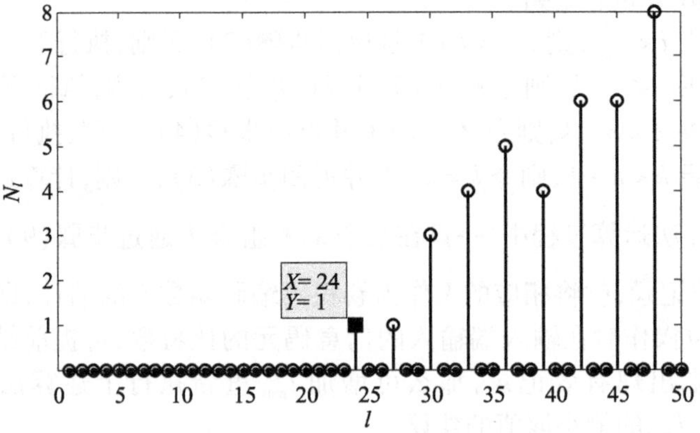


图5.3 基于错误同步位置的2/3码率卷积码遍历 $l$ 时记录的准线性相关列数

根据文献[224]的分析，在 $l$ 递增的过程中，$N_l$ 的首个非零项应该出现在 $l=n\left\lfloor\dfrac{\beta^{\perp}}{n-k}+1\right\rfloor$ 处。如图5.2所示的例子，其中 $n=3,k=2,\beta^{\perp}=6$，可得 $N_l$ 的首个非零项出现在 $l=21$ 处。图5.2验证了这一点。而在图5.3中可以看出，当同步参数不正确时，$N_l$ 的首个非零项出现在 $l=24$ 处，这会严重影响校验向量的识别。所以，在码字同步未知的情况下，虽然错误的同步参数对码长估计影响不大，但完成码长估计后，需要在进行校验向量识别之前对码字同步位置进行修正。假设码长的估计值为 $\hat{n}$，在填充存储矩阵 $\boldsymbol{X}$ 时第一个填入的比特在接收序列中的第 $t_0$ 个位置且在 $l$ 递增过程中 $N_l$ 最早出现非零项的位置为 $\hat{n}_a$，分组同步位置修正过程如下。

(1) 令 $\tau=t_0+1,\bar{n}_a=n_a,\bar{\tau}=t_0$。

(2) 令 $l=\hat{n}_a-n$。

(3) 从接收序列的第 $\tau$ 个比特开始填充存储矩阵 $\boldsymbol{X}$，其中 $\boldsymbol{X}$ 的列数为 $l$。

(4)对 $X$ 进行 GJETP 处理,并计算此时的准线性相关列的数目 $N_l$。

(5)如果 $N_l>0$,且 $l<\bar{n}_a$,那么令 $\bar{n}_a=l,\bar{\tau}=\tau$ 且 $l=l-n$,并返回步骤(3);否则,执行下一步。

(6)如果 $\tau<t_0+n-1$,那么令 $\tau=\tau+1$ 并返回步骤(2)。

(7)$\bar{n}_a$ 和 $\bar{\tau}$ 分别作为 $n_a$ 和同步位置 $\tau$ 的修正后的估计。

以上算法简单地对分组同步位置进行了修正。在接下来的校验矩阵估计时,将 $\bar{\tau}$ 作为分组同步位置填充存储矩阵,并在校验向量识别分析算法步骤中用 $\bar{n}_a$ 作为参数 $n_a$ 使用。

文献[224]给出的卷积码识别分析算法的另一个缺陷在于对码长估计的算法只给出了分析思想,未针对实际工程应用给出考虑容错设计的规范化算法步骤。本节只提到寻找 $N_l$ 前后两个相邻非零项的下标之间的差值作为码长 $n$ 的估计,但在信道质量较差、误码较高时,可能并非所有的相邻非零项的下标之间都具有一致的差值,如图 5.4 所示。

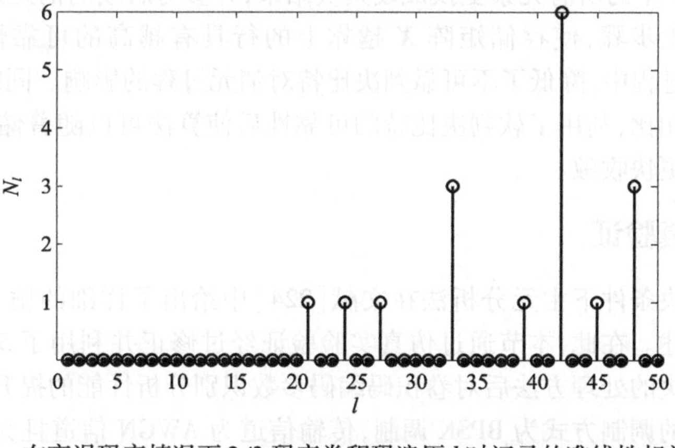


图 5.4　在高误码率情况下 2/3 码率卷积码遍历 $l$ 时记录的准线性相关列数

此时,$N_l$ 相邻非零项的下标的差有多种情况,需要对出现的不同的差值进行甄别,选择出现概率最大的差值作为对码长的估计。为便于计算机程序自动处理,本节给出规范化的甄别分析算法步骤如下。

(1)令 $\boldsymbol{V}_l=[l_1,l_2,\cdots,l_s]$ 为遍历 $l$ 的过程中记录的 $N_l$ 的非零项的下标。

(2)计算向量 $\Delta\boldsymbol{V}_l=[\Delta l_1,\Delta l_2,\cdots,\Delta l_{s-1}]$,其中:

$$\Delta l_i(1\leqslant i\leqslant s)=l_{i+1}-l_i \tag{5.26}$$

(3)初始化一个长度为 $l_s$ 的全零向量 $\boldsymbol{Q}$。

(4)令 $i$ 从 1 到 $s-1$ 递增,令 $\boldsymbol{Q}(\Delta l_i)=\boldsymbol{Q}(\Delta l_i)+1$。

(5)搜索向量 $\boldsymbol{Q}$ 中的最大值并将最大值处对应的 $\Delta l_i$ 作为码长 $n$ 的估计。

### 5.3.2 利用软判决信息提高主元消元法识别性能的方法

根据 GJETP 算法,填入存储矩阵 $\boldsymbol{X}$ 靠上部分的判决比特的可靠性对高斯消元过程的影响相对较大,靠下部分的影响相对较小。因此,如果信道的软判决输出是有效的,那么可以据其对 $\boldsymbol{X}$ 的各行的判决可靠性进行排序,尽可能使靠上的行具有相对较高的可靠度,进而明显提高算法性能。具体来说,就是在码长识别和校验向量识别的过程中,采用以下步骤调整存储矩阵 $\boldsymbol{X}$ 的行以提高卷积码识别的成功率。

(1)将接收自信道的软判决序列填入存储矩阵 $\boldsymbol{X}$。

(2)分析存储矩阵 $\boldsymbol{X}$ 的每行中可靠性最差的判决比特,作为该行的可靠性的度量。

(3)将储矩阵 $\boldsymbol{X}$ 各行按其可靠度进行排序,使 $\boldsymbol{X}$ 的第一行具有最高的可靠度,第二行次之,以此类推。

(4)将 $\boldsymbol{X}$ 中的所有元素更换成硬判决结果,并参与后续的消元处理。

执行以上步骤,使存储矩阵 $\boldsymbol{X}$ 越靠上的行具有越高的可靠性。这样,在 GJETP 处理过程中,降低了不可靠判决比特对消元过程的影响。同时,与之前的硬判决算法相比,利用了软判决比特的可靠性后使算法可以随着储矩阵 $\boldsymbol{X}$ 的行数的提高而更快收敛。

### 5.3.3 仿真验证

在硬判决条件下主元分析法在文献[224]中给出了详细的仿真实验结果,本节不再赘述。在此,本节通过仿真实验验证经过修正并利用了 5.3.2 节提出的基于软判决的处理方法后对卷积码编码参数识别分析性能的提升。仿真实验中假设采用的调制方式为 BPSK 调制,传输信道为 AWGN 信道且为二进制对称信道。在编码过程中,信息码元随机选取。

图 5.5 所示为不同信噪比条件下对几种卷积码识别分析时的错误识别概率。同时,图 5.5 中比较了硬判决算法和软判决算法之间的性能差异。可见,软判决算法显著改善了卷积码识别分析的容错性能。

另外,软判决方法的应用可以使算法性能对存储矩阵 $\boldsymbol{X}$ 的行数更加敏感。图 5.6 比较了信噪比 $E_s/N_0=2.4\text{dB}$ 时,两种卷积码识别过程中对于不同的存储矩阵 $\boldsymbol{X}$ 行数分别在软判决和硬判决条件下的错误识别概率。可见,随着存储矩阵 $\boldsymbol{X}$ 的行数的上升,基于软判决的错误识别概率的下降速度更快。此结果表明,在软判决条件下,可以通过增加观察数据的数量来改善编码参数识别分析的性能,而这在硬判决条件下是难以实现的。

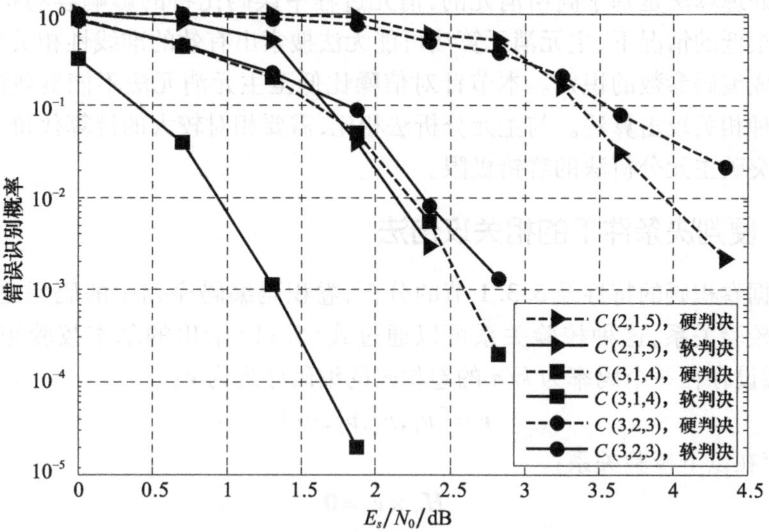


图5.5　基于主元消元法的卷积码识别性能比较

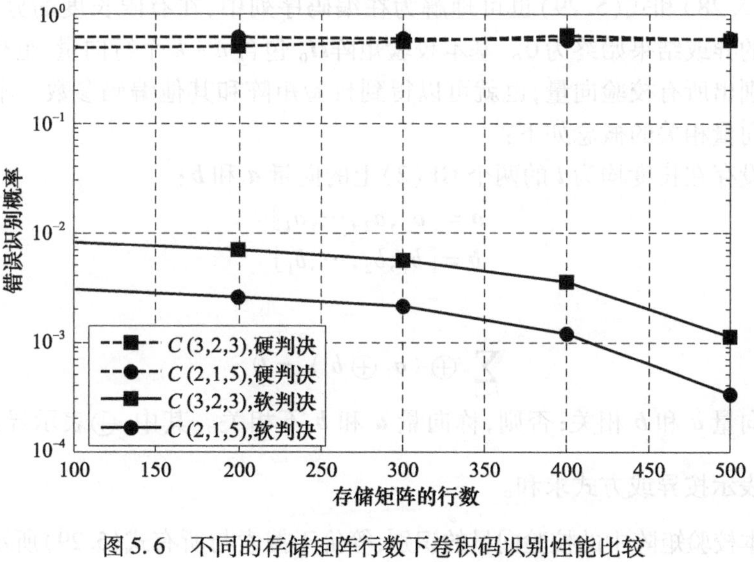


图5.6　不同的存储矩阵行数下卷积码识别性能比较

## 5.4　低信噪比条件下的相关攻击法

虽然主元分析法以较低的计算代价实现了噪声条件下的任意码率卷积码编码参数识别分析，且软判决算法的引入进一步改善了其容错性能，但毕竟其中的

GJETP 处理算法是基于高斯消元的,消元过程中误码比特的影响容易扩散。在信噪比很低的情况下,主元消元算法可能无法搜索出有效的准线性相关列,因此无法完成编码参数的识别。本节针对信噪比低至主元消元法不能奏效的情况,提出一种相关攻击算法。与主元分析法相比,需要相对较大的计算代价和耗时,但可以突破主元分析法的容错极限。

### 5.4.1 硬判决条件下的相关攻击法

根据卷积码的特性及 5.3.1 节的分析,卷积码编码序列中的码元之间存在一定的校验关系,这种校验关系可以通过式(5.11)给出的基本校验矩阵来描述,即假设存在一个码率为 $k/n$ 的卷积码的编码序列为 $\boldsymbol{v}$:

$$\boldsymbol{v} = [\nu_1, \nu_2, \nu_3, \cdots] \tag{5.27}$$

那么,存在以下校验关系:

$$\boldsymbol{H}_0 \times \boldsymbol{v}_i = \boldsymbol{0} \tag{5.28}$$

其中

$$\boldsymbol{v}_i = [\nu_{ni+1} \quad \nu_{ni+2} \quad \cdots \quad \nu_{ni+n(\beta^{\perp}+1)}]^{\mathrm{T}} \quad (n = 0, 1, 2, \cdots) \tag{5.29}$$

式(5.28)和式(5.29)也可理解为在编码序列中,在有限长度的分组内,部分码元的异或结果始终为0。基本校验矩阵$\boldsymbol{H}_0$ 包含 $n-k$ 个行向量,也称校验向量。识别出所有校验向量,也就可以得到校验矩阵和其他编码参数。本节定义的两个向量相关的概念如下:

假设存在长度均为 $l$ 的两个 GF(2)上的向量 $\boldsymbol{a}$ 和 $\boldsymbol{b}$:

$$\boldsymbol{a} = [a_1, a_2, \cdots, a_l] \tag{5.30}$$

$$\boldsymbol{b} = [b_1, b_2, \cdots, b_l] \tag{5.31}$$

如果

$$\sum_{i=1}^{l} \oplus (a_i \oplus b_i) = 0 \tag{5.32}$$

那么称向量 $\boldsymbol{a}$ 和 $\boldsymbol{b}$ 相关;否则,称向量 $\boldsymbol{a}$ 和 $\boldsymbol{b}$ 不相关。其中,$\oplus$表示异或运算,$\sum_{i=1}^{n} \oplus$ 表示按异或方式求和。

基本校验矩阵中的校验向量的识别,等价于搜索与所有式(5.29)所示的码元分组相关的非零向量,将这些向量中具有相同的长度且长度最短的一组的最大线性无关组作为对校验向量的估计。同时,将这些向量的长度作为$n_b = n(\beta^{\perp}+1)$的估计,将线性无关组的向量个数作为 $k$ 的估计。然后,根据进一步的计算可推导出码长 $n$ 和生成多项式。在噪声环境下,接收到的比特序列中不是所有按照式(5.29)截取的分组都与有效的校验向量相关。此时,可以统计发生相关的分组数目在试验的所有分组中所占的比例作为考查某个向量是否为有效的校验向量的置信度度量。然而在此过程中需要对所有可能的长度的向量进行穷举以搜索出条件匹配者。特别是当码长和约束长度较大时,这需要很大的存储空间和较长的耗时。不过对于卷积码来说,可以根据其编码特性及校验矩阵的特点,降低搜索范围。假设从信道中接收到的码元序列记为 $\boldsymbol{Y}=[y_1,y_2,y_3,\cdots]$,结合式(5.20)和式(5.25)所示的基本校验矩阵的结构特点,首先给出以下码长的识别方法。

(1)设置码长 $n$ 的搜索范围,即设置 $n_{\min}$ 和 $n_{\max}$。根据卷积码的编码特点,可以设置 $n_{\min}=2,n_{\max}=8$,并令 $n=n_{\min}$。

(2)设置编码器输入信息码元个数 $k$ 的搜索范围,即设置 $k_{\min}$ 和 $k_{\max}$。根据 $k<n$ 的关系,设置 $k_{\min}=1,k_{\max}=n-1$,并令 $k=k_{\min}$。

(3)令同步位置 $t=0$。

(4)构造向量 $\boldsymbol{x}_s$:

$$\boldsymbol{x}_s=[y_{t+1}\quad\cdots\quad y_{t+k}\quad y_{t+k+1}\quad y_{t+n+1}\quad\cdots\quad y_{t+n+k}\quad y_{t+n+k+1}\quad y_{t+2n+1}\quad\cdots]\tag{5.33}$$

即从接收向量 $\boldsymbol{Y}$ 中按照长度 $n$ 进行分组,取每组中的前 $k+1$ 个比特依次放入 $\boldsymbol{x}_s$。

(5)设置对偶码约束长度的搜索范围,即设置 $\beta_{\min}$ 和 $\beta_{\max}$。根据一般卷积码的编码结构,可设 $\beta_{\min}=2,\beta_{\max}=16$,并令 $\beta=\beta_{\min}$。

(6)令 $l=\beta(k+1)$,将向量 $\boldsymbol{x}_s$ 中的元素依次填入 $\mu$ 行 $l$ 列的存储矩阵 $\boldsymbol{X}$。

(7)构造向量 $\boldsymbol{h}$:

$$\boldsymbol{h}=[h_1\quad\cdots\quad h_{k+1}\,|\,h_{(k+1)+1}\quad\cdots\quad h_{2(k+1)}\,|\cdots|\,h_{(\beta-1)(k+1)+1}\quad\cdots\quad h_{\beta(k+1)}]\tag{5.34}$$

令其中的 $h_{\beta(k+1)}=1$,遍历 $h_1h_2\cdots h_{\beta(k+1)-1}$ 所有的组合(除全零情形外)并计算向量 $\boldsymbol{Q}$:

$$\boldsymbol{Q}=\boldsymbol{X}\times\boldsymbol{h}^{\mathrm{T}}\tag{5.35}$$

该计算在GF(2)上进行,即进行加法运算时 $1+1=0,1+0=1$。

(8)统计向量 $\boldsymbol{Q}$ 中的"1"的个数,记为 $P_{n,k,\beta,t}$,如果 $P_{n,k,\beta,t}$ 小于某一阈值 $\delta$,那么令 $\hat{n}=n,\hat{k}=k,\hat{\beta}=\beta$ 及 $\hat{t}=t$ 并停止搜索;否则,继续执行下一步。

(9)如果 $\beta<\beta_{\max}$,则令 $\beta=\beta+1$ 并返回步骤(6);否则,执行下一步。

(10)如果 $t<n-1$,则令 $t=t+1$ 并返回步骤(4);否则,执行下一步。

(11)如果 $k<k_{\max}$,则令 $k=k+1$ 并返回步骤(3);否则,执行下一步。

(12)如果 $n<n_{\max}$,则令 $n=n+1$ 并返回步骤(2);否则,执行下一步。

(13)报告搜索失败并结束。

经过上述步骤,如果在步骤(8)中找到了符合阈值条件的向量 $\boldsymbol{h}$ 则停止迭代,并将此时对应的 $\hat{n}$ 和 $\hat{k}$ 的值分别作为卷积码编码参数 $n$ 和 $k$ 的估计,$\hat{t}$ 为同步位置的估计，并记录关键参数 $\hat{\beta}$。下面推导算法中使用的阈值 $\delta$ 和存储矩阵 $\boldsymbol{X}$ 的行数 $\mu$ 的选取方法。

对于一个长度为 $l$ 的向量 $\boldsymbol{h}$，依据式(5.32)与其相关的所有向量构成的向量空间称为 $\boldsymbol{h}$ 的零空间。用 $\Omega$ 表示 $\boldsymbol{h}$ 的零空间，假设 $\mu$ 行 $l$ 列的矩阵 $\boldsymbol{C}$ 的行向量由随机取自 $\Omega$ 的 $\mu$ 个向量构成，计算向量 $\boldsymbol{Q}$：

$$\boldsymbol{Q} = \boldsymbol{C} \times \boldsymbol{h}^{\mathrm{T}} \tag{5.36}$$

记向量 $\boldsymbol{Q}$ 的 Hamming 重量为 $wt(\boldsymbol{Q})$。此时，$wt(\boldsymbol{Q}) = 0$。当矩阵 $\boldsymbol{C}$ 中的一些元素发生翻转(1→0，或 0→1)时，$\boldsymbol{C}$ 中每个元素发生的翻转概率均等且均为信道转换概率 $\tau$，那么 $wt(\boldsymbol{Q})$ 的数学期望可按式(5.37)计算：

$$E(wt(\boldsymbol{Q})) = \mu[1 - P_r(\boldsymbol{c} \times \boldsymbol{h}^{\mathrm{T}} = 0)] \tag{5.37}$$

式中：$\mu$ 为矩阵 $\boldsymbol{C}$ 的行数；$P_r(\boldsymbol{c} \times \boldsymbol{h}^{\mathrm{T}} = 0)$ 为 $\boldsymbol{c} \times \boldsymbol{h}^{\mathrm{T}} = 0$ 的概率；$\boldsymbol{Q}$ 为取自 $\Omega$ 的任意一个可能的向量。对于 $\boldsymbol{h}^{\mathrm{T}}$ 中为“1”的元素的位置，找到 $\boldsymbol{Q}$ 中相应位置的元素，那么根据有限域 GF(2)上的运算规则，$P_r(\boldsymbol{c} \times \boldsymbol{h}^{\mathrm{T}} = 0)$ 就等于这些元素中有偶数个元素发生翻转的概率，即

$$P_r(\boldsymbol{c} \times \boldsymbol{h}^{\mathrm{T}} = 0) = \sum_{i=0}^{\lfloor w/2 \rfloor} \binom{w}{2i} \tau^{2i} (1 - \tau)^{w-2i} = \frac{1 + (1 - 2\tau)^{w}}{2} \tag{5.38}$$

代入式(5.37)中可得

$$E(wt(\boldsymbol{Q})) = \frac{1 - (1 - 2\tau)^{w}}{2} \mu \tag{5.39}$$

同时，根据二项分布理论，可计算 $wt(\boldsymbol{Q})$ 的方差：

$$D(wt(\boldsymbol{Q})) = \frac{1 - (1 - 2\tau)^{2w}}{4} \mu \tag{5.40}$$

式中：$w$ 为向量 $\boldsymbol{h}$ 的 Hamming 重量。如果矩阵 $\boldsymbol{C}$ 的行不是由取自 $\Omega$ 的向量构成的，而是随机选取的，那么

$$P_r(\boldsymbol{c} \times \boldsymbol{h}^{\mathrm{T}} = 0) = P_r(\boldsymbol{c} \times \boldsymbol{h}^{\mathrm{T}} = 1) = \frac{1}{2} \tag{5.41}$$

所以，此时的 $wt(\boldsymbol{Q})$ 的数学期望和方差分别为

$$E(wt(\boldsymbol{Q})) = \frac{1}{2} \mu \tag{5.42}$$

$$D(wt(\boldsymbol{Q})) = \frac{1}{4} \mu \tag{5.43}$$

在前述编码参数搜索过程中，当参数正确时，存在向量 $\boldsymbol{h}$ 是待识别的卷积码的一个校验向量，此时 $P_{n,k,\beta,t}$ 就相当于 $\boldsymbol{C}$ 由取自 $\Omega$ 的向量构成时的 $wt(\boldsymbol{Q})$；而当参数不正确或 $\boldsymbol{h}$ 不是待识别的卷积码的校验向量时，$P_{n,k,\beta,t}$ 相当于随机构造矩阵 $\boldsymbol{C}$ 的行向量时的 $wt(\boldsymbol{Q})$，而 $\tau$ 就相当于信道转换概率也就是误码率。因此，按照 $\lambda$ 倍标准差边界原则设置最佳阈值 $\delta$：

$$\delta=\frac{\frac{1-(1-2\tau)^{w}}{2}\mu+\lambda\sqrt{\frac{1-(1-2\tau)^{2w}}{4}\mu}+\left(\frac{1}{2}-\lambda\sqrt{\frac{1}{4}\mu}\right)}{2}$$

$$=\frac{\mu}{2}\left[1-\frac{(1-2\tau)^{w}}{2}\right]+\frac{\lambda\sqrt{\mu}}{4}\left[\sqrt{1-(1-2\tau)^{2w}}-1\right] \tag{5.44}$$

而式(5.44)中需要保证

$$\left[\frac{1-(1-2\tau)^{w}}{2}\mu+\lambda\sqrt{\frac{1-(1-2\tau)^{2w}}{4}\mu}\right]<\left(\frac{1}{2}\mu-\lambda\sqrt{\frac{1}{4}\mu}\right) \tag{5.45}$$

因此存储矩阵的行数 $\mu$ 需满足

$$\mu>\left[\frac{\lambda\sqrt{1-(1-2\tau)^{2w}}+1}{(1-2\tau)^{w}}\right]^{2} \tag{5.46}$$

式中：$\lambda$ 为区分度系数，$\lambda$ 越大，区分性越好，但也意味着存储矩阵 $\boldsymbol{X}$ 需要更多的行数。本节建议 $\lambda$ 选择经验值 6 ~ 8。

上述推导过程基于对信道转换概率 $\tau$ 已知的情况。在对信道没有任何先验信息时，无法获取上述最佳阈值。此时，可以设置经验阈值 $\delta=\mu/10$，同时为了保证足够低的虚警率，可以令

$$\left(\frac{1}{2}\mu-\lambda\sqrt{\frac{1}{4}\mu}\right)>\delta=\frac{\mu}{10} \tag{5.47}$$

所以存储矩阵的行数 $\mu$ 需满足

$$\mu>\left(\frac{5}{4}\lambda\right)^{2} \tag{5.48}$$

阈值 $\delta=\mu/10$ 是只适合一般情况的经验值。如果在此阈值下无法搜索到编码参数，可以适当提高 $\delta$ 的值并同时增加 $\mu$。假设 $\delta=\mu/\theta$（注意 $\theta$ 需满足 $\theta>2$），则存储矩阵的行数 $\mu$ 需满足以下条件：

$$\left(\frac{1}{2}\mu-\lambda\sqrt{\frac{1}{4}\mu}\right)>\delta=\frac{\mu}{\theta} \tag{5.49}$$

即

$$\mu>\left(\frac{\theta}{\theta-2}\lambda\right)^{2} \tag{5.50}$$

当码长识别过程步骤(8)中的 $P_{n,k,\beta,t}$ 满足阈值条件时，对应的向量 $\boldsymbol{h}$ 为一个有效的校验向量。如果估计得到的 $\hat{k}=\hat{n}-1$，那么 $\boldsymbol{h}$ 本身就是基本校验矩阵，不需要继续搜索其他的校验向量。否则，令 $\boldsymbol{h}_1=\boldsymbol{h}$，继续识别剩余的 $n-k-1$ 个校验向量。识别分析过程如下。

(1) 令 $s=2$。

(2) 构造向量 $\boldsymbol{x}_s$：

$$\boldsymbol{x}_s = [y_{\hat{t}+1} \quad \cdots \quad y_{\hat{t}+\hat{k}} \quad y_{\hat{t}+\hat{k}+s} \quad y_{\hat{t}+\hat{n}+1} \quad \cdots \quad y_{\hat{t}+\hat{n}+\hat{k}} \quad y_{\hat{t}+\hat{n}+\hat{k}+s} \quad y_{\hat{t}+2\hat{n}+1} \quad \cdots] \tag{5.51}$$

即从接收向量 $\boldsymbol{Y}$ 中按照长度 $n$ 进行分组，取每组中的前 $k$ 个比特和第 $k+s$ 个比特，依次放入 $\boldsymbol{x}_s$。

(3)将 $\boldsymbol{x}_s$ 填入行数为 $\mu$、列数 $l=\hat{\beta}(\hat{k}+1)$ 的存储矩阵 $\boldsymbol{X}$。

(4)构造向量 $\boldsymbol{h}$：

$$\boldsymbol{h} = [h_1 \quad h_2 \quad \cdots \quad h_{\hat{\beta}(\hat{k}+1)}] \tag{5.52}$$

令其中的 $h_{\hat{\beta}(\hat{k}+1)}=1$，遍历 $h_1h_2\cdots h_{\hat{\beta}(\hat{k}+1)}$ 所有的组合(除全零情形外)并计算向量 $\boldsymbol{Q}$：

$$\boldsymbol{Q} = \boldsymbol{X} \times \boldsymbol{h}^{\mathrm{T}} \tag{5.53}$$

该计算在 $\mathrm{GF}(2^m)$ 上进行，即进行加法运算时 $1+1=0, 1+0=1$。

(5)统计向量 $\boldsymbol{Q}$ 中的"1"的个数，记为 $P_{n,k,\beta,t}$，如果 $P_{n,k,\beta,t}$ 小于阈值 $\delta$，那么令 $\boldsymbol{h}_s=\boldsymbol{h}$，并执行步骤(6)。

(6)如果 $s<n-k$，则停止搜索；否则，令 $s=s+1$ 并返回步骤(2)。

上述算法过程中的阈值 $\delta$ 和存储矩阵行数 $\mu$ 的选取与码长识别过程中的选取方法相同。将搜索得到的 $\boldsymbol{h}_1, \boldsymbol{h}_2, \cdots, \boldsymbol{h}_{n-k}$ 按照式(5.25)进行排列，即可得到基本校验矩阵。

## 5.4.2 软判决条件下的相关攻击法

5.4.1 节给出了硬判决条件下识别卷积码编码参数的相关攻击算法。本节将其推广到软判决情形，给出利用软判决比特的可靠度提高识别分析性能的方法。

在硬判决条件下，通过计算向量 $\boldsymbol{Q}=\boldsymbol{X}\times\boldsymbol{h}^{\mathrm{T}}$ 的 Hamming 重量来考查 $\boldsymbol{h}$ 与 $\boldsymbol{X}$ 中的行向量之间的相关度。将 $\boldsymbol{X}$ 的行向量用 $\boldsymbol{x}_1, \boldsymbol{x}_2, \cdots, \boldsymbol{x}_\mu$ 表示，则对于 $\boldsymbol{X}$ 的每个行向量 $\boldsymbol{x}_i(1\leqslant i\leqslant\mu)$，$\boldsymbol{x}_i\times\boldsymbol{h}^{\mathrm{T}}$ 只有"1"和"0"两个可能的取值。而在软判决条件下，可以计算 $\boldsymbol{x}_i\times\boldsymbol{h}^{\mathrm{T}}=1$ 和 $\boldsymbol{x}_i\times\boldsymbol{h}^{\mathrm{T}}=0$ 的概率。根据 5.2.3 节的分析，此概率可以通过式(5.54)进行计算：

$$\begin{cases} P_r(\boldsymbol{x}_i \times \boldsymbol{h}^{\mathrm{T}} = 0) = \dfrac{1}{2} + \dfrac{1}{2}\prod_{j=1}^{w} \tanh(r_{u_j}/\sigma^2) \\ P_r(\boldsymbol{x}_i \times \boldsymbol{h}^{\mathrm{T}} = 1) = \dfrac{1}{2} - \dfrac{1}{2}\prod_{j=1}^{w} \tanh(r_{u_j}/\sigma^2) \end{cases} \tag{5.54}$$

式中：$w$ 为 $\boldsymbol{h}$ 的 Hamming 重量；$u_j$ 为 $\boldsymbol{h}$ 中第 $j$ 个非零元素的位置。通过式(5.55)计算 $P_{n,k,\beta,t}$：

$$P_{n,k,\beta,t} = \sum_{i=1}^{\mu} P_r(\boldsymbol{x}_i \times \boldsymbol{h}^{\mathrm{T}} = 1) \tag{5.55}$$

以上计算用存储矩阵 $\boldsymbol{X}$ 的每行与向量 $\boldsymbol{h}$ 发生相关的概率替代了对其是否发生相关的硬性判断，因而能够利用判决比特的可靠度大大提高识别分析算法的容错性能。

### 5.4.3 仿真验证

本节对5.4.1节和5.4.2节提出的相关攻击算法进行仿真，并对软判决和硬判决两种情况进行比较。假设传输信道为AWGN信道，调制方式为BPSK。图5.7所示为在识别(2,1,3)卷积码的过程中当参数 $n$、$k$、$t$、$\beta$ 均正确时，根据不同组合构成的校验向量 $\boldsymbol{h}$ 所得的 $wt(\boldsymbol{Q})$。其中校验矩阵行数 $\mu=200$，信噪比 $E_s/N_0=2.36\text{dB}$（对应的信道转换概率为 $10^{-1.5}$）。此时，可见某个候选向量与存储矩阵 $\boldsymbol{X}$ 中的行向量的相关度明显较高，符合阈值条件，即符合 $n-k$ 个校验向量中的一个，其他都在阈值之上。而在不正确的参数下，$wt(\boldsymbol{Q})$ 如图5.8所示，此时，没有符合要求的候选向量。

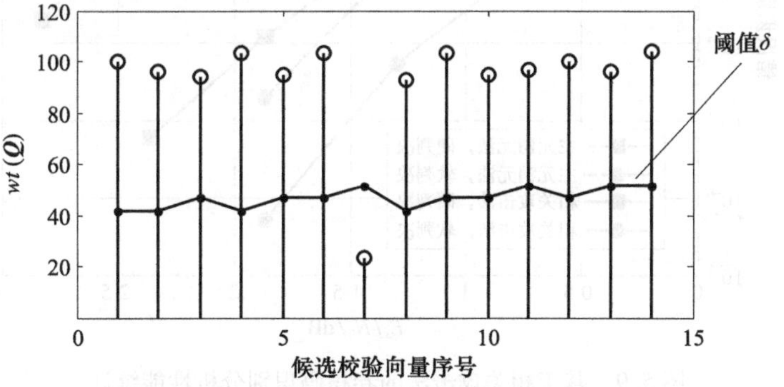


图5.7 卷积码识别中码长参数正确时不同候选向量的 $wt(\boldsymbol{Q})$

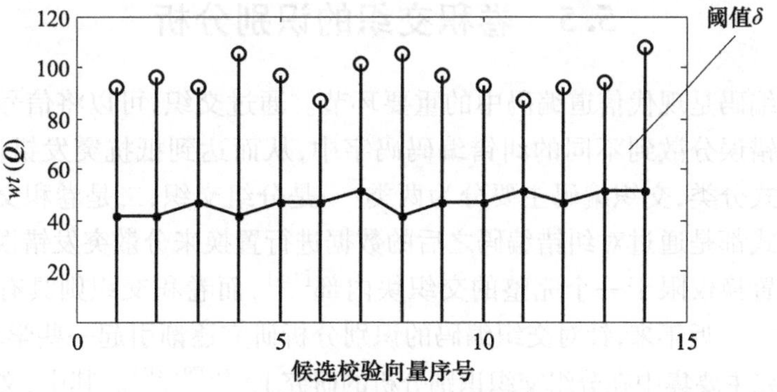


图5.8 卷积码识别中码长参数不正确时不同候选向量的 $wt(\boldsymbol{Q})$

图5.9所示为以(2,1,3)卷积码为识别目标,在不同的信噪比条件下的错误识别概率。其中包括软判决和硬判决两种情况。同时,图5.9中比较了同等数据量情况下(存储矩阵行数$\mu=200$)相关攻击法和主元消元法之间的性能差异。可见,相关攻击法的容错能力相比主元消元法大大提高,这主要是由于主元消元算法中的高斯消元过程导致了误码的影响扩散,而相关攻击法克服了这一弱点。另外,由图5.9可知,基于软判决的相关攻击算法由于利用了每个软判决比特的可靠性参与计算,进一步改善了卷积码识别分析的容错性能。

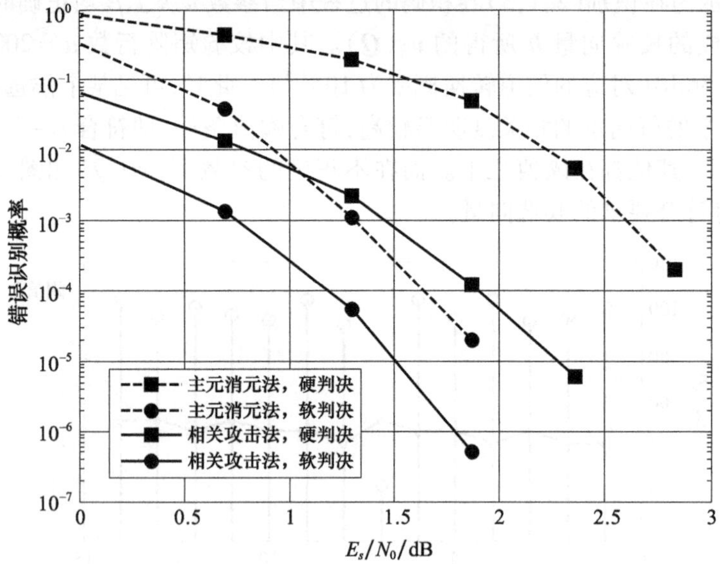


图5.9 基于相关攻击法的卷积码识别分析性能统计

## 5.5 卷积交织的识别分析

交织编码是现代信道编码中的重要环节。通过交织,可以将信号传输中发生的突发错误分散到不同的纠错编码码字中,从而达到抵抗突发错误的目的。按实现方式分类,交织编码主要分为两类:一是分组交织,二是卷积交织。这两类交织方式都是通过对纠错编码之后的数据进行置换来分散突发错误。分组交织的数据置换仅限于一个完整的交织块内部[226],而卷积交织则具有一定的记忆性[227-228]。近年来,针对交织编码的识别分析研究逐渐引起一些学者的关注。较早的研究主要集中在分组交织识别分析的研究上[225,229-232]。其中,文献[231-232]的作者给出了无误码情况下分组交织参数的研究,而实际上,无误码的情况是基本不存在的。文献[229-230]基于主元分析法对噪声条件下的分组交织编码参数的识别给出了比较完整和经典的解决方案并在文献[225]中进行了进一步的完整阐释和理论分析,但未给出针对卷积交织识别的应用。文献[233－235]针对噪声条件下对卷积交织参数的识别给出了有效的解决方案。其中,文献[233]提出的方法包含一个四维搜索过程,因此搜索耗时较大,甚至难以实现。该方法在文献[234]中进行了简化。文献[235]针对交织前存在同步码的情况给出了基于同步码攻击的识别算法且获得了较好的容错性能,但这并不代表大多数情况,即并非交织前的纠错编码结构都存在同步码,所以文献[235]给出的算法并不适用于一般情况。综上所述,目前学术界对卷积交织参数的研究中仅文献[234]的研究成果给出了较实用的卷积交织参数识别方法。然而,文献[234]认为在实际应用中交织参数 $B$(交织支路的数目)和参数 $M$(相邻两个支路的延迟量的差)的乘积应该等于交织前的纠错编码的分组长度 $n$,且只考虑了该情况下的卷积交织参数识别方法,未对不满足 $n=BM$ 条件的一般情况进行讨论。本章在前述学者工作的基础上,提出噪声环境下一般卷积交织器参数识别的方法。另外,本章给出交织类型先验信息缺乏情况下区分分组交织和卷积交织的方法。最后,通过仿真实验验证本章提出的算法的有效性。

### 5.5.1　卷积交织的原理及特性

卷积交织器分别于 1970 年和 1971 年由 Ramsey 和 Forney 提出,其原理如图 5.10所示。编码器由 $B$ 条不同长度的移位寄存器组成,移位寄存器实现对输入每条支路的数据进行延迟的功能。进入交织器之前的数据为经过纠错编码后的码字序列。编码序列以 $B$ 个符号为一组,分别进入 $B$ 条支路。同时将 $B$ 条支路的移位寄存器输出作为卷积交织器的输出。每条支路的延迟参数不同,其中第 1 支路无延迟,第 2 支路延迟 $M$ 个符号,第 3 支路延迟 $2M$ 个符号……第 $i(i\leqslant B)$ 支路延迟 $(i-1)M$ 个符号。本章将此种卷积交织器记为 CI$(B,M)$交织器。

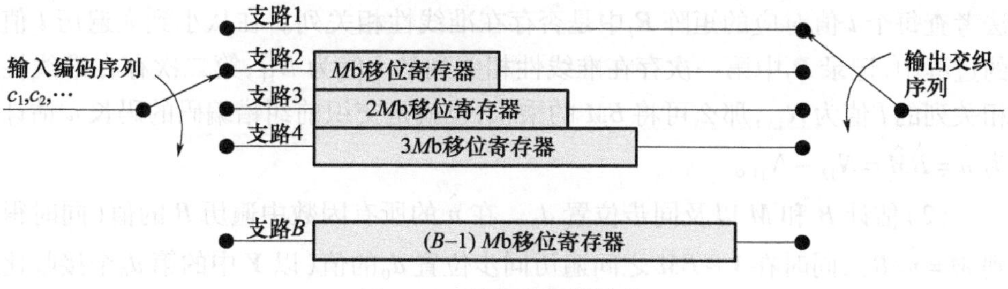


图 5.10　卷积交织器结构

以 CI(4,2)交织器为例,假设输入交织器之前的比特序列为 $c_1$, $c_2$,$c_3$,…,那么交织后的输出如图 5.11 所示。其中,箭头表示输出顺序,即交织后的输出

为 $c_1,0,0,0,c_5,0,0,0,c_9,c_2,0,0,c_{13},c_6,0,0,c_{17},c_{10},c_3,0,c_{21},c_{14},c_7,0,c_{25},c_{18},$ $c_{11},c_4,c_{29},c_{22},c_{15},c_8,\cdots$。

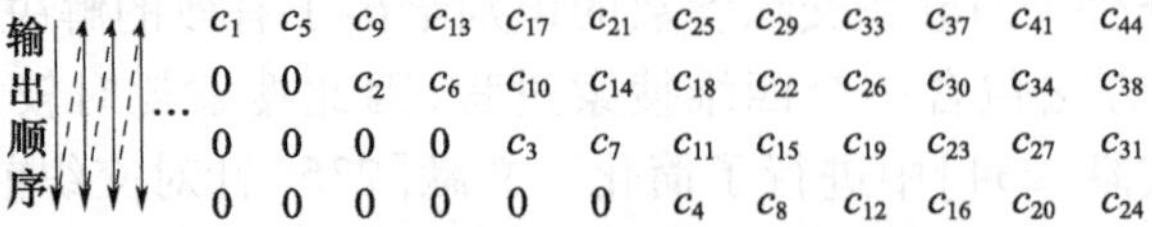


图 5.11 CI(4,2)交织器的交织过程

## 5.5.2 卷积交织参数的识别分析方法

文献[234]认为,在实际应用中 $n=BM$,其中 $n$ 为交织之前的纠错编码分组长度。在此情况下,令

$$\boldsymbol{Y}=[y_1 \quad y_2 \quad y_3 \quad \cdots] \tag{5.56}$$

为接收到的比特序列,且

$$\boldsymbol{R}_l=\begin{bmatrix} y_1 & y_2 & \cdots & y_l \\ y_{l+1} & y_{l+2} & \cdots & y_{2l} \\ \vdots & \vdots & & \vdots \\ y_{(\mu-1)l+1} & y_{(\mu-1)l+2} & \cdots & y_{\mu l} \end{bmatrix} \tag{5.57}$$

为 $\mu$ 行、$l$ 列的存储矩阵($\mu>>l$),文献[234]给出以下结论:当 $l \geqslant BBM$ 且 $l$ 为 $BM$ 的整数倍时,$\boldsymbol{R}_l$ 每行中存在若干完整的纠错编码的码字,并且在每行中有固定位置。因此,可以通过 GJETP 算法在 $\boldsymbol{R}_l$ 中找到准线性相关列。而当 $l$ 不满足 $l \geqslant BBM$ 或 $l$ 不是 $BM$ 的整数倍时,$\boldsymbol{R}_l$ 中不存在准线性相关列。据此,文献[234]给出了以下算法步骤来实现卷积交织参数的估计。

(1)估计 $B$ 与 $M$ 的乘积 $BM$。在预设的搜索范围 $l_{\min}$ 到 $l_{\max}$ 之间遍历 $l$ 的所有值,将 $\boldsymbol{Y}$ 中的接收比特序列填入列数为 $l$ 的存储矩阵 $\boldsymbol{R}_l$ 中,并通过 GJETP 算法考查每个 $l$ 值对应的矩阵 $\boldsymbol{R}_l$ 中是否存在准线性相关列。在从小到大遍历 $l$ 值的过程中,记录 $\boldsymbol{R}_l$ 中第一次存在准线性相关列的 $l$ 值为 $N_{11}$,第二次存在准线性相关列的 $l$ 值为 $N_{12}$,那么可将 $BM$ 的乘积,也就是交织前纠错编码的码长 $n$ 估计为 $\hat{n}=\hat{B}\hat{M}=N_{12}-N_{11}$。

(2)估计 $B$ 和 $M$ 以及同步位置 $d_0$。在 $\hat{n}$ 的所有因数中遍历 $B$ 的值(同时得到 $M=\hat{n}/B$),同时在 $1\sim BM$ 之间遍历同步位置 $d_0$ 的值(以 $\boldsymbol{Y}$ 中的第 $d_0$ 个接收比特为解交织的起点),以 $B$ 和 $d_0$ 的取值空间组成的二维空间中搜索参数,以使经参数 $B$ 和 $M$ 解交织得到的数据序填入列数为 $BM$ 的存储矩阵的归一化秩最小。如此搜索到的参数组合作为 $B$ 和 $d_0$ 的估计,即 $\hat{B}$ 和 $\hat{d}_0$。

上述结论和算法步骤是基于 $n=BM$ 这一前提假设所得到的。但事实上,

$n=BM$ 这一条件并不总能满足。当 $n\neq BM$ 时，上述结论并不成立，相关的算法步骤也就不能奏效。下面给出更一般的情况，即未限定 $n=BM$ 这一条件时，卷积交织参数的识别分析方法。由图5.10和图5.11所示的卷积交织过程容易得到以下结论：用 $\gamma(x,y)$ 表示两个正整数 $x$ 和 $y$ 的最小公倍数，当 $l\geqslant\lambda\gamma(n,B)$ 且 $l$ 为 $\gamma(n,B)$ 的整数倍时，$\boldsymbol{R}_l$ 每行中存在若干完整的纠错编码的码字，并且在每行中有固定位置。其中 $\lambda$ 是一个正整数，取决于交织参数及交织前的纠错编码的校验矩阵的结构。所以，可以通过 GJETP 算法在 $\boldsymbol{R}_l$ 中找到准线性相关列，而当 $l$ 不满足 $l\geqslant nB$ 或 $l$ 不是 $nB$ 的整数倍时，$\boldsymbol{R}_l$ 中不存在准线性相关列。据此，本节给出以下步骤来实现卷积交织参数的估计。

(1)估计 $n$ 与 $B$ 的最小公倍数 $\gamma(n,B)$。在预设的搜索范围 $l_{\min}$ 到 $l_{\max}$ 之间遍历 $l$ 的所有值，将 $\boldsymbol{Y}$ 中的接收比特序列填入列数为 $l$ 的存储矩阵 $\boldsymbol{R}_l$ 中，并通过 GJETP 算法考查每个 $l$ 值对应的矩阵 $\boldsymbol{R}_l$ 中是否存在准线性相关列。在从小到大遍历 $l$ 值的过程中，第一次在存在准线性相关列的 $l$ 值记为 $N_{11}$，第二次在 $\boldsymbol{R}_l$ 中存在准线性相关列的 $l$ 值记为 $N_{12}$，那么可将 $n$ 和 $B$ 的最小公倍数 $\gamma(n,B)$ 估计为 $\hat{\gamma}(n,B)=N_{12}-N_{11}$。

(2)估计 $B$、$M$ 以及同步位置 $d_0$。根据卷积交织的结构特性，参数 $B$、$M$ 及同步位置 $d_0$ 的估计可遵循以下算法步骤。

①将 $\hat{\gamma}(n,B)$ 的所有因数(除1外)作为 $B$ 的候选集合，记为

$$\boldsymbol{\Phi}=\{B_1,B_2,\cdots,B_\eta\} \tag{5.58}$$

并令 $i=1$。

②设置 $M$ 的最大值 $M_{\max}$ 并令 $M=1$。

③令 $d=1$。

④令交织器从接收比特序列的第 $d$ 个比特开始，依据参数 $M$ 和 $B$ 进行解交织，并将解交织后的数据按照每行 $n$ 个比特排列到矩阵 $\boldsymbol{R}$ 中。

⑤对矩阵 $\boldsymbol{R}$ 进行 GJETP 处理并将所得下三角矩阵的归一化秩记为 $\rho_{i,M,d}$。

⑥如果 $d<\hat{\gamma}(n,B)$，令 $d=d+1$ 并返回步骤(4)；否则，执行步骤(8)。

⑦如果 $M<M_{\max}$，令 $M=M+1$ 并返回步骤(3)；否则，执行步骤(9)。

⑧如果 $i<\eta$，令 $d=d+1$ 并返回步骤(2)；否则，执行步骤(11)。

⑨从所有的归一化秩 $\rho_{i,M,d}$ 中选取最小的一个，并根据相应的下标值 $i$、$M$、$d$，估计出交织参数：

$$\begin{cases}\hat{B}=B_i\\ \hat{M}=M\\ \hat{d}_0=d\end{cases} \tag{5.59}$$

在上述的识别算法过程中，虽然看似存在 $B$、$M$ 和 $d_0$ 三个参数的三维搜索，

但实际上通过之前 $\gamma(n,B)$ 的估计,已将 $B$ 的搜索缩小到很小的范围内,所以这主要是针对延迟参数 $M$ 和同步参数 $d_0$ 的搜索,而且 $d_0$ 的范围也被限制在 $1\sim\gamma(n,B)$。

### 5.5.3 交织类型的识别分析

通用的交织编码通常分为分组交织和卷积交织两类。分组交织的交织块之间不具有记忆性,一个交织块中每个比特的置换操作仅限于本交织块内部。也就是说,分组交织的每个交织块内部包含若干完整码字,这些码字的总和构成了该交织块。而卷积交织与此不同,任何长度的分组内均有部分比特与其他分组的数据构成同一码字。另外,卷积交织和分组交织的输入输出顺序有着很大的不同。如图 5.12 所示的分组交织器结构,其交织过程先将纠错编码后的数据依次按行填入交织块,再依次按列输出。在很多应用中,信号分析者并不事先具有关于交织类型的先验信息,这就需要先对交织类型进行判断,再进行交织参数的识别分析。

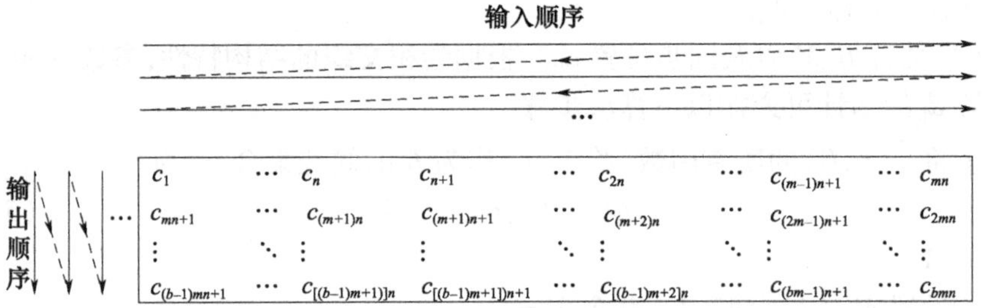

图 5.12 分组交织器结构

文献[209]提出首先尝试进行卷积交织参数的识别分析,如果失败,再尝试进行矩阵交织的识别分析,以解决交织类型的判断问题。但这会引起较大的耗时。如果能够事先通过简易的方法判断出交织类型再根据相应的识别分析算法进行参数估计,那么会在很大程度上降低计算复杂度。

比较卷积交织器和分组交织器可见,卷积交织在计算准线性相关列数目时对同步位置的依赖性不大,即基于正确的 $\gamma(n,B)$,正确的同步位置和错误的同步位置对存储矩阵 $\boldsymbol{R}$ 的准线性相关列数目的统计影响不大。而对于分组交织,错误的同步位置会对准线性相关列的数目统计影响很大。图 5.13 所示为针对 CI(5,2)卷积交织器识别分析的情况,交织前的纠错编码为 BCH(15,11)。假设实际同步位置为0,图 5.13 中记录了 $\boldsymbol{R}$ 的列数为 $l=90$、同步位置 $d$ 从 $-46$ 到 45 变化过程中对 $\boldsymbol{R}$ 进行 GJETP 处理后得到的准线性相关列数目,记为 $N_d$。可见,在 $d$ 从 $-46$ 到 45 变化时,$N_d$ 的起伏不大。而当 BCH(15,11)码字经过支路数为

3 的矩阵交织后的数据记录 $N_d$时，相应结果如图 5.14 所示。可见，靠近实际同步位置时的 $N_d$较大，而远离同步位置时的 $N_d$较小，并且差距显著。

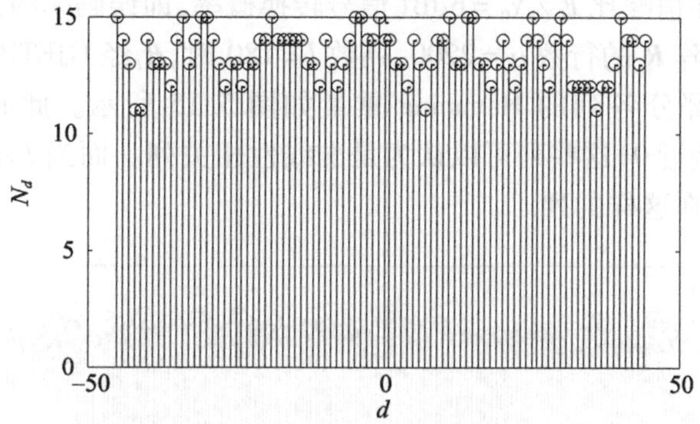


图 5.13　卷积交织不同的同步位置处的 $N_d$

如 5.3 节所述，卷积交织识别分析时第一步是识别 $\gamma(n,B)$，这与分组交织识别分析中的第一步即交织块长度 $N$ 的识别是相同的。之后，令 $\boldsymbol{R}_l$的列数 $l$ 等于 $N$ 或 $\lambda\gamma(n,B)$，基于不同的交织起点 $d$ 填充存储矩阵 $\boldsymbol{R}_l$并计算相应的 $N_d$。考查 $N_d$是否会出现图 5.14 所示的趋势，即可辨别交织类型是否为分组交织。其中，正整数 $\lambda$ 是使列数为 $l=\lambda\gamma(n,B)$ 的 $\boldsymbol{R}_l$存在准线性相关列的最小的 $l$ 对应的 $\lambda$ 值。之后，再依据卷积交织和分组交织各自的识别分析方法估计交织参数。

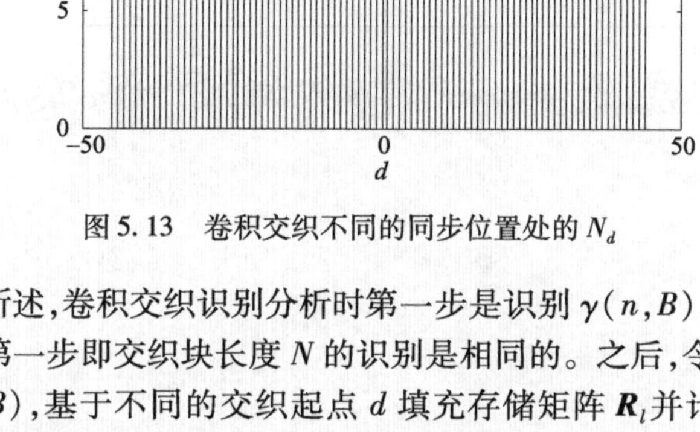

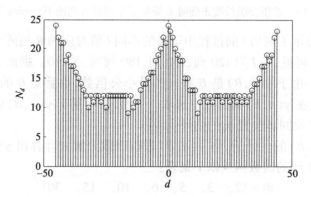

图 5.14　分组交织不同的同步位置处的 $N_d$

## 5.5.4　仿真验证

本节通过仿真实验对噪声条件下卷积交织参数识别分析算法进行进一步的阐释，并给出不同信噪比条件下的性能统计。

假设交织前的纠错编码采用 BCH(15,11) 编码，编码后的码字采用 CI(6,3) 交织器进行交织，并假设采用的调制方式为 BPSK 调制，信号传输信道为 AWGN 信道。在信噪比 $E_s/N_0=6\text{dB}$(信号转换概率，即误码率约为 $10^{-3.11}$) 的条件下，当存储矩阵 $\boldsymbol{R}_l$ 的行数 $\mu=2200$、列数 $l=180$ 时，$\boldsymbol{R}_l$ 经 GJETP 处理后的下三角矩阵 $\boldsymbol{L}$ 下半部分各列的 Hamming 重量如图 5.15 所示。此时，$\boldsymbol{L}$ 部分列的 Hamming 重量接近 0，这些列可以认为是准线性相关列。而当 $l$ 不是 $\gamma(n,B)$ 的整数倍时，不存在这样的列。

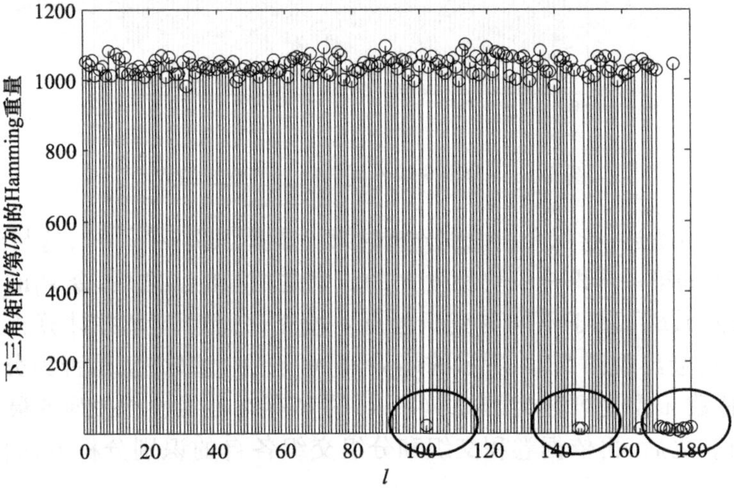


图 5.15 卷积交织长度正确时 $\boldsymbol{L}$ 矩阵下半部分各列的 Hamming 重量

图 5.16 显示了遍历 $l$ 的过程中记录的不同 $l$ 值对应的 $\boldsymbol{R}_l$ 矩阵中准线性相关列的数量 $N_l$。可见，在 $l$ 为 120 列、150 列、180 列时，$N_l>0$。据此，可以将 $\gamma(n,B)$ 估计为 30。由于 $\gamma(n,B)$ 是 $B$ 和 $n$ 的最小公倍数，也就是 $B$ 的整数倍数，因此 $B$ 的取值仅在 $\gamma(n,B)$ 的因数中选取。下面，即可基于 $\gamma(n,B)$ 的因数的集合进行参数 $M$ 以及同步位置 $d_0$ 的估计。

完成 $\gamma(n,B)$ 的估计后，将 $\gamma(n,B)$ 进行因数分解并计算出 $\gamma(n,B)$ 的所有因数，其中除 1 外的因数构成以下集合：

$$\boldsymbol{\Phi}=\{2,\quad 3,\quad 5,\quad 6,\quad 10,\quad 15,\quad 30\} \tag{5.60}$$

遍历所有可能的 $M$ 值以及取自 $1\sim\gamma(n,B)$ 之间的同步位置 $d_0$，结合 $\boldsymbol{\Phi}$ 中 $B$ 的取值，即可搜索出使矩阵 $\boldsymbol{R}_l(l=\gamma(n,B))$ 的归一化秩最小的参数组合，作为 $M$、$d_0$ 和 $B$ 的估计。假设存入 $\boldsymbol{R}_l$ 的数据的同步位置在第 10 个比特。经验证，仅当 $B=6$ 时，$\boldsymbol{R}_l$ 存在准线性相关列，如图 5.17 所示。为便于清晰显示，用 $\rho^*=1-\rho$ 代替归一化秩 $\rho$。

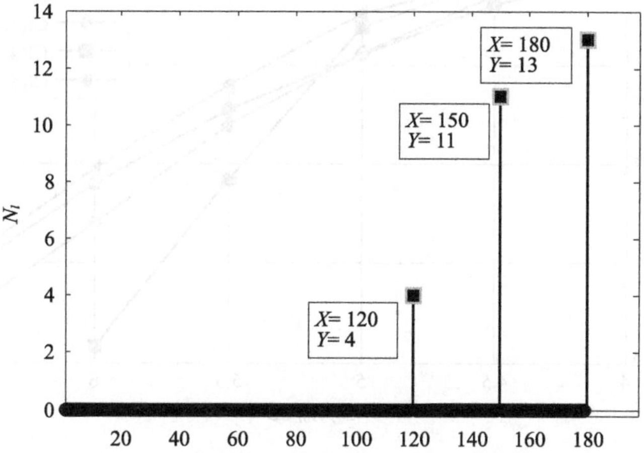


图 5.16　遍历 $l$ 的过程中不同 $l$ 值处对应的 $N_l$

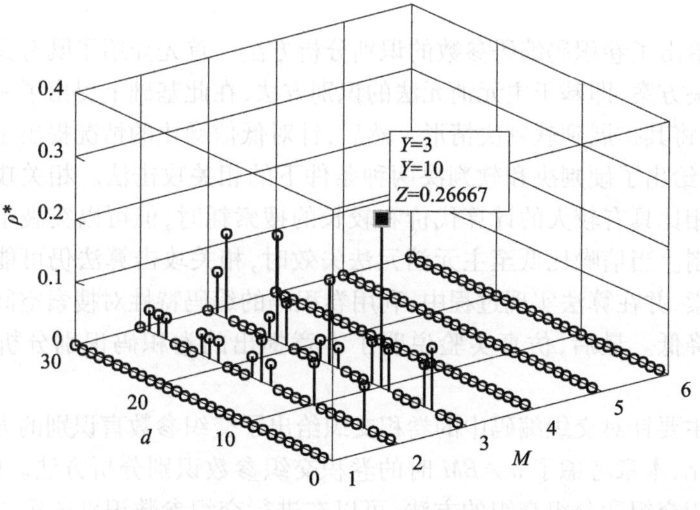


图 5.17　$B=6$ 时不同 $d$、$M$ 值对应的归一化秩

从图 5.17 可见，当 $d=10$、$M=3$ 时，$\rho^*$ 最大，即 $\rho$ 最小。据此，即可得到估计值 $\hat{B}=6$，$\hat{d}_0=10$，$\hat{M}=6$。图 5.18 统计了对几种不同参数交织器进行识别分析的容错性能，其中交织前的纠错编码为 BCH(15,11)。该图显示了错误识别概率随着信噪比的上升而变化的曲线。

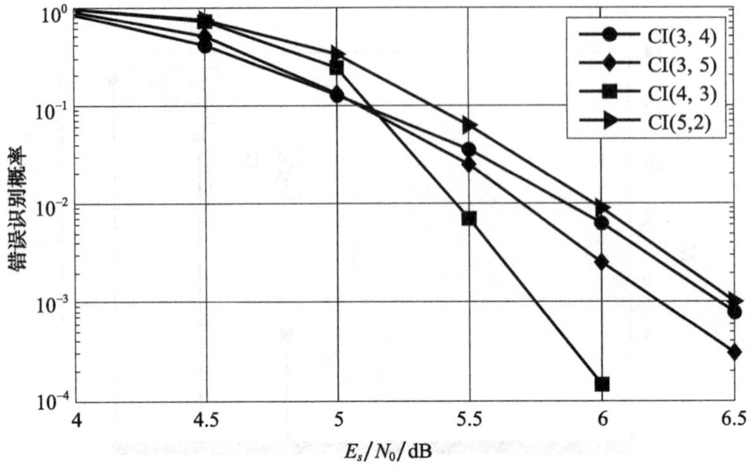


图 5.18　几种卷积交织参数识别的容错性能统计

## 5.6　本章小结

本节给出了卷积码编码参数的识别分析方法。首先介绍了既有文献中的一种好的解决方案,即基于主元消元法的识别方法,在此基础上提出了一些问题及其改进,并将其扩展到软判决情形。然后,针对低信噪比的情况提出了一种相关攻击法,并给出了硬判决和软判决两种条件下的相关攻击法。相关攻击法与主元消元法相比具有较大的计算代价和较长的搜索耗时,但可以突破主元消元法的性能限制。当信噪比低至主元消元法失效时,相关攻击算法仍可能实现编码参数的搜索,并在算法实现过程中,利用卷积码的编码特性对搜索空间进行了一定程度的降低。最后,仿真实验说明了本章提出的卷积码识别分析方法的有效性。

本章主要针对交织编码中的卷积交织给出了交织参数盲识别的方法。与既有文献相比,本章考虑了 $n \neq BM$ 时的卷积交织参数识别分析方法。同时,提出了区分卷积交织和分组交织的方法,可以在进行交织参数识别的第二部分计算之前进行交织类型的判别,再依据卷积交织和分组交织各自的分析方法进行参数估计,避免了对两种交织类型分别尝试识别以确定交织类型带来的计算消耗。最后,通过仿真实验进一步阐释了卷积交织参数识别分析过程,并给出了对其容错性能的统计。

# 第6章 非标准SDH信号复用映射结构解析

## 6.1 引 言

同步数字体系(SDH)传输体制具有良好的兼容性,其承载的业务类型众多,复用映射结构复杂多样。标准的SDH信号通过一系列的开销字节来指示复用映射结构及负载类型。然而,SDH传输网中还存在一些非标准的SDH信号。对于这些非标准信号,信息接收方无法通过指示字节来识别信号的复用映射结构。

本章就非标准SDH信号的复用映射结构解析进行研究:首先简要介绍了SDH复用映射原理及标准SDH复用映射结构解析;然后给出了一种非标准SDH信号复用映射结构解析算法,就算法中的两个关键问题——SDH负载类型特征提取与自同步扰码生成多项式盲识别算法研究,进行了详细的探讨;最后在实际接收的SDH数据上验证算法的有效性。

## 6.2 SDH复用映射原理

第1章已经对SDH传输协议做了一些简要的介绍,本节进一步介绍与SDH复用映射过程相关的一些概念,然后以PDH一次群信号(E1)复用映射入STM - $N$为例说明完整的复用映射过程。

### 6.2.1 SDH复用映射结构

支路信号复用进STM - $N$要经过映射、指针定位和复用三个步骤,SDH的复用映射结构如图6.1所示。各个步骤的概念、原理及图中各个符号的含义将在后面各节中逐一说明。

需要说明的是,一个国家电信网上原有的业务对传输的需求往往不需要完整的复用映射结构,允许选取部分接口和映射支路,但对于信息接收系统,由于其往往处于不同国家的边界处,各种复用映射路径都有可能出现,因此需要考虑所有复用映射路径。

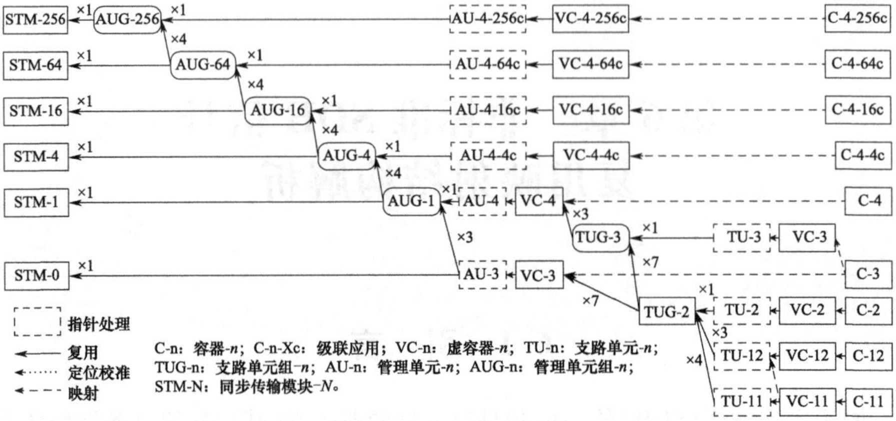


图 6.1 SDH 的复用映射结构

## 6.2.2 容器与映射

容器是装载各种速率业务的信息结构,各类业务信号首先需要通过码速调整来匹配相应等级容器的速率,即映射入容器。

SDH 协议规范了 5 种基本容器:C－11、C－12、C－2、C－3 和 C－4,主要参数见表 6.1。为了适应更高速率的业务信号,SDH 协议还定义了更大的容器C－4－*X*c,C－4－*X*c 由 *X* 个 C－4 容器的连续级联而成,它的速率为 C－4 容器速率的 *X* 倍。

表 6.1 容器主要参数

| 容器 | C－11 | C－12 | C－2 | C－3 | C－4 |
|---|---|---|---|---|---|
| 容器速率/(kb/s) | 1600 | 2176 | 6784 | 48384 | 149760 |
| 基帧频率/kHz | 8 | 8 | 8 | 8 | 8 |
| 基帧结构 | 9×3－2 | 9×4－2 | 9×12－2 | 9×84 | 9×260 |

SDH 映射方式分为异步映射和同步映射两大类,同步映射又分为比特同步和字节同步,字节同步还可细分为浮动模式和锁定模式。ITU－TG. 707 对各类通信业务采用的映射方式做了详细的规定。

以 PDH 一次群信号(E1)映射入 C－12 容器为例。E1 信号的速率为 2048kb/s,载送 E1 信号的容器是 C－12,按照网中 E1 信号的不同情况,可能有三种映射方式,即 2048kb/s 支路的异步映射、2048kb/s 支路的字节同步映射和 31×64kb/s 的字节同步映射。图 6.2 给出了 2048kb/s 支路的异步映射,其中 R 为固定填充比特,C 为调整控制比特,O 为开销比特,S 为调整机会比特,D 为数据比特,V5、J2、N2 和 K4 为低阶通道开销字节,它的含义将在 6.2.3 节作具体介绍。从该图中可以看出,一个 C－12 帧加上低阶通道开销组成一个 VC－12,4 个 VC－12 帧组成一个 VC－12 复帧,一个 VC－12 复帧有 140B,它包括 40b 的开销、1023 个数据比特、6 个调整比特、2 个调整机会比特和 49 个固定填充比特,VC－12 的速率为 2240kb/s,很容易算得,净负荷的速率范围为 2046～2048kb/s,这与 E1 信号速率相匹配。另两种映射方式见 ITU－TG.707 建议。

| |
|---|
| V5 |
| R R R R R R R R |
| 32B |
| R R R R R R R R |
| J2 |
| C1 C2 O O O O R R |
| 32B |
| R R R R R R R R |
| N2 |
| C1 C2 O O O O R R |
| 32B |
| R R R R R R R R |
| K4 |
| C1 C2 R R R R R S1 |
| S2 D D D D D D D |
| 31B |
| R R R R R R R R |

图 6.2　2048kb/s 支路的异步映射

## 6.2.3　虚容器与通道开销

虚容器是用来支持通道层连接的信息结构。虚容器由容器加上通道开销(POH)组成。通道开销用于对承载信息的维护和管理,其中就包括指示其承载信息流的复用映射结构和负载类型。

虚容器分为低阶虚容器和高阶虚容器两类。低阶虚容器有 VC－11、VC－12、VC－2 和 AU－4 中的 VC－3。高阶虚容器有 VC－4 和 AU－3 中的 VC－3。

### 6.2.3.1　高阶虚容器与高阶通道开销

高阶虚容器的结构如图 6.3 所示。VC－4(VC－3)POH 位于 9 行 261 列(87 列)VC－4(VC－3)结构的第 1 列。POH 由 J1、B3、C2、G1、F2、H4、F3、K3、N1 9B 组成,其中 C2 为信号标记字节,它指示了净负荷的复用结构和负载类型,是解析 SDH 复用映射结构及负载类型的关键字段。已经规定的 C2 字节代码定义见表 6.2。

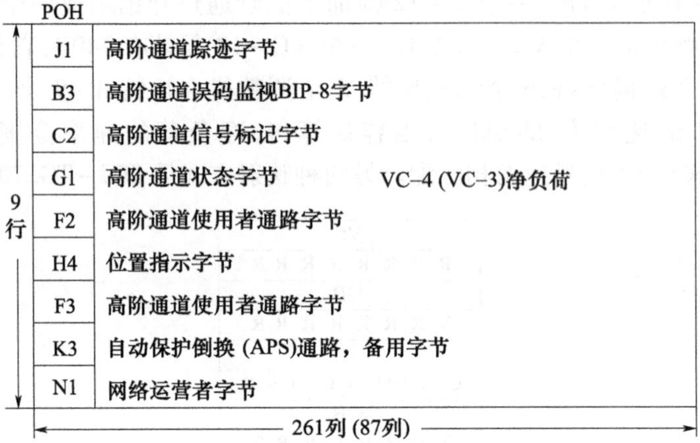


图 6.3　高阶虚容器的结构

表 6.2　C2 字节的代码定义

| C2 字节 | | 十六进制 | 含义 |
|---|---|---|---|
| 1 2 3 4 | 5 6 7 8 | | |
| 0 0 0 0 | 0 0 0 0 | 0x00 | 通道未装载信号 |
| 0 0 0 0 | 0 0 0 1 | 0x01 | 通道装有非特定的净负荷 |
| 0 0 0 0 | 0 0 1 0 | 0x02 | 支路管理单元组(TUG)结构 |
| 0 0 0 0 | 0 0 1 1 | 0x03 | 支路单元(TU)锁定方式 |
| 0 0 0 0 | 0 1 0 0 | 0x04 | 34Mb/s 或 45Mb/s 异步映射进 C－3 |
| 0 0 0 1 | 0 0 1 0 | 0x12 | 140Mb/s 异步映射进 C－4 |
| 0 0 0 1 | 0 0 1 1 | 0x13 | ATM 映射 |
| 0 0 0 1 | 0 1 0 0 | 0x14 | 局域网的分布排队双总线(DQDB)映射 |
| 0 0 0 1 | 0 1 0 1 | 0x15 | 光纤分布式数据接口(FDDI)映射 |
| 0 0 0 1 | 0 1 1 0 | 0x16 | HDLC/PPP 映射(自同步扰码) |
| 0 0 0 1 | 0 1 1 1 | 0x17 | SDL 映射(自同步扰码) |
| 0 0 0 1 | 1 0 0 0 | 0x18 | HDLC/LAPS 映射 |
| 0 0 0 1 | 1 0 0 1 | 0x19 | SDL 映射(复位式扰码) |
| 0 0 0 1 | 1 0 1 0 | 0x1A | 10Gb/s 以太网映射 |
| 0 0 0 1 | 1 0 1 1 | 0x1B | GFP 映射 |
| 1 1 0 0 | 1 1 1 1 | 0xCF | HDLC/PPP 映射 |

#### 6.2.3.2　低阶虚容器与低阶通道开销

低阶虚容器的结构如图 6.4 所示。以 VC－12 为例说明，其他低阶虚容器的组成结构与此类似。VC－12 由容器 C－12 加上 1B 的通道开销组成，4 个 VC－12 子帧组成一个 VC－12 复帧，这样一个复帧就有 4 个通道开销字节：V5、J2、N2 和 K4。

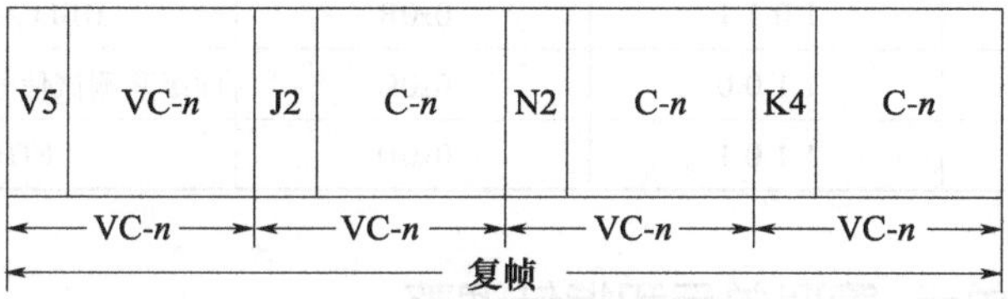


图 6.4　低阶虚容器的结构

低阶通道开销字节中 V5 字节的高三位（b5～b7）为低阶通道信号标记，它指示了净负荷的映射方式与负载类型，其具体含义如表 6.3 所列。由于 V5 字节的高三位最多只能表示 8 个状态，这是不够用的，故将代码“101”定义为扩展的信号标记。它和 K4 的 b1 配合使用就能表示更多的含义。

表 6.3　V5（b5～b7）代码含义

| V5（b5～b7） | 含义 |
|---|---|
| 0 0 0 | 未装载或监控未装载信号 |
| 0 0 1 | 预留 |
| 0 1 0 | 已装载，异步映射 |
| 0 1 1 | 已装载，比特同步映射 |
| 1 0 0 | 已装载，字节同步映射 |
| 1 0 1 | 扩展的信号标记，和 K4 的 b1 配合使用 |
| 1 1 0 | 按 ITU－TO.181 建议规定映射的测试信号 |
| 1 1 1 | VC－AIS |

K4 的 b1 只有 1b，难以表示中众多的客户信号，因此用 32 个 b1 组成复帧，见图 6.5。图中 MFAS 为复帧定位比特，R 为预留比特，用第 12～19 子帧的 b1 位作为扩展的信号标记，其代码含义见表 6.4。

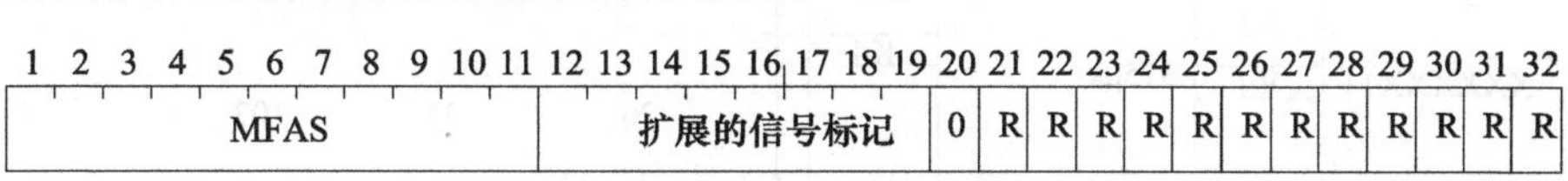


图 6.5　K4 字节的 b1 复帧结构

表 6.4 扩展的信号标记代码

| 高位 $b1_{12}b1_{13}b1_{14}b1_{15}$ | 低位 $b1_{16}b1_{17}b1_{18}b1_{19}$ | 十六进制 | 含义 |
|---|---|---|---|
| 0000 | 1000 | 0x08 | 待开发的映射 |
| 0000 | 1001 | 0x09 | ATM 映射 |
| 0000 | 1010 | 0x0A | HDLC/PPP 映射 |
| 0000 | 1011 | 0x0B | HDLC/LAPS 映射 |
| 0000 | 1100 | 0x0C | 虚级联测试信号,O. 181 特殊映射 |
| 0000 | 1101 | 0x0D | FTDL 映射 |

## 6.2.4 支路单元、管理单元和指针调整

### 6.2.4.1 支路单元与支路单元指针

支路单元(TU)是提供低阶通道层和高阶通道层间适配的信息结构。支路单元由虚容器和支路单元指针组成。支路单元指针指示了虚容器在支路单元中的浮动位置。支路单元分为四种:TU－11、TU－12、TU－2 和 TU－3。

支路单元指针分为 TU－3 指针和 TU－2/TU－1 指针两种,以 TU－2/TU－1 指针为例作简要介绍,TU－3 指针参考 ITU－TG. 707 建议。图 6.6 给出了 TU－2/TU－1 指针的原理示意图。VC－$n$ 加上支路单元指针组成支路单元 TU－$n$,4 个 TU－$n$ 组成一个 TU－$n$ 复帧,子帧在复帧中的位置由高阶通道开销中的 H4 字节的低 2 个字节指示,这样 4 个支路单元指针(V1 ~ V4),就指示了 VC－$n$ 复帧的首字节 V5 在 TU－$n$ 中的位置。V1 和 V2 为指针值,V3 为负调整机会,V3 后的字节为正调整机会。

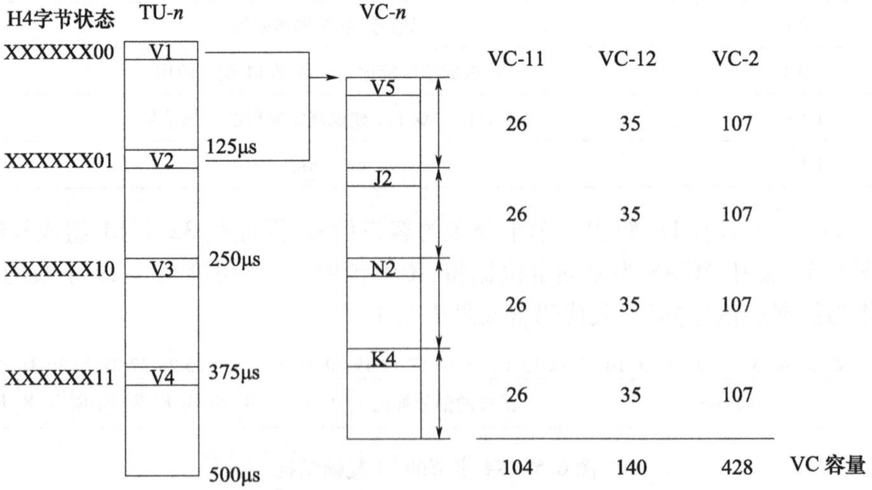


图 6.6 TU－2/TU－1 指针的原理示意图

#### 6.2.4.2　管理单元与管理单元指针

管理单元(AU)是提供高阶通道层和复用段层之间的信息的结构。管理单元由高阶虚容器和管理单元指针组成,分为 AU－3 和 AU－4 两种。

由 6.1.2 节的介绍可知,管理单元指针位于 STM－N 帧结构的特定位置上,如 AU－4 管理单元指针位于 STM－1 第 4 行的前 9 个字节。图 6.7 给出了 AU－4 管理单元指针的原理示意图,其中,1* 表示全 1,Y 为“1001SS11”,S 为未规定比特。AU－4 指针值的范围是 0～782,这些数值和图中以 3B 为单位的位置编号对应;H1、H2 是指针,H3 是负调整机会,H3 后的 3B 为正调整机会。

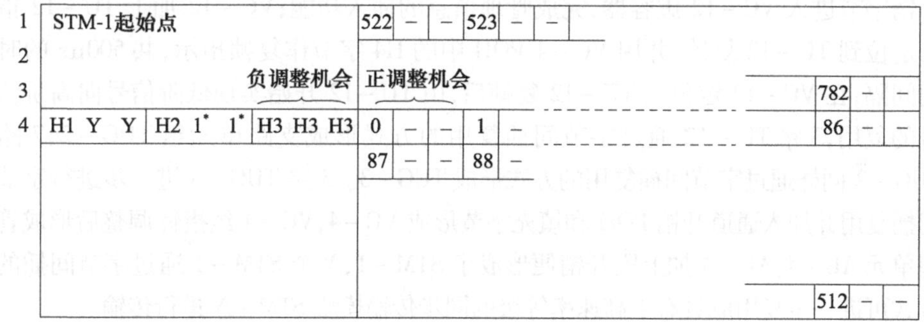


图 6.7　AU－4 管理单元指针的原理示意图

#### 6.2.4.3　指针调整原理

指针调整原理如图 6.8 所示,两个指针值字节(H1/V1 和 H2/V2)可以视为一个字,前 4b 为新数据标志位(NDF),后 10 个字节承载指针值,用来指明 VC 起点位置编号,这 10 个字节又分为增加指示比特(I 比特)和减少指示比特(D 比特)两类,当 NDF＝“0110”时,利用它们瞬间取反给出启动指针值调整信息,I 比特取反则出现正调整,D 比特取反则出现负调整,当 NDF 取反时,表示净荷发生变化,指针将有一个全新的值,这个值就等于 VC 的起点位置编号。当 10b 针值为全 1 及 NDF＝“1001”时,表示该信号为级联信号。SS 比特的取值指示了该管理单元 AU 和支路单元 TU 的类型。对于 AU 指针和 TU－3 指针,当 SS＝“10”时,表示该指针类型是 AU－4、AU－3 或 TU－3;对于 TU－1/TU－2 指针,当 SS＝“00”时,指针类型为 TU－2,当 SS＝“10”时,指针类型为 TU－12,当SS＝“11”时,指针类型为 TU－11。

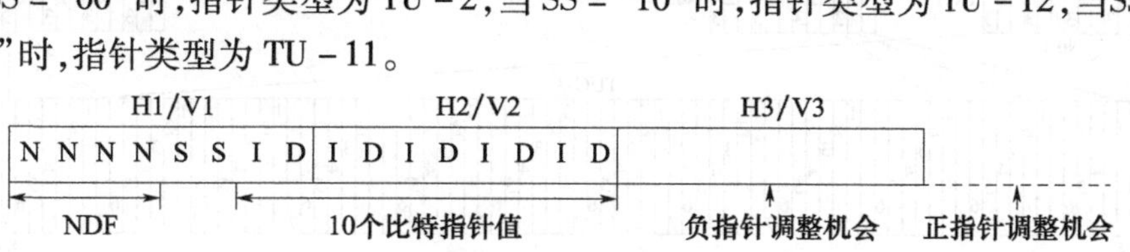


图 6.8　指针调整原理

### 6.2.5 SDH 复用映射过程

以 E1 信号复用入 STM－N 为例说明完整的 SDH 复用映射过程。前面提到，承载 E1 信号的容器是 C－12，E1 信号通过码速调整映射入 C－12，映射原理见 6.2.2 节。由图 7.1 可知，C－12 复用入 STM－N 的路径有两条：C－12→TUG－2→TUG－3→AUG－1→STM－1→STM－N 和 C－12→TUG－2→AU－3→AUG－1→STM－1→STM－N。本节以前一种复用路径为例说明。

图 6.9 描述了 C－12 复用入 TUG－3 的过程：C－12 标准容器加上低阶通道开销字节进入 VC－12 虚容器，完成管理信息的插入功能；VC－12 加上 TU－12 指针定位到 TU－12 复帧，并用 VC－4 POH 中的 H4 字节作复帧指示，共 500μs 的时间间隔；在 VC－12 定位到 TU－12 复帧后，由 TU－12 开始实现低阶信号向高阶信号的复用，3 路 TU－12 通过字节间插复用的方式形成支路单元组 TUG－2，7 路 TUG－2 同样通过字节间插复用的方式形成 TUG－3。3 路 TUG－3 进一步进行字节间插复用并加入通道开销 POH 和填充字节形成 VC－4，VC－4 经指针调整后形成管理单元 AU－4，AU－4 加上段开销便形成了 STM－1，$N$ 个 STM－1 通过字节间插的方式可进一步复用成具有更高速率等级的同步传输模块 STM－$N$ 进行传输。

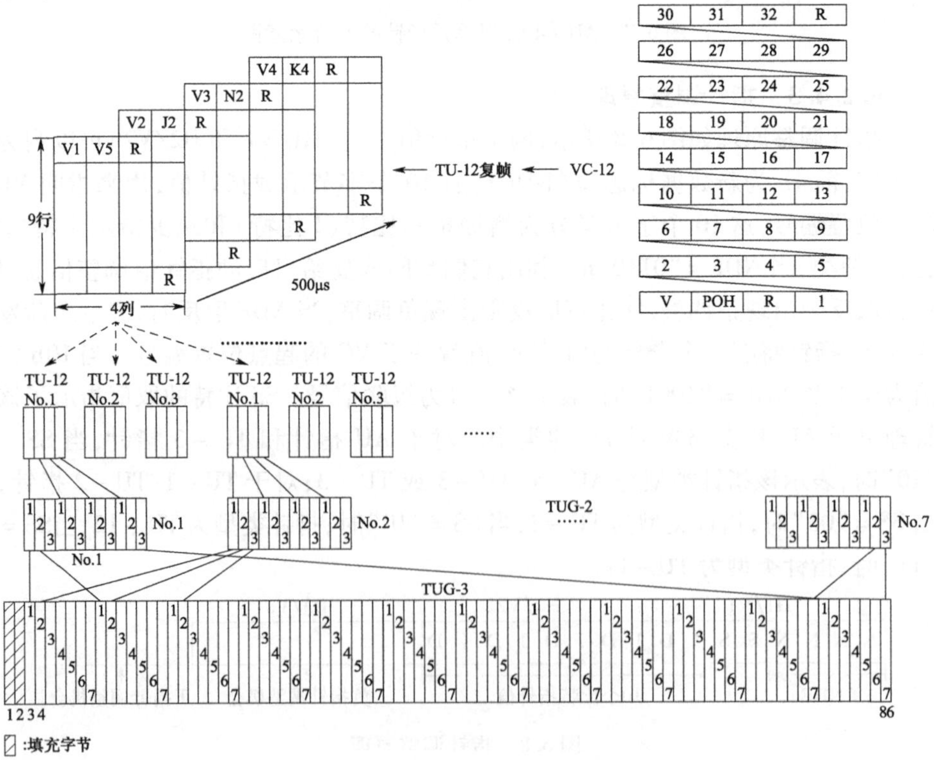


图 6.9　C－12 复用入 TUG－3 的过程

# 6.3　SDH 复用映射结构解析

## 6.3.1　标准 SDH 复用映射结构解析

标准 SDH 复用映射结构解析是根据各级指针值和高低阶通道开销中的指示字节来进行的。总结起来有以下几点:

(1)连续级联信号的判别。一些新业务需要的传输速率与 SDH 的各种容器的标准速率不完全匹配,为解决此问题,提出了级联,所谓级联,就是指将多个容器彼此关联复合在一起构成一个较大的容器。级联分为连续级联和虚级联两种,虚级联并不影响 SDH 复用映射结构的解析,因此这里暂不考虑虚级联。

在 SDH 复用映射结构中,有 3 处采用连续级联,需要进行判别:一是 STM - $N$ 可能由级联信号 AU - 4 - $N$c 构成,也可能由 $N$ 个 AU - 4 复用而成;二是 STM - 1 可能由 AU - 4 构成,也可能由 3 个 AU - 3 复用而成;三是 TU - 2 复用入 TUG - 3 时,连续的几个 TU - 2 可能组成一个级联信号复用入 TUG - 3。

级联信号是通过各级指针值来判别的。由 6.2.4 节的介绍可知,当指针值为"1001SS1111111111"时,表示该信号为级联信号。例如,STM - $N$ 的 $9 \times N$ 字节管理单元指针是由 $N$ 组 AU - 4 指针字节间插复用而成,当 STM - $N$ 由 $N$ 个 STM - 1 间插复用而成时,这 $N$ 组指针对应的就是 $N$ 个 STM - 1 的指针,而当 STM - $N$ 由整体 AU - 4 - $N$c 组成时,后 $N$ - 1 组指针值为"1001SS1111111111",指示该 STM - $N$ 为级联信号。这样,通过检测 STM - $N$ 的指针值,就可以判别出该信号是否为连续级联信号。其他级联情况的判别与此类似。

(2)高阶虚容器 VC - 4、VC - 3 复用结构解析。高阶虚容器 VC - 4(VC - 3)的复用结构由高阶通道开销中的 C2 字节指示。C2 字节的代码含义见表 6.2,当 C2 = "0x01"时,指示该高阶虚容器是 TUG 结构,即它由低阶支路信号复用而成。当 C2 为其他值时,则表示该路信号为整体 C - 4(C - 3)。

当高阶虚容器为 TUG 结构时,TUG 结构的具体组成由 TU - 1/TU - 2 指针值中的 SS 比特指示:首先从 VC - 3 或 TUG - 3 中分解出 7 路 TUG - 2,对每路 TUG - 2 检测指针值,若 SS = "00",则表示该路信号为 1 路 TU - 2,若 SS = "10",则表示该路信号由 3 路 TU - 12 字节间插复用而成,若 SS = "11",则表示该路信号由 4 路 TU - 11 字节间插复用而成。

(3)映射方式判别。高阶通道开销中的 C2 字节和低阶通道开销中的 V5、K4 字节指示了净荷适配入各级容器的映射方式。C2、V5 和 K4 字节的代码含义分别见表 6.2、表 6.3 和表 6.4。

### 6.3.2 非标准 SDH 信号复用映射结构解析

对于非标准 SDH 信号,电信运营商通常只改变高低阶通道开销中的指示字节,而不改变指针调整规则。因此,同样可以采用指针值来判别非标准 SDH 信号中的连续级联情况。

各类通信业务通常都有一些特定的特征,例如,HDLC 封装的业务中包含了大量的填充字节(0x7E),PDH 群路信号呈现明显的帧结构特征等。显然,这些负载的类型特征可以用来识别非标准 SDH 信号的复用映射结构。

本章采用一种"穷搜索"的策略来实现非标准 SDH 信号的复用映射结构解析。其基本思路是:尝试每种可能的复用结构和映射方式,按照假定的复用映射结构进行解复用和去映射,提取出支路信号,再将该支路信号与已知的类型特征相匹配,以鉴别该路信号的负载类型和验证解复用的正确性。

用"树"形结构来表示 SDH 信号的复用映射结构。图 6.10 为某 STM-4 信号复用映射结构的树形表示。该路 STM-4 信号由 4 路 STM-1 信号间插复用组成,其中第一路 STM-1 由 3 路 TUG-3 信号组成,第三路由 3 路 AU-3 信号组成,第二、第四路为整体 C-4 信号;第一路 STM-1 的第二个 TUG-3 又分为 7 个 TUG-2,而第二个 TUG-2 又由 3 个 C-12 组成。可见,树形结构清晰地表示 SDH 信号的复用映射结构,而识别 SDH 信号的复用映射结构也可归结为遍历树中所有节点:从根节点往下逐层搜索,若某节点为整体信号,则该节点为叶子节点;反之,该节点有后继节点,展开其后继节点,遍历其后继节点,如此反复,直到找到所有的叶子节点。

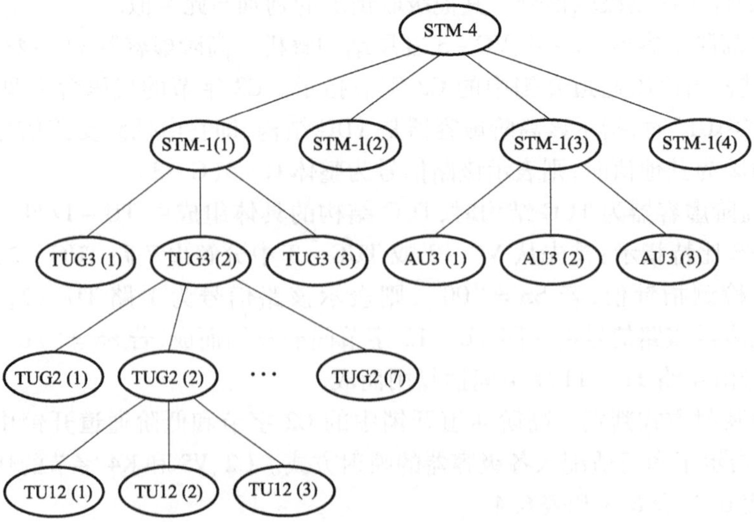


图 6.10 某 STM-4 信号复用映射结构的树形表示

树中节点类型的判别有两种方式：一是通过指针值来判别该信号是否为整体(级联)信号，若是整体信号，则是叶子节点；二是通过负载类型特征匹配来判别该节点的类型，假定该路信号为整体信号，对其解复用和去映射，提取该路信号类型特征，并与已知的负载类型特征相匹配，若匹配成功，则认为该节点为叶子节点，即该路信号为整体信号，否则认为该节点有后继节点。

前一种判别方式主要用于高阶节点(STM－$N$，$N \geqslant 1$)的判别，后一种判别方式用于低阶节点的判别。后一种判别方式的关键在于如何快速有效地从数据流中提取出负载类型特征。另外，大多数现代通信业务在映射入 SDH 前，都要进行自同步扰码处理，自同步扰码改变了原数据的特征，不利于负载类型特征的提取，因此对于某些信号，在负载类型特征提取之前还需识别该信号的自同步扰码方式。6.4 节和 6.5 节将就这两个问题做了详细的探讨。

## 6.4　SDH 负载类型特征提取

SDH 承载的业务类型众多，既有当前应用广泛的 IP、异步传输模式(asynchronous transfer mode，ATM)和帧中继等现代通信业务，也有较为传统的 PDH 业务。本节首先介绍其中较为典型的几类业务——POS、ATM 和 PDH 一次群等的成帧格式，然后在此基础上给出 POS、ATM 信号类型特征提取算法，其他信号类型特征提取可参照这两类算法，这里不再赘述。

### 6.4.1　常见信号成帧格式

**1. POS 业务**

图 6.11 给出了当前宽带 IP 网络的体系结构，可以看出，IP 数据报映射入 SDH 的路径较多，而传统的 POS 信号如粗箭头所示：IP 数据报通过点对点协议(Point－to－Point Protocol，PPP)进行分段、多协议封装，再用高层数据链路控制(High－Level Data Link Control，HDLC)协议进行组帧，最后按照字节同步的方式映射到 SDH 中。

PPP 协议提供多协议封装、差错控制和链路初始控制等功能，其帧结构如图 6.12 所示。PPP 帧的帧头标志字节为 0x7E，地址域始终为 0xFF，协议域为 0x0021，表示信息域是 IP 包，16b 或 32b 的 FCS 作为 CRC(cyclic redundancy check)校验和，用来保证整个信息包的完整性。FCS 域是在地址域、控制域、协议域和信息域之上计算出来的，不包括标志域。FCS 生成多项式分别为 $x^{16}+x^{12}+x^{5}+1$ 和 $x^{32}+x^{26}+x^{23}+x^{22}+x^{16}+x^{12}+x^{11}+x^{10}+x^{8}+x^{7}+{}^{5}+x^{4}+x^{2}+x+1$。

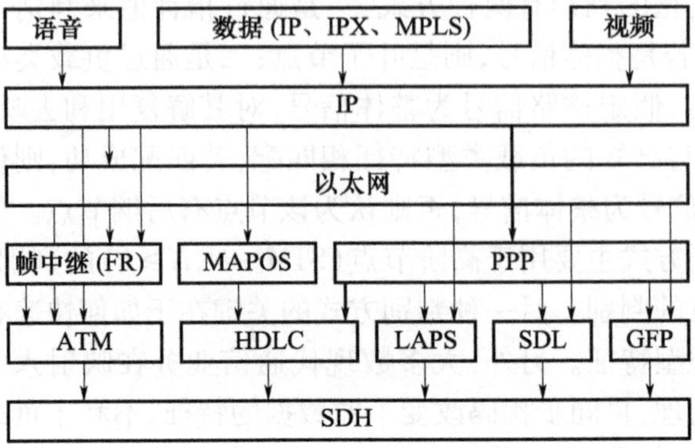


图 6.11　宽带 IP 网络的体系结构

| 标志域 | 地址域 | 控制域 | 协议域 | 信息域 | FCS域 | 标志域 |
|---|---|---|---|---|---|---|
| 01111110<br>(0x7E) | 11111111<br>(0xFF) | 00000011<br>(0x03) | 01111110<br>(16b) | (IP包) | 16b/32b | 01111110<br>(0x7E) |

图 6.12　PPP 帧结构

在实际的 POS 信号中,除了传统的 PPP 协议,还有 Cisco 和帧中继等另外几种封装协议。这几种协议的帧格式与 PPP 帧大致相同,只是地址域、控制域及协议类型字段的值不同。

HDLC 协议主要完成 PPP 帧的定界功能。每个 HDLC 帧以标志字节 0x7E 开始,也以 0x7E 结束。在发送端,为了使标志具有唯一性,HDLC 中的信息域被监控,如果信息域中出现定界标志 0x7E,则用两个连续的字节 0x7D 和 0x5E 来替代;同样如果信息域中出现 0x7D 字节,则用两个连续的字节 0x7D 和 0x5D 来替代。在接收端,填充信息被恢复成原始信息。在空闲时间没有数据进行传送时,HDLC 的定界标志符 0x7E 被当作帧间填充符来进行传输。

**2. ATM 业务**

异步传输模式是 ITU 确认的实现宽带综合业务数字网的信息转移方式。ATM 是一种分组交换技术,可将不同的数据类型(数据、话音、视频)、不同的业务特征(比特率、服务质量 QoS、突发和时延特性),在不同的媒体上传送,提供高速、低延时的服务。

ATM 信元的结构如图 6.13 所示,ATM 信元由 5 字节的信头和 48 字节的净负荷组成,信头则由一般流量控制(GFC)、虚通道标志符(VPI)、虚信道标志符(VCI)、净负荷类型(PT)、信元丢失优先级(CLP)和信头差错控制(HEC)构成,其中 HEC 完成信头的差错控制功能,它是信头的 CRC－8 校验值,能检测出错误的信头,并能纠正信头中的单比特错误,CRC 的生成多项式为 $x^8+x^2+x+1$。

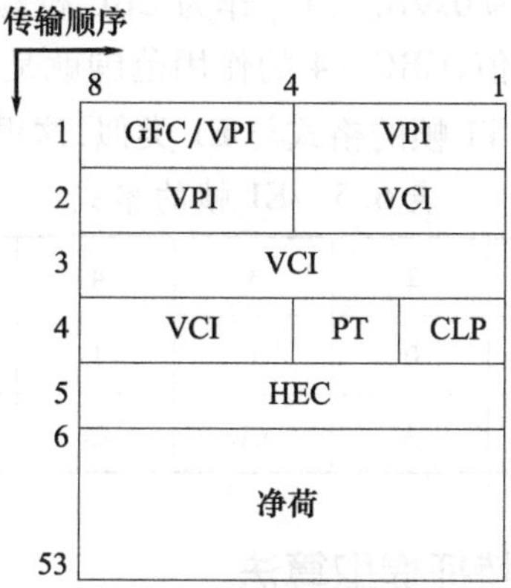


图 6.13　ATM 信元的结构

HEC 除了完成差错控制，还有一个重要的功能就是 ATM 信元定界：通过对信息流做逐比特的 CRC 计算来确定信头位置。ATM 这种自描述的信元定界技术克服了采用标志字节定界的不足。当采用标志字节定界时，为了使标志符唯一，必须对净负荷中的标志字节进行监控，当净负荷中出现标志字节时，需要进行转义处理，这些复杂的实时处理限制了传输速率的提高。正是这个原因，一些较新的成帧协议大都采用了这种定界技术。例如，POS 业务中的简化数据链路协议（simple data link protocol，SDLP）和通用成帧规程（general framing procedure，GFP），其中 GFP 越来越多地被 POS 信号采用。它们与 ATM 不同的是，ATM 信元长度是固定的，而 SDL 或 GFP 帧的长度是不固定的，另外所采用的 CRC 生成多项式也不相同。

**3. PDH 一次群业务**

PDH 是传统电信网采用的通信体制，由于其固有的缺陷，正逐步被 SDH 通信体制所取代，但在将来一段时间内，它还将继续存在。PDH 承载的大多是话音和话带数据，但也包括一些 IP 业务和 ATM 业务。下面以一次群信号为例对 PDH 帧格式作简要介绍。

PDH 存在北美、欧洲和日本三种并存的地区性标准，这三大系列的帧格式不同，不能用简单的办法实现互通。根据信号的传输速率，PDH 又分为北美和欧洲两大速率系列。SDH 相应地提供了不同的标准速率接口以兼容这两类 PDH 信号。PDH 一次群信号分为 1544kb/s（T1）和 2048kb/s（E1）两类，它们分别映射入 SDH 的 C－11 和 C－12。

E1 信号帧长为 32B，帧频为 8000Hz，每帧的首字节用于完成同步和管理的功能，其格式如表 6.5 所列，其中奇数帧用于帧定位，偶数帧主要用于管理。奇数帧的 $s_i$ 为可选位，当 E1 帧采用 CRC 校验时，$s_i$ 为 CRC 校验位，否则 $s_i=1$，此时 E1 帧的定位标志字节为 0x9B。当 $s_i$ 作为 CRC 校验位时，连续 4 帧奇数帧的 $s_i$ 为组成 CRC－4 的校验值，CRC－4 的作用范围就是这 8 帧数据。CRC－4 的生成多项式为 $x^4+x+1$。T1 帧的格式与 E1 类似，这里不再详细介绍。

表 6.5　E1 帧的格式

| 比特位 | 0 | 1 | 2 | 3 | 4 | 5 | 6 | 7 |
|---|---|---|---|---|---|---|---|---|
| 奇数帧 | $s_i$ | 0 | 0 | 1 | 1 | 0 | 1 | 1 |
| 偶数帧 | $s_i$ | 1 | A | $s_{a4}$ | $s_{a5}$ | $s_{a6}$ | $s_{a7}$ | $s_{a8}$ |

## 6.4.2　SDH 负载类型特征提取算法

通信业务根据其采用的协议栈，最后都封装成帧或信元的形式映射入 SDH，这些数据帧或信元主要通过两类方法来定界：一种是采用标志符定界，如 HDLC 帧和 PDH 帧等；另一种是采用逐比特的 CRC 校验定界，如 ATM 信元和 GFP 帧等。因此，只需对数据流进行逐比特的标志符匹配或逐比特的 CRC 校验就可以初步区分出负载类型。下面着重探讨 POS 信号和 ATM 信号的类型特征提取算法。

**1. POS 信号类型特征提取算法**

由前面的介绍可知，POS 信号可能采用的链路层协议较多，而其中使用最多的链路层协议是 HDLC 和 GFP。由于 GFP 帧的识别与 ATM 信元的识别类似，本节只探讨 HDLC 帧的识别。

POS 信号类型特征提取算法的基本流程为：①自同步解扰；②标志符 0x7E 检测，若没有检测到标志符，则表示该路信号不是 POS 信号；③PPP 帧定界并提取 PPP 帧；④转义处理；⑤PPP 帧解析。下面分别探讨各个步骤。

1）面向字节的自同步解扰

POS 信号映射入 SDH 前可能会进行自同步扰码处理。ITU－T G.707 建议的自同步扰码生成多项式为 $x^{43}+1$，而实际上电信运营商也可能会采用其他的生成多项式，自同步扰码的原理及其盲识别将在 6.5 节做深入的探讨。这里主要讨论自同步解扰的实现。

设自同步扰码生成多项式为 $C(x)=c_r x^r+c_{r-1}x^{r-1}+\cdots+c_1 x+1$，输入的加扰序列为 $z=(z_0,z_1,z_2,\cdots)$，则由自同步扰码原理，输出序列 $\boldsymbol{a}=(a_0,a_1,a_2,\cdots)$ 为

$$a_i=c_r z_{i-r}\oplus c_{r-1}z_{i-(r-1)}\oplus\cdots\oplus z_i \tag{6.1}$$

上述操作是基于比特运算的，显然它的效率非常低，下面推导面向字节的自同步解扰的实现。用字节序列来表示输出序列 $\boldsymbol{a}$，有

$$\boldsymbol{a} = (a_0, a_1, \cdots a_i, \cdots)$$
$$= ((a_0, a_1, \cdots, a_7), (a_8, a_9, \cdots, a_{15}), \cdots, (a_{i\times 8}, a_{i\times 8+1}, \cdots, a_{(i+1)\times 8-1}), \cdots) \tag{6.2}$$

将式(6.1)代入式(6.2),得

$$\begin{aligned}\boldsymbol{a}_i &= (a_{i\times 8}, a_{i\times 8+1}, \cdots, a_{(i+1)\times 8-1}) \\ &= ((c_r z_{i\times 8-r} \oplus c_{r-1} z_{i\times 8-(r-1)} \oplus \cdots \oplus z_{i\times 8}), (c_r z_{i\times 8+1-r} \oplus c_{r-1} z_{i\times 8+1-(r-1)} \oplus \cdots \oplus \\ &\quad z_{i\times 8+1}) \cdots, (c_r z_{(i+1)\times 8-1-r} \oplus c_{r-1} z_{(i+1)\times 8-1-(r-1)} \oplus \cdots \oplus z_{(i+1)\times 8-1})) \\ &= c_r (z_{i\times 8-r}, z_{i\times 8+1-r}, \cdots, z_{(i+1)\times 8-1-r}) \oplus c_{r-1} (z_{i\times 8-(r-1)}, z_{i\times 8+1-(r-1)}, \cdots, \\ &\quad z_{(i+1)\times 8-1-(r-1)}) \oplus \cdots \oplus (z_{i\times 8}, z_{i\times 8+1}, \cdots, z_{(i+1)\times 8-1})\end{aligned} \tag{6.3}$$

令

$$\begin{aligned}\boldsymbol{z}^i &= (z_0^i, z_1^i, \cdots, z_j^i, \cdots) \\ &= ((0, \cdots, 0, z_0, \cdots, z_{7-i}), (z_{8-i}, z_{9-i}, \cdots, z_{15-i}), \cdots, (z_{8\times j-i}, z_{8\times j+1-i}, \cdots, \\ &\quad z_{8\times j+7-i}), \cdots)\end{aligned} \tag{6.4}$$

设 $r = m(r)\times 8 + n(r)$,其中 $0 \leqslant n(r) < 8$,并综合式(6.3)和式(6.4),有

$$\boldsymbol{a}_i = c_r \boldsymbol{z}_{i-m(r)}^{n(r)} + c_{r-1} \boldsymbol{z}_{i-m(r-1)}^{n(r)} + \cdots + \boldsymbol{z}_i^0 \tag{6.5}$$

式(6.5)给出了输出字节序列与输入加扰字节序列之间的关系。

以常用的扰码生成多项式 $C(x) = x^{43} + 1$ 为例,综合 $C(x) = x^{43} + 1$ 与式(6.5),易知:

$$\boldsymbol{a}_i = \boldsymbol{z}_{i-8}^3 + \boldsymbol{z}_i^0 \tag{6.6}$$

由式(6.6)可知,将字节序列 $z^3$ 右移8位与原加扰字节序列 $z$ 按位模2加便得到输出字节序列 $\boldsymbol{a}$。

2)标志符检测与PPP帧定界

标志符“0x7E”即是PPP帧的定界符,同时也是帧间填充符,因此POS信号通常含有大量的“0x7E”字节。由于POS信号是字节同步的,只需逐字节地扫描输入数据中是否含有“0x7E”字节,便可初步判别出该路信号是否为POS信号。若未能检测到标志符,则表明该信号不是POS信号。若检测到标志符,则要PPP帧定界,以提取其净荷并做进一步的解析。

由于标志符“0x7E”是定界标志符,又是帧间填充符,当检测到标志符时,不能立刻判断出其是否是定界标志符。用 $S_i(i=1\sim4)$ 来表示当前搜索的字节在IP包中的位置,则各位置所代表的含义如下:

$S_1$:当前字节在两个数据帧之间,为帧间填充字节;

$S_2$:当前字节在数据帧头,为数据帧的第一字节;

$S_3$:当前字节在数据帧内部,为数据帧中间字节;

$S_4$:当前字节在数据帧尾,为数据帧的帧尾定界符。

要判断当前字节属于上述四种状态中的哪一种,需要结合前一个字节的值

来确定。用“0”和“1”表示输入字节与定界符“0x7E”的比较结果:“1”表示与定界符相同;“0”表示与定界符取值不同。那么,由连续两个字节比较结果组合而成的状态转移条件为 $C_i(1\leqslant i\leqslant 4)$:$C_1=00$;$C_2=01$;$C_1=10$;$C_1=11$。

根据状态 $C_i$ 的值可确定当前字节的状态 $S_i$,状态 $S_i$ 与转移条件 $C_i$ 的关系可用图 6.14 来表示。由该图可知:

(1)如果状态转移条件相同,则系统能够进入的状态是唯一的。由于状态转移条件隐含了系统当前的状态,因此可以认为系统下一时刻的状态只与状态转移条件有关。

(2)状态转移条件是相关的。例如,经过以 $C_1$ 为转移条件的状态转移后,进入的状态 $S_3$ 只能再通过转移条件 $C_1$ 或 $C_2$ 进行转移,这是由于 $C_1$ 中当前字节的值就是 $C_1$ 和 $C_2$ 中前一个字节的值。

(3)图 6.14 中存在非法状态转移,即 $S_2$ 经过 $C_2$ 条件下转移到 $S_4$ 的过程。只有当 PPP 帧净荷长度仅为 1B 时,才会出现以上过程,而实际网络中不可能出现这样的情况。因此,这种情况应该是由线路传输错误引起的,此时应该丢弃该帧。

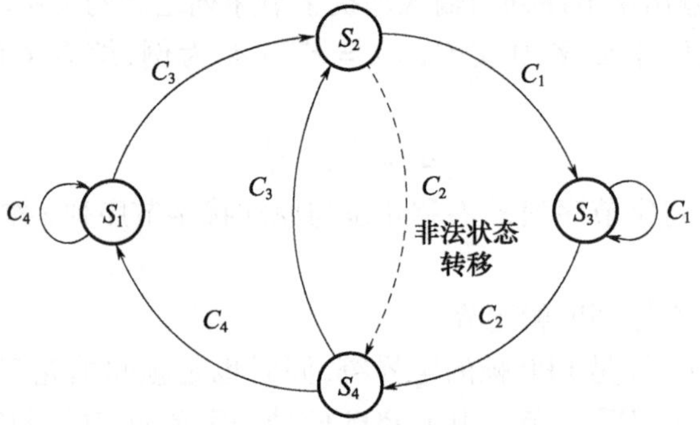


图 6.14 $S_i$ 的状态转移图

3)转义处理

为了避免在 PPP 帧的净负荷中由 0x7E 字节产生的歧义,HDLC 协议采用转义处理来消除这种歧义。如果信息域中出现定界符“0x7E”,则用两个连续的字节 0x7D 和 0x5E 来替代;同样,如果信息域中出现 0x7D 字节,则用两个连续的字节 0x7D 和 0x5D 来替代。其中,“0x7D”称为转义符。

图 6.15 是一个 IP 数据包被映射进 HDLC 帧时转义前后的对比,通过对比可知当数据包中存在 0x7E 字节或 0x7D 字节时,通过转义在链路层传输的数据包长度就有可能增加,而在接收端通过解除转移字符又会使数据包的长度缩短。

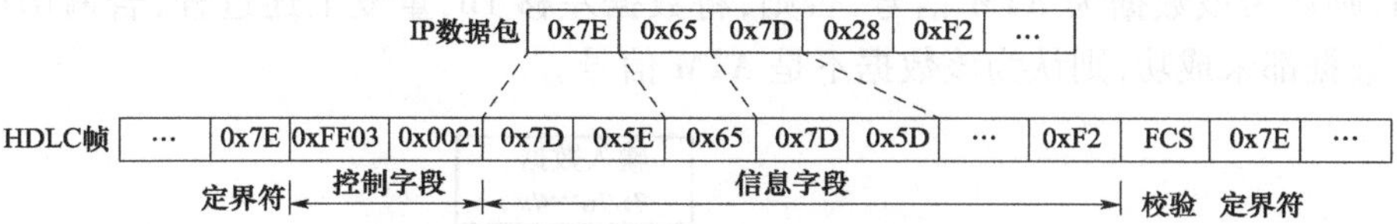


图 6.15　IP 包映射进 HDLC 帧时的转义处理

PPP 帧定界完成后，提取 PPP 帧，从帧头开始按照字节顺序搜索转义符“0x7D”。当未遇到转义符时，所有字节的内容不变；当遇到转义符时，需要根据其后的一个字节对这两个字节进行转义恢复。转义处理可分为三种情况。

(1)0x7D 和 0x5E 字节组合。在这种情况下，该字节是为了避免原始数据帧中的数据与定界字符产生歧义而产生的，因此需要将这两个字节合并为一个字节“0x7E”。

(2)0x7D 和 0x5D 字节组合。在这种情况下，该字节是为了避免原始数据帧中的数据与转义字符产生歧义而产生的，因此需要将这两个字节合并为一个字节“0x7D”。

(3)0x7D 和其他字节组合。这是一种非法状态，在正常的数据帧中不应该存在这种类型的数据组合，它可能是由网络传输过程中产生的错误引起的，此时应对整个数据帧予以丢弃。

4)PPP 帧解析

对提取的 PPP 帧做进一步的解析。由 PPP 帧的格式检测 PPP 帧的控制域，并对净负荷做 CRC－16 校验或 CRC－32 校验，若控制域的值为 0x0021，且 CRC 校验正确，则表示该路信号为 POS 信号。

这里进行 CRC 校验的主要目的是防止误判产生。当 HDLC 帧作为其他通信体制(如 ATM 和 PDH)的负载时，数据中会出现大量的“0x7E”，按照上述步骤提取 PPP 帧控制域的值可能是 0x0021，这样就会把其他类型的负载信号误判为 POS 信号。HDLC 帧映射入其他通信体制时，通常要进行重新分组，这时净负荷的 CRC 值就会不同，因此，通过 CRC 校验就能避免误判的产生。

为了提高算法的效率，同样需要采用面向字节的 CRC 校验算法，即 CRC 校验的并行实现，这将在第 7 章详细论述，这里就不再讨论。

**2. ATM 信号类型特征提取算法**

ATM 信号具有信元长度固定和利用 CRC 进行信元定界两个特点。基于这两个特点，我们就可以设计 ATM 信号类型特征提取算法，如图 6.16 所示：从输入的数据中顺序读取 5B，计算这 5B 的 CRC－8 校验值，并与单比特纠错表比较；若 CRC 校验值正确或单比特纠错成功，则认为 ATM 信头初步检测成功，间隔 48B 再读取 5B，重复上述过程；若连续 3 次 CRC 校验正确或单比特纠错成功,则认为该数据为 ATM 信号,否则,将数据左移 1b,重复上述过程,若遍历所有数据都未成功,则认为该数据不是 ATM 信号。

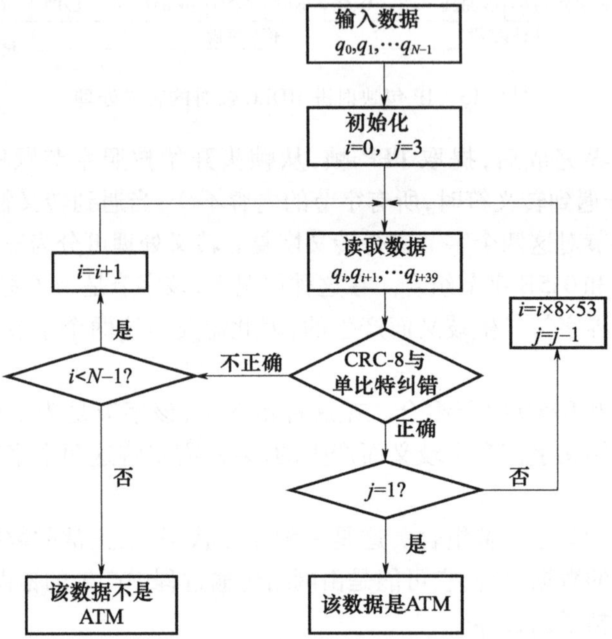


图 6.16　ATM 信号类型特征提取算法的流程图

从图 6.16 中可以看出,该算法的核心是逐比特地计算数据的 CRC－8 校验值,显然,这种每次移动 1b 再重新计算 CRC 校验值的做法效率低下,下面进一步研究 ATM 信号类型特征提取算法的优化算法。

设输入序列为 $\boldsymbol{q}=(q_0,q_1,\cdots,q_{N-1})$,其中 $N$ 为输入序列长度。令 $\boldsymbol{q}_i=(q_i,q_{i+1},\cdots,q_{i+39})$,$0\leqslant i<N-39$,$Q_i(x)=q_ix^{39}+q_{i+1}x^{38}+\cdots+q_{i+39}$ 为 $\boldsymbol{q}_i$ 对应的多项式。显然,在最坏情况下,算法需要遍历所有 $i$ 值,计算 $\boldsymbol{q}_i$ 的 CRC－8 校验值。令 $\boldsymbol{g}_i=(g_0^i,g_1^i,\cdots,g_7^i)$ 为 $\boldsymbol{q}_i$ 的 CRC－8 校验值,其对应的多项式为 $g_i(x)=g_0^ix^7+g_1^ix^6+\cdots+g_7^i$。由 CRC 校验的原理可知

$$g_i(x)=Q_i(x)\bmod(x^8+x^2+x+1) \tag{6.7}$$

根据 $Q_i(x)$ 的定义,有

$$Q_{i+1}(x)=x(Q_i(x)-q_ix^{39})+q_{i+40} \tag{6.8}$$

综合式(6.7)和式(6.8),得

$$\begin{aligned} g_{i+1}(x)&=Q_{i+1}(x)\bmod(x^8+x^2+x+1)\\ &=[x(Q_i(x)-q_ix^{39})+q_{i+40}]\bmod(x^8+x^2+x+1)\\ &=[xg_i(x)-q_ix^{40}+q_{i+40}]\bmod(x^8+x^2+x+1) \end{aligned} \tag{6.9}$$

考查式(6.9),等号右边分为三个部分分别讨论,令 $h_1(x)$、$h_2(x)$ 和 $h_3(x)$ 分别表示等号右边三个部分,有

$$
\begin{aligned}
h_1(x) &= xg_i(x)\bmod(x^8+x^2+x+1)\\
&=(g_1^i x^7+g_2^i x^6+\cdots+g_7^i x)+g_0^i x^8\bmod(x^8+x^2+x+1)\\
&=(g_1^i x^7+g_2^i x^6+\cdots+g_7^i x)+g_0^i(x^2+x+1)
\end{aligned}\tag{6.10}
$$

用向量形式表示式(6.10),有

$$\boldsymbol{h}_1=\mathrm{sll}(\boldsymbol{g}_i)+g_0^i(0\ 0\ 0\ 0\ 0\ 1\ 1\ 1)\tag{6.11}$$

式中:sll( )表示将向量左移一位。计算 $h_2(x)$,有

$$
\begin{aligned}
h_2(x) &= q_i x^{40}\bmod(x^8+x^2+x+1)\\
&= q_i\times(x^6+x^5+x)
\end{aligned}\tag{6.12}
$$

同样,用向量形式表示式(6.12),有

$$\boldsymbol{h}_2=q_i(0\ 1\ 1\ 0\ 0\ 0\ 1\ 0)\tag{6.13}$$

计算 $h_3(x)$,显然有

$$\boldsymbol{h}_3=q_{i+40}(0\ 0\ 0\ 0\ 0\ 0\ 0\ 1)\tag{6.14}$$

综合式(6.9)、式(6.11)、式(6.13)及式(6.14),得

$$
\begin{aligned}
\boldsymbol{g}_{i+1} &= \boldsymbol{h}_1+\boldsymbol{h}_2+\boldsymbol{h}_3\\
&=\mathrm{sll}(\boldsymbol{g}_i)+g_0^i(0\ 0\ 0\ 0\ 0\ 1\ 1\ 1)+q_i(0\ 1\ 1\ 0\ 0\ 0\ 1\ 0)+q_{i+40}(0\ 0\ 0\ 0\ 0\ 0\ 0\ 1)
\end{aligned}\tag{6.15}
$$

式(6.15)给出了左移 1b 前后,CRC - 8 校验值的递推关系。由此,原算法可优化如下:首先顺序读取 5B 的数据,采用面向字节的 CRC 校验算法计算其 CRC - 8 校验值(并行 CRC 校验算法在下一章详细论述),然后依据式(6.15),递推导出左移 1b 后的 CRC 校验值,如此反复,便可方便快速地检测出 ATM 信头。相比原算法,优化后的算法无须重复地做 CRC - 8 校验,而且免去了对数据的移位操作,从而提高了算法的运行效率。

## 6.5 自同步扰码生成多项式盲识别算法研究

现代通信业务在映射入 SDH 之前通常都经过了自同步扰码处理。自同步扰码破坏了数据原有的特征,要识别各种业务的类型特征,首先就要识别自同步扰码生成多项式。

### 6.5.1 自同步扰码原理

自同步扰码的原理如图 6.17 所示,自同步扰码器是一个有前馈回路的移位寄存器。输入比特流与移位寄存器的前馈值按位异或完成对输入数据流的加

扰,前馈值通过对寄存器的状态值做一定的运算得到,同时在时钟的驱动下,加扰后的数据移入寄存器的第一级,寄存器的最后一级输出加扰数据。

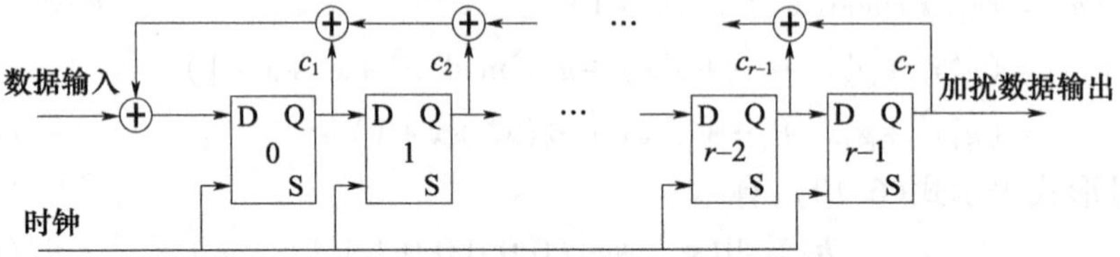


图 6.17　自同步扰码的原理

同样,用二元域上的多项式来表示自同步扰码器。图中所示的扰码器可以用$f(x)$表示:

$$f(x) = c_r x^r + c_{r-1} x^{r-1} + \cdots + c_1 x + 1 \tag{6.16}$$

式中 $c_i(i=1,2,\cdots r)$ 与图 6.17 中所示系数对应,$c_i$ 取值为“0”或“1”,也即 $c_i \in$ GF(2)。设输入序列为 $\boldsymbol{a} = (a_0, a_1, a_2, \cdots)$,输出加扰序列为 $\boldsymbol{z} = (z_0, z_1, z_2, \cdots)$,则由图 6.17 可知,输入输出序列存在以下关系:

$$z_i = c_r z_{i-r} \oplus c_{r-1} z_{i-(r-1)} \oplus \cdots \oplus c_1 z_{i-1} \oplus a_i \tag{6.17}$$

自同步解扰与自同步加扰完全相同,即将加扰序列作为扰码器的输入序列,得到的输出序列便是解扰后的原始数据。

自同步扰码具有以下性质。

(1)输入信息比特参加线性反馈移位寄存器的反馈。加扰序列实质上是前面输入的多位原始信息比特(含扰乱器的初始状态)的模 2 和结果。

(2)具有自同步特性。收发双方的移位寄存器不需要事先同步。只要预置移位寄存器的初始状态,收方就可以还原信息。在传输过程中,插入或漏掉若干比特,也只影响 $r$ 位,最后能自动恢复同步。

(3)当输入信息序列在传输中出现误码时,去扰乱后会扩散错误。错误扩散量与移位寄存器的抽头数有关。当扰乱器的抽头数为 $t$ 时,一个错码扩散为 $t+1$ 个错码。因此,自同步扰乱器一般选用最简多项式(二项式或三项式)。

(4)若信息序列中各比特之间彼此独立,则经扰乱后输出序列趋近正态白噪声。

(5)如果扰码器的移位寄存器能产生 $2^n-1$ 长度的 $m$ 序列,信息序列的反复周期为 $s$,则产生的加扰序列周期长度 $p$ 为

$$p = \mathrm{LCM}(2^n - 1, s) \tag{6.18}$$

式中:符号 LCM$(a,b)$表示取 $a$、$b$ 的最小公倍数。

## 6.5.2　自同步扰码生成多项式测定算法

识别自同步扰码生成多项式就是识别自同步扰码器的结构。本节首先用重

码分析法判定自同步扰码生成多项式的阶数，然后用组合求优势法测定生成多项式的抽头位置。

**1. 基于重码分析的自同步扰码生成多项式阶数判定**

设有序列 $\boldsymbol{x}=(x_0,x_1,x_2,\cdots)$，令 $\boldsymbol{x}_i(s)=(x_i,x_{i+1},\cdots,x_{i+s-1})$，若有

$$\boldsymbol{x}_m(s)=\boldsymbol{x}_n(s)(m\neq n) \tag{6.19}$$

则称 $\boldsymbol{x}_m(s)$ 与 $\boldsymbol{x}_n(s)$ 为一对重码。重码在一定程度上反映了序列的内在联系，是密码领域的一个重要的分析手段。

自同步扰码序列的级数也可以通过重码分析来判别。下面首先给出几个引理。

**引理1** 设有信息序列 $\boldsymbol{a}$，其自同步加扰序列为 $\boldsymbol{z}$，$\boldsymbol{a}$ 中"0"的概率为 $P(a_i=0)=p$，且符合独立同分布，若有 $z_m(r)=z_n(r)(m\neq n)$，其中 $r$ 为自同步扰码生成多项式的阶数，则

$$P(z_m(r+1)=z_n(r+1)|z_m(r)=z_n(r))=p^2+(1-p)^2 \tag{6.20}$$

**证明**：由式(6.17)可知，信息序列在 $i+r$ 时刻加扰元为 $f(z_{i+r})=c_rz_i\oplus c_{r-1}z_{i+1}\oplus\cdots\oplus c_1z_{i+r-1}$。由 $z_m(r)=z_n(r)$，$m\neq n$，显然有 $f(z_{m+r})=f(z_{n+r})$，故 $P(z_m(r+1)=z_n(r+1)|z_m(r)=z_n(r))=P(a_{m+r}=a_{n+r})=p^2+(1-p)^2$，得证。 □

**引理2** 假设同引理1，若 $z_m\neq z_n$ 且 $z_{m+1}(r-1)=z_{n+1}(r-1)$，$m\neq n$，则

$$P(z_m(r+1)=z_n(r+1)|z_m\neq z_n,z_{m+1}(r-1)=z_{n+1}(r-1))=2p(1-p) \tag{6.21}$$

**证明**：由 $z_m\neq z_n$ 且 $z_{m+1}(r-1)=z_{n+1}(r-1)$，$m\neq n$，有 $f(z_{m+r})\neq f(z_{n+r})$，故有 $P(z_m(r+1)=z_n(r+1)|z_m\neq z_n,z_{m+1}(r-1)=z_{n+1}(r-1))=2p(1-p)$，得证。 □

**引理3** 假设同引理1，令 $\boldsymbol{x}_i(s)=(z_{i-s},z_{i-s+1},\cdots,z_{i-1})$，若 $z_m(s)=z_n(s)$，$p'=P(\boldsymbol{x}_m(r-s)=\boldsymbol{x}_n(r-s))$，$s<r$，$m\neq n$，则

$$\begin{aligned}P(z_m(s+1)&=z_n(s+1)|z_m(s)\\&=z_n(s),s<r)=(p^2+(1-p)^2)p'+2p(1-p)(1-p')\end{aligned} \tag{6.22}$$

**证明**：若 $\boldsymbol{x}_m(r-s)=\boldsymbol{x}_n(r-s)$，则 $f(z_{m+s})=f(z_{n+s})$；反之，若 $\boldsymbol{x}_m(r-s)\neq\boldsymbol{x}_n(r-s)$，则 $f(z_{m+s})\neq f(z_{n+s})$。由引理1及引理2，显然有 $P(z_m(s+1)=z_n(s+1)|z_m(s)=z_n(s),s<r)=(p^2+(1-p)^2)p'+2p(1-p)(1-p')$，得证。 □

考查自同步扰码序列出现重码的概率分布。当 $s\geq r$ 时，根据引理1，有

$$P(\boldsymbol{M}(s+1))=(p^2+(1-p)^2)P(\boldsymbol{M}(s)) \tag{6.23}$$

下面探讨 $s<r$ 时，重码的概率分布情况。$P(\boldsymbol{M}(s+1))$ 与 $P(\boldsymbol{M}(s))$ 及 $\boldsymbol{x}_i(r-s)$，$i\in\{k|z_k(s)\in\boldsymbol{M}(s)\}$ 有关。由自同步扰码序列的性质可知，扰码后序列出现"0"的概率为 $P(z_i=0)=0.5$，则有 $P(\boldsymbol{x}_m(r-s)=\boldsymbol{x}_n(r-s))=P(\boldsymbol{x}_m(r-s)\neq$

$x_n(r-s))=0.5$，由引理3，得

$$P(M(s+1))=\{0.5\times[p^2+(1-p)^2]+0.5\times[2p(1-p)]\}P(M(s))$$
$$=0.5\times P(M(s)) \tag{6.24}$$

令 $Q(s)=|M(s+1)|/|M(s)|$，综合式(6.23)及式(6.24)，有

$$Q(s)=|M(s+1)|/|M(s)|\approx\begin{cases}p^2+(1-p)^2 & (s\geqslant r)\\0.5 & (s<r)\end{cases} \tag{6.25}$$

由式(6.25)可知，考查 $Q$ 值的变化就能找出自同步扰码生成多项式的级数：当 $s<r$ 时，$Q$ 值接近0.5，而当 $s\geqslant r$ 时，$Q$ 值为 $p^2+(1-p)^2$。

随机生成长为40000、“0”的概率为0.25和0.3的两条信息序列，以 $x^{20}+x^{17}+1$ 为自同步扰码生成多项式，对信息序列进行自同步扰码。表6.6和表6.7分别列出了 $p=0.25$ 及 $p=0.3$ 时，各级重码的分布情况。从表中可以看出：当 $s<20$ 时，重码分布大致满足 $Q=0.5$，而当 $s\geqslant 20$ 时，$Q$ 值约等于 $p^2+(1-p)^2$，在这里分别是0.625与0.58，据此便可以判定该自同步扰码多项式的阶数为20，这也验证了上述结论的正确性。表中 $Q(16)$ 偏差较大的原因在于重码级数相对序列长度过小，重码独立同分布的假设不成立。

表6.6 自同步扰码序列重码分布情况($p=0.25$)

| 重码级数($s$) | 16 | 17 | 18 | 19 | 20 | 21 | 22 | 23 | 24 |
|---|---|---|---|---|---|---|---|---|---|
| $\|M(s)\|$ | 18169 | 10564 | 5649 | 2851 | 1411 | 851 | 531 | 316 | 201 |
| $Q(s)$ | 0.5814 | 0.5347 | 0.5047 | 0.4949 | 0.6031 | 0.6240 | 0.5951 | 0.6361 | |

表6.7 自同步扰码序列重码分布情况($p=0.3$)

| 重码级数($s$) | 16 | 17 | 18 | 19 | 20 | 21 | 22 | 23 | 24 |
|---|---|---|---|---|---|---|---|---|---|
| $\|M(s)\|$ | 18078 | 10293 | 5535 | 2885 | 1508 | 907 | 539 | 314 | 184 |
| $Q(s)$ | 0.5693 | 0.5377 | 0.5212 | 0.5227 | 0.6014 | 0.5942 | 0.5825 | 0.5859 | |

**2. 组合求优势法测定生成多项式**

由于自同步扰码具有误码扩散效应，且误码扩散率与生成多项式的抽头数 $w$ 有关，自同步扰码生成多项式的抽头数通常较少，一般取 $w\leqslant 2$。因此，在已知生成多项式的级数的情况下，用组合求优势的方法就可以测定生成多项式抽头的位置。

已知自同步扰码生成多项式阶数为 $r$，抽头数 $w\leqslant 2$。$\forall i, 0\leqslant i<r$，以 $f_i(x)=x^r+x^i+1$ 为生成多项式，对自同步扰码序列 $z$ 进行解扰，得到输出序列 $\boldsymbol{a}^i$，统计序列 $\boldsymbol{a}^i$ 中“0”出现的次数，记为 $N_0$，计算优势值 $t=|N_0-0.5\times N|/(0.5\times\sqrt{N})$。

如果 $f_i(x)$ 是该序列的自同步扰码生成多项式，则输出序列 $\boldsymbol{a}^i$ 就是原信息序列 $\boldsymbol{a}$，由信息序列信源的不平衡性可知，序列 $\boldsymbol{a}^i$ 的 $t$ 值大于 0。如果 $f_i(x)$ 不是该序列的自同步扰码生成多项式，则输出序列 $\boldsymbol{a}^i$ 为

$$a_j^i = z_j + z_{j-i} + z_{j-r} \tag{6.26}$$

根据自同步扰码序列的性质，有 $P(z_i = 0) = 0.5$，且独立同分布，因此可认为

$$P(a_j^i = z_j + z_{j-i} + z_{j-r} = 0) = 0.5 \tag{6.27}$$

计算其优势值，显然有 $t = 0$。综合上述分析，有以下结论：

$$t = \begin{cases} >0 & (\boldsymbol{a}^i = \boldsymbol{a}) \\ 0 & (\boldsymbol{a}^i \neq \boldsymbol{a}) \end{cases} \tag{6.28}$$

以 6.5.2 节 1 的例子为例，其中信息序列中“0”出现的概率为 0.3，表 6.8 列出了在不同抽头位置下输出序列的统计结果。可以看出，当 $i = 17$ 时，输出序列的 $t$ 值远大于其他抽头位置下的 $t$ 值，由此便可断定该自同步扰码生成多项式为 $x^{20} + x^{17} + 1$，这一仿真结果完全符合实际情况。

表 6.8　不同抽头位置下输出序列的统计结果

| 抽头位置 $i$ | 19 | 18 | 17 | 16 | 15 | 14 |
|---|---|---|---|---|---|---|
| $N_0$ | 19953 | 19908 | 27924 | 19910 | 20084 | 19865 |
| $t$ 值 | 0.47 | 0.92 | 79.24 | 0.9 | 0.84 | 1.35 |

## 6.6　非标准 SDH 信号复用映射结构解析算法测试

选取某路 STM－1 信号作为测试对象。经过帧定位和帧定位解扰等预处理，得到帧定位后的数据，如图 6.18 帧定位的 STM－1 信号所示。该图中数据以 9×270 的帧格式显示（未显示所有列），可以看到，前 9 列数据是 STM－1 的段开销，它具有很强的规律性，而其承载的净负荷则显得杂乱无章。

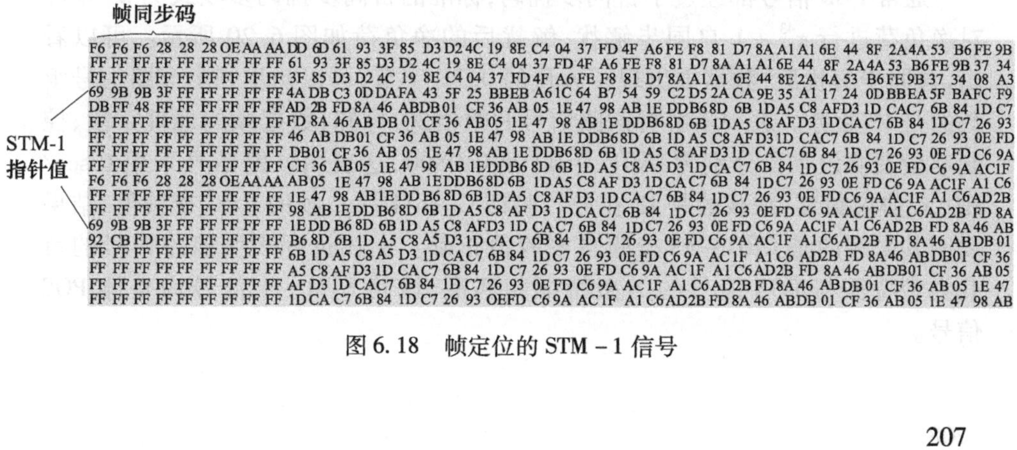


图 6.18　帧定位的 STM－1 信号

按照6.2.2节的方法逐层搜索该路信号的复用映射结构树。首先考查其根节点,在这里就是整体STM-1信号。对于STM-1,其后继节点存在两种情况:一种是STM-1由3个AU-3构成;另一种是STM-1由3个TU-3组成。前一种情况可以通过STM-1指针值来判别。若通过指针值判定该路STM-1由3个AU-3构成,则该路不是整体信号,展开STM-1节点,遍历其后继节点(3个AU-3节点);否则,进一步判别该节点是否为整体C-4信号,若不是,再遍历其后继节点(3个TU-3节点)。观察图6.18帧定位的STM-1信号可知,该路STM-1的指针值为“0x699B9B3FFFFFFFFFF”,根据指针调整的原理,该路信号为1路AU-4而不是3路AU-3。

判别该路信号是否为整体C-4信号。假定该路信号为整体C-4信号,去除STM-1的段开销,指针调整并去除高阶通道开销,得到C-4净荷。根据每种可能的负载类型采用的映射方式,去映射,再提取净负荷的负载类型特征。整体C-4可能承载的负载有POS、ATM和PDH四次群等几种。这里以POS信号为例,POS信号的映射方式为异步映射,对C-4净荷去异步映射,得到净负荷,如图6.19去复用及异步映射后的STM-1净荷所示。可以看出,去映射后的信号具有很强的规律性。

```
04 63 BE BA 21 7F F2 09 A9 3A 51 A0 3F 4B 59 34 4A 79 97 15 58 F7 31 4C 9C D5 60 98 57 ED E4 D2 6D 74 83 C2 E4 33 D0 EE 06 22 F8 04
04 63 BE BA 21 7F F2 09 A9 3A 51 A0 3F 4B 59 34 4A 79 97 15 58 F7 31 4C 9C D5 60 98 57 ED E4 D2 6D 74 83 C2 E4 33 D0 EE 06 22 F8 04
04 63 BE BA 21 7F F2 09 A9 3A 51 A0 3F 4B 59 34 4A 79 97 15 58 F7 31 4C 9C D5 60 98 57 ED E4 D2 6D 74 83 C2 E4 33 D0 EE 06 22 F8 04
04 63 BE BA 21 7F F2 09 A9 3A 51 A0 3F 4B 59 34 4A 79 97 15 58 F7 31 4C 9C D5 60 98 57 ED E4 D2 6D 74 83 C2 E4 33 D0 EE 06 22 F8 04
04 63 BE BA 21 7F F2 09 A9 3A 51 A0 3F 4B 59 34 4A 79 97 15 58 F7 31 4C 9C D5 60 98 57 ED E4 D2 6D 74 83 C2 E4 33 D0 EE 06 22 F8 04
04 63 BE BA 21 7F F2 09 A9 3A 51 A0 3F 4B 59 34 4A 79 97 15 58 F7 31 4C 9C D5 60 98 57 ED E4 D2 6D 74 83 C2 E4 33 D0 EE 06 22 F8 04
04 63 BE BA 21 7F F2 09 A9 3A 51 A0 3F 4B 59 34 4A 79 97 15 58 F7 31 4C 9C D5 60 98 57 ED E4 D2 6D 74 83 C2 E4 33 D0 EE 06 22 F8 04
04 63 BE BA 21 7F F2 09 A9 3A 51 A0 3F 4B 59 34 4A 79 97 15 58 F7 31 4C 9C D5 60 98 57 ED E4 D2 6D 74 83 C2 E4 33 D0 EE 06 22 F8 04
04 63 BE BA 21 7F F2 09 A9 3A 51 A0 3F 4B 59 34 4A 79 97 15 58 F7 31 4C 9C D5 60 98 57 9C 9A D2 13 4F F3 93 7C 4A 6F BE 72 59 8F 68
10 2A 26 C8 28 1C 7B 3A A7 7B 7D F1 19 2A 91 11 C0 5D 5B 2C 5C 46 75 D5 1B F5 F6 B0 C4 DD 00 C0 A8 66 E5 DE 66 6B 72 A2 C5 B2 B3 10
10 2A 26 C8 28 1C 7B 3A A7 7B 7D F1 19 2A 91 11 C0 5D 5B 2C 5C 46 75 D5 1B F5 F6 B0 C4 DD 00 C0 A8 66 E5 DE 66 6B 72 A2 C5 B2 B3 10
10 2A 26 C8 28 1C 7B 3A A7 7B 7D F1 19 2A 91 11 C0 5D 5B 2C 5C 46 75 D5 1B F5 F6 B0 C4 DD 00 C0 A8 66 E5 DE 66 6B 72 A2 C5 B2 B3 10
10 2A 26 C8 28 1C 7B 3A A7 7B 7D F1 19 2A 91 11 C0 5D 5B 2C 5C 46 75 D5 1B F5 F6 B0 C4 DD 00 C0 A8 66 E5 DE 66 6B 72 A2 C5 B2 B3 10
64 50 BF 61 0A 50 96 DA C8 58 7D F2 14 3D 0C 21 42 42 9C D6 AD 29 5B 59 9A 66 DC 4A 74 32 35 BA 96 4F 94 1D 1A 2E F6 C5 9A 32 3B A0
A0 A6 CD 38 39 0A 6A A7 D9 79 5F 33 2A 85 51 55 98 1B 2E D4 54 CD 7D 1B A4 F4 E7 D1 DD 0A E0 E2 84 45 DF 22 62 2E F6 C5 9A 32 3B A0
A0 A6 CD 38 39 0A 6A A7 D9 79 5F 33 2A 85 51 55 98 1B 2E D4 54 CD 7D 1B A4 F4 E7 D1 DD 0A E0 E2 84 45 DF 22 62 2E F6 C5 9A 32 3B A0
A0 A6 CD 38 39 0A 6A A7 D9 79 5F 33 2A 85 51 55 98 1B 2E D4 54 CD 7D 1B A4 F4 E7 D1 DD 0A E0 E2 84 45 DF 22 62 2E F6 C5 9A 32 3B A0
A0 A6 CD 38 39 0A 6A A7 D9 79 5F 33 2A 85 51 55 98 1B 2E D4 54 CD 7D 1B A4 F4 E7 D1 DD 0A E0 E2 84 45 DF 22 62 2E F6 C5 9A 32 3B A0
A0 A6 CD 38 39 0A 6A A7 D9 79 5F 33 2A 85 51 55 98 1B 2E D4 54 CD 7D 1B A4 F4 E7 D1 DD 0A E0 E2 84 45 DF 22 62 2E F6 C5 9A 32 3B A0
A0 A6 CD 38 39 0A 6A A7 D9 79 5F 33 2A 85 51 55 98 1B 2E D4 54 CD 7D 1B A4 F4 E7 D1 DD 0A E0 E2 84 45 DF 22 62 2E F6 C5 9A 32 3B A0
```

图6.19　去复用及去异步映射后的STM-1净荷

通常POS信号都经过了自同步扰码,标准的自同步扰码多项式为 $x^{43}+1$。对净负荷进行 $x^{43}+1$ 自同步解扰,解扰后的净负荷如图6.20所示。可以看出,自同步解扰后,数据中出现了大量的0x7E字节,可以初步判定该路信号承载的是IP业务。进一步解析该路信号的帧格式,可知,数据帧的地址字段、控制字段及协议字段分别为0x0F、0x00及0x0800,这表明该路信号采用Cisco/HDLC协议封装,承载的是IP业务。验证Cisco/HDLC帧的CRC校验值,结果表明其采用的是CRC-32校验且校验值正确。上述过程表明该路信号的负载类型特征与POS信号的类型特征相匹配,该路STM-1信号为整体POS信号。

图 6.20　自同步解扰后的净负荷

为了进一步验证自同步扰码生成多项式盲识别算法的有效性，假定该路信号的自同步扰码多项式未知，采用 6.4 节的方法识别该路信号的自同步扰码多项式。由于自同步扰码多项式的阶数较高，提取 $4\times10^8$b 数据进行重码统计，实际数据重码统计结果如表 6.9 所列。统计结果表明，实际数据的重码分布与理论值并不完全符合，但 $Q$ 值的变化仍然可以反映出自同步扰码生成多项式的级数。在这里，$Q$ 值在 43 级前后有一个阶跃变化，且阶跃前后 $Q$ 值稳定，这表明该信号的自同步扰码生成多项式的阶数为 43，再采用组合求优势法，就能确定自同步扰码生成多项式为 $x^{43}+1$。

表 6.9　实际数据重码统计结果

| 重码级数($s$) | 41 | 42 | 43 | 44 | 45 |
| --- | --- | --- | --- | --- | --- |
| $\lvert \boldsymbol{M}(s) \rvert$ | $2.563\times10^8$ | $1.820\times10^8$ | $1.325\times10^8$ | $1.047\times10^8$ | $0.848\times10^8$ |
| $Q(s)$ | 0.7101 | 0.7280 | 0.7901 | 0.8099 | |

从表 6.9 中可以看出，$Q$ 值总体上要高于理论值。POS 信号通常包含了大段的填充字节(0x7E)，填充字节经扰码后，依然成段地周期性出现(图 6.19)，这段数据显然不符合“0”b 独立同分布的假设，且由于数据具有周期性，重码出现的概率要大得多，此外重码出现的次数并不会随重码级数的变化而变化，这就导致了实际数据的 $Q$ 值要高于理论值。

## 6.7　本章小结

本章研究了非标准 SDH 信号的复用映射结构解析问题。首先简要介绍了 SDH 复用映射原理及标准 SDH 复用映射结构解析方法。然后提出了一种非标准 SDH 信号复用映射结构解析算法，该算法采用“穷搜索”的策略来实现，即尝试每一种可能的复用结构和映射方式，按照假定的复用映射结构进行解复用和去映射，提取出支路信号，再将该支路信号与已知的类型特征相匹配，以鉴别该路信号的负载类型和验证解复用的正确性。对算法中的两个关键问题——SDH负载类型特征提取和自同步扰码生成多项式盲识别的实现做了深入的探讨。实际数据测试结果表明，本章提出的非标准SDH信号复用映射结构解析算法是行之有效的。

# 第 7 章 信道编码识别分析的综合应用

## 7.1 引 言

在现代数字通信系统中，信道编码往往不是孤立的，而是综合应用了各种编码手段在保证传输质量的情况下提高传输效率。完整的信道编码往往包含帧定位、纠错编码、交织编码、伪随机扰乱等多个环节。对于信道编码的逆向识别分析，需要综合利用各种识别方法对信道编码过程的各个环节进行逐个澄清。本章首先对信道编码综合识别分析策略进行探讨。然后基于对信道编码识别技术的研究，给出两个拓展性的应用设想：一是在电子战、信息战中针对信道层的对抗干扰；二是在保密通信中为防止非合作用户窃听而在物理层信道编码设计上可以采取的一些策略建议及一个应用实例。

## 7.2 信道编码总体识别分析策略

为了保证高质量的数据传输，现代数字通信中往往综合使用多种编码手段。对信道编码的各个环节参数进行逐一澄清，是一个系统的、复杂的过程。典型的信道编码包含以下几类。

(1)简单的一级纠错信道编码。此类信道编码如图 7.1 所示，其编码过程仅包含一次纠错编码过程。其中的帧定位模块对于采用盲帧定位技术的系统有可能不存在[142-147]。伪随机扰乱模块的主要作用是防止信号中出现较长时间的连续“0”或连续“1”以方便接收端恢复时钟，根据调制和传输的具体情况决定是否必要[236]。此类信道编码一般用于信道质量较好（如近距离、低噪声信道通信）或者对能耗要求较高（如无线传感器网络）的场合，编码结构相对简单，因此对其识别分析的难度也不大。

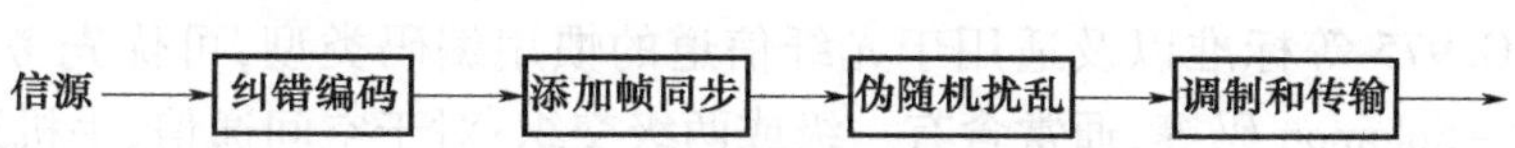

图 7.1 简单的一级纠错信道编码

(2)含交织的一级纠错信道编码。如图7.2所示,一些通信系统为了增强抵抗突发错误的能力,在纠错编码后对数据进行了交织。其主要目的是在接收端可以将突发错误分散到不同的码字中,从而实现对突发错误的纠正。此类信道编码在识别分析时,需要首先对交织类型及参数进行识别,再进行解交织。

图7.2　含交织的一级纠错信道编码

(3)含交织的两级纠错级联编码。此类级联编码如图7.3所示。其主要用于长距离通信领域,如海底光缆通信等,或信道质量较差的通信领域,如卫星数字化视频广播(DVB、DVBS2)等,兼备较强的抵抗随机错误和突发错误的能力。编码和译码过程相对复杂,识别分析难度也相对较大。

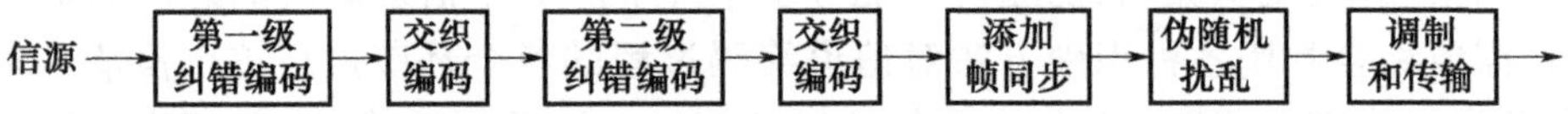


图7.3　含交织的两级纠错级联编码

(4)更多级纠错的级联编码。随着数字通信技术的提高,更高可靠性的信道编码正在向更多级纠错的级联码方向发展。例如,在长距离100~400Gb/s光纤通信中,就存在一些三级纠错编码的情况[237]。

综上所述,对于多级纠错编码的识别分析,经验与策略非常重要。好的策略,可以缩减识别分析的耗时,提高编码参数估计的可靠度。本书根据理论研究与工作经验,提出以下分析策略以供参考。

**1. 尽可能多地获取与信道相关的先验信息**

在无任何先验信息的情况下对信道编码参数进行识别分析是非常艰难的,需要海量的计算分析。有关信道的先验信息可以给信道编码参数识别带来很大帮助。有用的信道信息包含以下几个方面。

1)数据的来源

虽然每类通信系统都存在多种信道编码类型,但各自通常存在一些惯用的信道编码方式或标准协议,特别是在公共通信领域。例如,对于来DVB信道的数据,基本可以依据DVB或DVB-S2标准中所列的编码类型,优先考虑LDPC码和BCH码组成的级联编码;海底光缆通信领域的数据,根据ITU-T G.709、ITU-T G.975等标准以及适用于光纤信道的惯用编码类型,可优先考虑BCH码、Reed-Solomon码等,通常含有一级或两级交织;对于空间通信、手机通信等,可以优先考查是否存在卷积码、Turbo码、LDPC码等。

2)信道参数

提高识别分析的信道参数包含信道模型、噪声分布和信噪比等。如本书第

2~4 章所述,编码参数识别分析的一些优化的阈值条件依赖噪声方差、信道转换概率等信道参数。如果有条件事先进行信道估计,那么对信道编码识别的准确性将有很大的提高。

3)可能的信源类型

如果信源类型是已知的,那么可以根据信源数据的一些规律简化信道编码参数的分析。例如对扰码参数的识别,如果事先获知信源中部分固定码型,就可用半明文攻击方法替代唯密文攻击方法,大大降低扰码多项式的识别难度;如果可以根据信源类型推断出码字中校验元可能的分布情况,那么对交织参数、纠错编码类型及参数的分析具有一定的指导作用。

**2. 优先进行帧定位的分析**

帧定位用于收发双方进行编码起点的同步。很多通信系统的信道编码都是以帧为周期的,在很多情况下,帧定位的起点也就是某个纠错编码或交织编码的起点。因此在获得帧定位参数后,优先以帧起始点作为交织或纠错编码的起点进行分析,往往可以省去纠错编码起点或交织编码起点的识别过程,而且在此种情况下,纠错编码码字长度或交织参数常是帧长或帧长的因数。

**3. 对于多级编码结构,可逐级分析**

级联码的结构虽然复杂,但可以分级进行参数识别。对于一个接收到的数据序列,首先最外层的交织及纠错编码所确定的码元约束关系是显见的,可首先对外层的编码参数进行分析。之后,根据识别分析出的参数进行纠错译码,再将外层编码的信息元与校验元分离,提取其中的信息元,既可分析第二级的交织和纠错编码参数,又可将各级编码结构依次澄清,并且,经过外层的纠错译码后,内层编码参数的识别分析由于误码的减少会变得更加容易。

**4. 优先选择基于软判决的分析方法**

在本书第 2~4 章中,众多类型编码参数的识别分析给出了基于软判决的分析方法,并通过仿真实验验证了软判决算法相比硬判决算法在容错性能上具有更大的优越性。因此,在采集与存储技术设备允许的条件下,保留前端接收机的软判决信息,可以在很大程度上改善编码参数识别分析的噪声门限,降低完成可靠识别分析所需数据量。

## 7.3 电子战、信息战中针对信道层的对抗干扰

### 7.3.1 针对信道层的电子干扰

电子干扰是离不开通信侦察的,而信道编码的识别分析是通信侦察的重要环节。在实施电子干扰之前,需要先对干扰对象的方位、调制方式、信道编码等

信息进行识别,之后再有针对性地实施干扰。传统的通信干扰主要是对对方使用的频段进行覆盖,需要干扰机持续发送大功率的干扰信号。而且现代通信系统为了提供可靠的通信质量基本都会采用信道编码以控制传输过程产生的误码,其本身也就具备一定的抗干扰能力。但如果能够识别获取对方使用的信道编码参数,那么就可以针对其信道编码的弱点,更加高效地实施干扰,如图 7.4 所示。例如:如果通过信道编码的识别分析发现对方使用的是单一 BCH 码或卷积码,该码抵抗随机错误的能力较强而对突发错误的抵抗能力较弱,那么干扰机就可以通过突发式的干扰攻击使对方通信系统的纠错译码失效;如果对方使用的是单一 RS 码,该码抵抗突发错误的能力较强而对随机错误的抵抗能力较弱,那么干扰机就可以分散其功率分布,进行周期性的分散干扰。这样,一方面可以使干扰机在相对较低的平均发送功率下工作;另一方面可依据敌方信道编码的弱点有针对性地进行干扰,提高干扰效率。

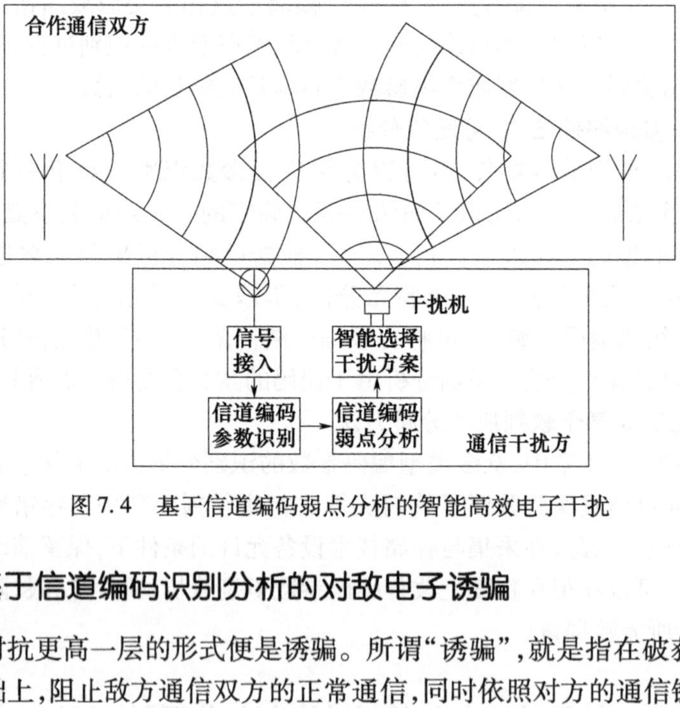


图 7.4　基于信道编码弱点分析的智能高效电子干扰

### 7.3.2　基于信道编码识别分析的对敌电子诱骗

电子对抗更高一层的形式便是诱骗。所谓“诱骗”,就是指在破获敌方通信链路的基础上,阻止敌方通信双方的正常通信,同时依照对方的通信链路参数向敌方发送错误的行动指令。2012 年,伊朗军方曾通过电子诱骗的方式成功对一架美军“扫描鹰”无人机进行了“俘获”[238],这是电子诱骗技术成功应用的典型案例。对敌实施电子诱骗需要以下几个过程。

(1)对敌方的通信频带和调制方式进行识别分析;

(2)对敌方使用的信道编码参数进行识别分析;

(3)对敌方通信系统更高层次的协议、信令和密码等进行识别分析;

(4)在信道上实施干扰,即切断对方的通信联络;

(5)依据对方通信系统使用的通信频带、调制方式、信道编码、通信协议、加密方式和信令,向对方发送错误指令,使其按照我方意志行动。

可见,信道编码的盲识别在对敌实施电子诱骗的过程中起着至关重要的作用。首先,信道编码参数的正确识别分析,是进一步识别分析上层协议的基础。完成信道编码结构及参数的识别后,才能从中提取净荷位置,从而恢复载荷。其次,基于正确的信道编码参数才能对接收的数据进行纠错译码。尤其是对于加密信息的密钥恢复,尽量低的误码率是成功恢复密钥的关键条件之一。最后,对敌实施信道干扰和发送诱骗指令,均要按照正确的参数进行信道编码,才能保证对方正确接收。

### 7.3.3　网电空间态势感知

现代战争越来越多地强调"制信息权"。而信息领域的对抗与争夺,越来越多地向着多维度和一体化的方向发展,包括通信、网络、卫星、水声、电磁环境等众多信息领域。进入 21 世纪以后,网络电磁空间的攻击手段层出不穷,网电攻击事件也频频发生。因此,迫切需要在大规模网电环境中对能够引起网电态势发生变化的安全要素进行获取、融合、理解、显示以及预测未来的发展趋势[239]。极大地提高网电态势感知的智能水平,才能在未来战争中有效积极防御和自我保护。要实现网电态势感知,首先要基于各种信息获取手段对网电态势进行监测,然后理解监测内容并提取有效信息。而其中的信息获取环节,需要极大地依赖各种已知和未知的信道链路,因此信道编码识别分析是网电态势信息获取的必要基础。正确识别分析未知链路的信道编码参数,才能从中剔除冗余、提取数据,并依赖识别分析所得的信道编码参数对获取的数据进行纠错译码,从而为上层的信息融合与分析决策提供可靠保障。

## 7.4　保密通信中的信道层防护设计

在网电空间战的大背景下,一方面要通过网电态势感知对信息安全要素进行获取、理解和预测以实施积极防御,另一方面要对己方信息传输进行必要的防护以防敌方探测。保密通信的研究,目前大都集中于两个方向:底层采取抗干扰能力强以及难以跟踪的调制样式或物理链路,如扩频通信、跳频通信、量子通信等[240];上层采用有效的密码防护,对传输信息进行加密。然而,越来越多的密码分析领域的研究成果对密码安全不断发起挑战。本节提出一种新的保密通信防护手段,即针对信道的防护。依据信道编码识别分析技术的研究经验与成果,本节设计出难以破获的信道编码方式,使敌方无法从信道编码后的数据中提取载荷信息,甚至难以发现通信数据的存在,也就无法进行更上一层的密码破解和信息分析。

### 7.4.1 信道编码识别分析对保密通信物理层设计的启发

根据信道编码识别分析的研究,本书提出从以下几个方面采取措施在信道层对通信信息进行有效保护。

**1. 隐藏用于帧定位的同步码,采用盲帧定位技术**

在多数数字通信系统中,常采用周期性地插入同步码的方法实现帧定位。同步码通常为固定码型,非常容易暴露。例如根据本书 2.3 节的分析方法及以往关于帧定位信息的识别分析方法[140-141],通过搜索周期性出现在数据流中的重复码型,很容易获取帧结构。如本书 2.2 节所述,帧定位信息,往往会给信道编码参数的识别分析带来便捷。而隐藏同步码,可以提高敌方识别分析的难度。对己方的合作通信双方,采用基于纠错编码后码元之间的约束关系的盲帧定位技术[142-147],即可实现帧定位。

**2. 使用非连续帧进行信息传输**

如本书 2.3 节和第 3 ~ 5 章给出的识别分析算法,在不依赖同步码的情况下,识别分析算法仍可通过考查码元之间的约束关系的周期性进行帧定位信息的识别分析。但根据相关算法原理,在获得单一码字的情况下是无法识别出编码参数的。编码参数的识别分析需要建立多个码字组成的存储矩阵,否则存在多解的情况。因此,可以在传输的数据帧之间插入不等长度的随机码,并很好地隐藏帧结构,使对方难以发现帧结构的存在,如图 7.5 所示。而合作通信双方,仍然可以基于双方约定的纠错编码结构,通过考查码元之间的约束关系来确定数据流中传输帧的位置。

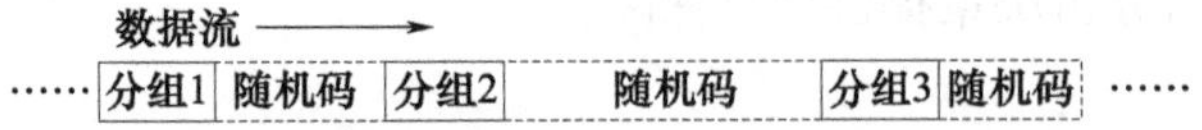


图 7.5　在数据帧之间插入不等长度的随机码

**3. 避免使用代数结构较强的编码类型,尽量使用随机编码和长码**

虽然难以从单一码字恢复编码参数,但 BCH 码、RS 码这类循环码一般具有较强的代数结构,其可能的编码参数是比较有限的。因此,虽然单一码字难以进行码型的分析与分类,但如果敌方采用穷举的方法尝试考查数据流中是否存在循环码,那么是可以搜索出正确的码字的。在保密通信的信道设计中,要尽量避免这类纠错编码的使用,而尽量使用随机码,如 LDPC 码。LDPC 码由于校验矩阵的随机性,对其识别分析时难以预先构建小范围的候选参数集合,而对 LDPC

码可能的校验向量的穷举搜索,对于目前的计算机水平是不可实现的,特别是在帧长和帧定位位置未知的情况下。LDPC 码另一个优势是分组长度可以很大,而且很大的分组长度一方面对差错控制效果更好,另一方面会在很大程度上增加识别分析的难度。较大的分组长度意味着校验向量存在更多的可能性。例如长度为 32640b 的 LDPC 码,假设考查其是否存在 Hamming 重量为 10 的校验向量时,需要计算的候选向量的数目是 $C_{32640}^{10}$,约为 $3.78 \times 10^{38}$,并且不可能在单一码字上完成识别分析。

**4. 采用非常规交织,增加交织深度,以对抗交织编码的识别分析**

目前,通信系统中主要应用的交织类型包括分组交织和卷积交织两种。根据文献[225]给出的分组交织参数识别算法和文献[233 - 234]及本书第 5 章给出的卷积交织识别方法,交织参数的识别分析依赖 GJETP 算法或对交织参数的穷举搜索。一方面,可以增加交织深度,使 GJETP 分析算法要求的最小长度更长,这样误码的影响就会大范围扩散;另一方面,采用非常规的交织方式,可以有效防止被非合作通信方还原交织块中码字的位置。

## 7.4.2　面向保密通信的物理层信道编码方案设计举例

本节应用 7.4.1 节提出的四方面设计措施,提出一种针对光纤通信系统的信道编码方案,以加强信道层的信息防护。在保证信息隐藏和防护的同时,合作通信双方能够实现正确的帧定位和信道译码。

根据 7.4.1 节第一方面和第二方面设计措施建议,在数据流中取消用于帧定位的同步码,同时在分组与分组之间插入不等长度的随机码。在接收端,就要采用盲帧定位技术实现帧定位。下面首先给出盲帧定位技术实现方案,然后进一步给出参数选择以及交织方案,最后对其信息防护能力进行分析并通过仿真实验给出接收端盲帧定位的容错性能。

**1. 盲帧定位技术实现**

假设图 7.5 中的每个分组由 $\mu$ 个码率为 $k/n$ 的纠错编码码字交织而成,纠错编码的校验矩阵为 $\boldsymbol{H}$,其中的行向量为校验向量。将分组中第 $i(1 \leqslant i \leqslant \mu)$ 个码字记为列向量 $\boldsymbol{C}_i$,那么有

$$\boldsymbol{H} \times \boldsymbol{C}_i = \boldsymbol{0} \tag{7.1}$$

在接收端,假设码字向量 $\boldsymbol{C}_i$ 受噪声污染后某些码元发生翻转,即接收端进行帧定位和解交织后得到的相应码字向量为 $\boldsymbol{X}_i$. 校验矩阵 $\boldsymbol{H}$ 的行向量,也就是校验向量,包含 $n-k$ 个线性无关的向量,记为 $\boldsymbol{h}_1, \boldsymbol{h}_2, \cdots, \boldsymbol{h}_{n-k}$,那么式(6.1)意味着对于所有 $\boldsymbol{h}_j(1 \leqslant j \leqslant n-k)$,有

$$\boldsymbol{h}_j \times \boldsymbol{C}_i = \boldsymbol{0} \tag{7.2}$$

在接收端,有

$$X_i = C_i + E_i \tag{7.3}$$

式中：$E_i$ 为发生翻转的错误图样。$h_j \times X_i = 0$ 的概率等于码字 $C_i$ 在传输过程中，在 $h_j$ 中非零项对应的位置上，发生偶数个错误的概率：

$$P_r(h_j \times X_i = 0) = \sum_{i=0}^{\lfloor w/2 \rfloor} \binom{w}{2i} \tau^{2i} (1-\tau)^{w-2i} = \frac{1+(1-2\tau)^w}{2} \tag{7.4}$$

式中：$w$ 为 $h_j$ 的 Hamming 重量；$\tau$ 为信道转换概率。

而当接收端基于不正确的同步位置进行接收和解交织时，所得向量 $X_i$ 与 $h_j$ 之间的约束关系不存在，因此 $h_j \times X_i$ 可看作服从参数 $p=0.5$ 的 0—1 分布。因此，$P_r(h_j \times X_i = \mathbf{0}) = 0.5$。令 $q = 1 - \frac{1}{\mu(n-k)} \sum_{i=1}^{\mu} \sum_{j=1}^{n-k} h_j \times X_i$，根据二项分布理论可知：

基于正确的同步位置，$q$ 的期望 EC 和方差 DC 分别为

$$\begin{cases} \mathrm{EC} = \dfrac{1+(1-2\tau)^w}{2} \\ \mathrm{DC} = \dfrac{1-(1-2\tau)^{2w}}{4(n-k)\mu} \end{cases} \tag{7.5}$$

基于错误的同步位置，$q$ 的期望 EI 和方差 DI 分别为

$$\begin{cases} \mathrm{EI} = \dfrac{1}{2} \\ \mathrm{DI} = \dfrac{1}{4(n-k)\mu} \end{cases} \tag{7.6}$$

根据 $\lambda$ 倍标准差原则，可以确定区分同步位置正确与否的阈值条件 $\delta$：

$$\begin{aligned} \delta &= \frac{[\mathrm{EC} + \lambda\sqrt{\mathrm{DC}}] + (\mathrm{EI} - \lambda\sqrt{\mathrm{DI}})}{2} \\ &= \frac{1}{2}\left[1 + \frac{(1-2\tau)^w}{2}\right] + \frac{\lambda}{4\sqrt{(n-k)M}}\left[1 - \sqrt{1-(1-2\tau)^{2w}}\right] \end{aligned} \tag{7.7}$$

即当统计量 $q > \delta$ 时，判定计算 $q$ 基于的同步位置正确；否则，判定计算 $q$ 基于的同步位置不正确。在式(7.7)中，$\lambda$ 可取经验值 5 ~ 8。

**2. 参数选择**

由式(7.5)和式(7.6)可知，校验向量的 Hamming 重量影响 EC，校验向量的 Hamming 重量越小，EC 和 EI 之间的距离越大，区分度也越好。因此，LDPC 码由于具有极低密度的校验矩阵，更适合盲帧定位的需求。参数 $\mu$ 影响 DC 和 DI，选择较大的 $\mu$ 意味着 $q$ 具有较小的方差。

**3. 交织方案**

对每个分组进行非常规的交织编码，在分散突发错误的同时，要兼顾两方面的安全性：一方面要防止非合作通信方通过交织参数穷举的方法恢复交织，另一方面

要防止关键词相关搜索的攻击方法。例如，可采用以下步骤将数据进行交织。

(1)将每个分组中每个码字作为一个行向量，组成一个交织矩阵 $\boldsymbol{M}$；

(2)进行矩阵交织，即将(1)中排列所得的交织矩阵 $\boldsymbol{M}$ 进行转置，得到 $\boldsymbol{M}^{\mathrm{T}}$；

(3)对 $\boldsymbol{M}^{\mathrm{T}}$ 的每行进行参数各不相同的循环移位得到 $\boldsymbol{M}^{*}$；

(4)对 $\boldsymbol{M}^{*}$ 的每列进行随机置换 $\boldsymbol{M}^{\#}$；

(5)将 $\boldsymbol{M}^{\#}$ 中的数据按行输出。

在接收端，按照上述相反的顺序进行解交织。这样，原始码字中的码元在交织矩阵中被完全打乱。合作通信方可以很容易地进行解交织；而非合作通信方恢复交织参数是非常困难的。

**4. 伪随机扰乱**

在传统通信中，伪随机扰乱是为了防止数据中出现较长的连续"0"码元或连续"1"码元，以方便接收端进行时钟同步。而针对扰码参数进行识别分析的攻击算法也比较多见[241-245]。因此，在保证扰码功能效果的同时，防止扰码参数被非合作通信方识别，可对信息安全多加一层保护。为增加扰码识别难度，一方面可以使用反馈移位寄存器长度较长的扰码多项式，另一方面可以使用不连续的扰码进行加扰，即加扰时在原始产生的同步扰码流中分散地去除一些扰码片段，可在保证扰码功能的同时使扰码的规律性减弱，使对方无法识别扰码多项式。

**5. 接收机设计**

由于系统中取消了同步码，在接收端正确同步数据帧是成功接收的关键。接收端为了实现帧定位，需要利用纠错编码的码元之间的相互约束关系，找到纠错编码的分组起点以及恢复出码字。具体来说，可依据以下方案实现接收数据的分组同步。

在接收到的码流中，选取某个位置 $t$ 开始，依次将接收码元填入接收矩阵 $\boldsymbol{R}$，对其进行解扰和解交织后即可还原出基于同步位置 $t$ 的码字。依据这些码字计算 $q$，并根据阈值 $\delta$ 判断 $t$ 是否是正确的同步位置。如果 $q>\delta$，那么输出当前分组进行后续的译码；否则，令 $t=t+1$ 并重新判断 $q$，以便实现对数据流中有效分组数据帧的同步。

本书以每个分组采用256个LDPC(1024,768)码字交织为例进行帧定位的仿真。假设调制方式为BPSK调制，在AWGN信道上信道转换概率 $\tau$(等同于误码率)分别为0.01和0.1时，数据流中基于不同的同步位置 $t$ 时计算所得的 $q$ 值以及阈值 $\delta$ 分别如图7.6和图7.7所示。可见，所设阈值对同步位置和非同步位置的区分度比较明显。即使在图7.7所示 $\tau=0.1$ 的极低信噪比条件下，该算法仍然有效。因此，容错性能完全满足要求。

另外，上述仿真结果是在正确的帧定位、解扰和解交织的基础上进行的。而对于非合作通信方,由于采取了取消固定码型的帧定位码、帧间插入不等长度的随机码、非常规的伪随机扰乱和交织等防护措施,大大增加了信道编码结构与参数的破获难度。如果不能正确恢复信道编码,上层的信息分析也就无从谈起。

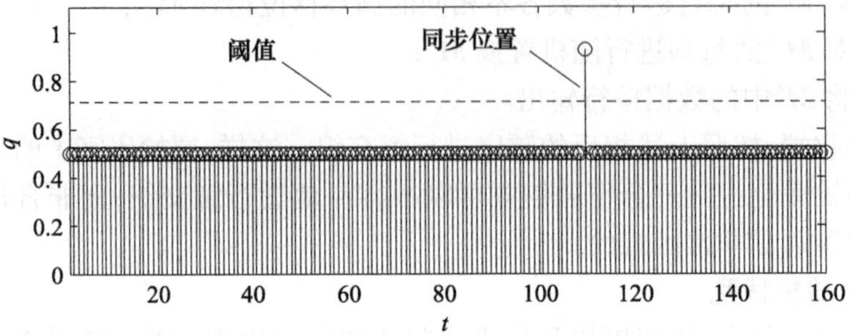


图 7.6　$\tau=0.01$ 时用于保密通信的盲帧定位效果仿真

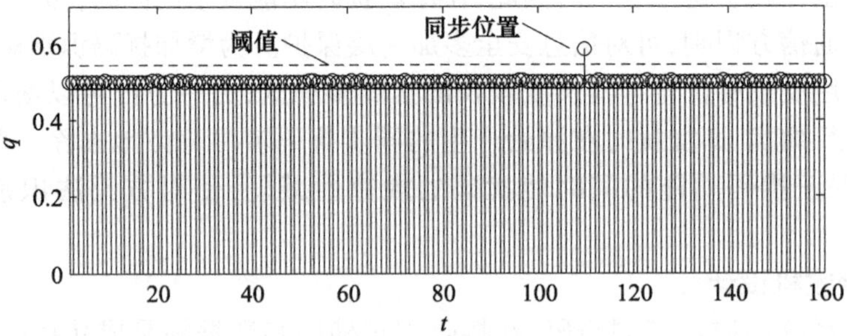


图 7.7　$\tau=0.1$ 时用于保密通信的盲帧定位效果仿真

## 7.5　本章小结

本章给出了信道编码识别分析的综合应用。首先,针对现代数字通信系统中普遍采用的信道编码结构特性,提出了信道编码总体识别分析策略。其次,给出了信道编码识别技术两个方向的应用:一是网电空间战背景下的电子干扰、对敌电子诱骗以及网电空间态势感知;二是基于信道编码识别技术的研究,分析信道编码可能存在的安全漏洞,针对保密通信提出了加强信道安全防护的一些策略方法。从而在信息对抗领域从主动防御与自身防护两个方面,为信道编码识别分析技术在网电空间战中的应用提供参考。

# 参考文献

[1] 陈维仁．军事谋略学[M]．北京:国防大学出版社,1990[2023-05-25].

[2] 祁建清,杨正．美空军情报、监视和侦察剖析[J]．电子对抗技术,2002(3):38-42.

[3] 梁德文．美军情报侦察数据链的发展[J]．电讯技术,2006(2):9-13.

[4] 邓勇,刘军,周长荣．通信侦察情报分析专家系统的设计[J]．兵工自动化,2004(2):8-10.

[5] 肖萍萍,吴健学,周芳,等．SDH 原理与技术[M]．北京:北京邮电大学出版社,2002.

[6] 韦乐平,赵慧玲,邓忠礼．我国国家信息基础设施公用网络总体结构[J]．现代电信科技,1997(2):1-6.

[7] 张在宣,方达伟．光纤测量(传感)网络与光纤通信网络[C]//到中国通信科技发展方向及相关政策研讨会,2003.

[8] 马丽华,等．光纤通信系统[M]．北京:北京邮电大学出版社,2009.

[9] 武文彦．光波分复用系统与维护[M]．北京:电子工业出版社,2010.

[10] LAPERLE C,VILLENEUVE B,ZHANG Z,et al. WDM Performance and PMD Tolerance of a Coherent 40 Gbit/s Dual-Polarization QPSK Transceiver[J]. Journal of Lightwave Technology,2008,26(1):168-175.

[11] PFAU T,HOFFMANN S,ADAMCZYK O,et al. Coherent optical communication:Towards real time systems at 40 Gbit/s and beyond[J]. Optics Express,2008,16(2):866.

[12] ONO H,SAKAMOTO T,MORI A,et al. An erbium-doped tellurite fiber amplifier for WDM systems with dispersion-shifted fibers[J]. IEEE Photonics Technology Letters,2002,14(8):1070-1072.

[13] WEI H,TONG Z,JIAN S. Use of a genetic algorithm to optimize multistage erbium-doped fiber-amplifier systems with complex structures[J]. Optics Express,2004,12(4):531.

[14] ZHU B,NELSON L E,STULZ S,et al. High spectral density long-haul 40Gb/s transmission using CSRZ-DPSK format[J]. Journal of Lightwave Technology,2004,22(1):208-214.

[15] AGARWAL A,BANERJEE S,GROSZ D F,et al. Ultralong-haul transmission of 40Gb/s RZ-DPSK in a 10/40 G hybrid system over 2500km of NZ-DSF[J]. IEEE Photonics Technology Letters,2003,15(12):1779-1781.

[16] VENGHAUS H,GLADISCH A,JOERGENSEN B F,et al. Optical add/drop multiplexers for WDM communication systems[C]//Conference on Optical Fiber Communications (1997), paper ThJ1. Optica Publishing Group,1997.

[17] ZHONG W D,YUAN H,HU W. Crosstalk analysis of FBG-based bidirectional optical cross connects[J]. Optics Communications,2004,238(1):91-103.

[18] 李跃辉,王缨,沈建华,等. 光纤通信网[M]. 西安:西安电子科技大学出版社,2009.
[19] 曹蓟光,吴英桦. 多业务传送平台(MSTP)技术与应用[M]. 北京:人民邮电出版社,2003.
[20] MUKHERJEE B. Reliable architectures for next - generation broadband access networks (RANGBAN) [Invited Paper][J]. Proceedings of SPIE - The International Society for Optical Engineering,2008:2.
[21] GENAY N,CHANCLOU P,SALIOU F,et al. Solutions for budget increase for the next generation optical access network[C]. 2007:317 - 320.
[22] 张永光. 信道编码及其识别分析[M]. 北京:电子工业出版社,2010.
[23] SHANNON C E. A mathematical theory of communication[J]. The Bell System Technical Journal,1948,27(3):379 - 423.
[24] HAMMING R W. Error detecting and error correcting codes[J]. Bell System Technical Journal,1950,29:147 - 160.
[25] Morelos - Zaragoza R. The Art of Error Correcting Codes[M]. John Wiley & Sons,2006.
[26] Calderbank A R, Jr G D F ,Vardy A. Minimal tail - biting tellises:The Golay code and more [J]. IEEE Transactions on Information Theory,1999,45(5):1435 - 1455.
[27] MULLER D E. Application of Boolean algebra to switching circuit design and to error detection [J]. Trans. I R E Prof. Group Electron. Comput. ,1954,3:6 - 12.
[28] Khah A G,Kavian Y S. Decimal Covolutional Code and its Decoder for Low - Powver applications[J]. Majlsi Journal of Telecommunication Devices,2019,8:7 - 12.
[29] CAIN J B,CLARK G C,GEIST J M. Punctured convolutional codes of rate (n - 1)/n and simplified maximum likelihood decoding (Corresp. )[J]. IEEE Trans. Inf. Theory,1979,25:97 - 100.
[30] MA H,WOLF J. On tail biting convolutional codes[J]. IEEE Transactions on Communications,2003,34(2):104 - 111.
[31] PRANGE E. Cyclic error - correcting codes in two symbols[M]. Cambridge,MA:Air Force Cambridge Research Center,1957.
[32] BERROU C. Near Shannon limit error - correcting coding and decoding:Turbo - codes[J]. Proc. ICC93,1993.
[33] BERROU C,GLAVIEUX A. Near optimum error correcting coding and decoding:Turbo - codes[J]. IEEE Transactions on Communications,1996,44(10):1261 - 1271.
[34] BERROU C,GLAVIEUX A. Near optimum error correcting coding and decoding:Turbo - codes[J]. IEEE Transactions on Communications,1996,44(10):1261 - 1271.
[35] GALLAGER R. Low - density parity - check codes[J]. Journal of Circuits & Systems,2008,8 (1):3 - 26.
[36] GALLAGER R. Low - density parity - check codes[J]. IRE Transactions on Information Theory,1962,8(1):21 - 28.
[37] MACKAY D. Good error - correcting codes based on very sparse matrices[J]. IEEE Transac-

tions on Information Theory,1999,45(2):399 - 431.
[38] KASAMI T,FUJIWARA,et al. A concatenated coding scheme for error control[J]. IEEE Transactions on Communications,1986,34(5):481 - 488.
[39] SMITH B P,FARHOOD A,HUNT A,et al. Staircase codes:FEC for 100 Gb/s OTN[J]. Journal of Lightwave Technology,2012,30(1):110 - 117.
[40] CALDERBANK A R. Multilevel codes and multistage decoding[J]. IEEE Transactions on Communications,1989,37(3):222 - 229.
[41] UNION T. Forward error correction for high bit - rate DWDM submarine system[J]. ITU - T G. 975. 1,2004.
[42] Morello A,Mignone V. DVB - S2: The Second Generation Standard for Satllite Broad - Band Services[J]. Proceedings of the IEEE,2006,94(1):210 - 227.
[43] BYEONG,GI,LEE,et al. Recent advances in theory and applications of scrambling techniques for lightwave transmission[J]. Proceedings of the IEEE,1995,83(10):1399 - 1428.
[44] CHOI,DOOWHAN. Report:Parallel Scrambling Techniques for Digital Multiplexers[J]. At & T Technical Journal,1986,65(5):123 - 136.
[45] SEETHARAM S W,MINDEN G J,EVANS J B. A parallel SONET scrambler/descrambler architecture[C] //Circuits and Systems, ISCAS '93, 1993 IEEE International Symposium on,1993.
[46] SAVAGE J E. Some Simple Self - Synchronizing Digital Data Scramblers[J]. Bell System Technical Journal,2013.
[47] ARAZI B. Self Synchronizing Digital Scramblers[J]. IEEE Transactions on Communications, 1977,25(12):1505 - 1507.
[48] FAIR I J,BHARGAVA K. On the power spectral density of self - synchronizing scrambled sequences[J]. IEEE Transactions on Information Theory,1998,44(4):1687 - 1693.
[49] 丁存生,肖国镇. 流密码学及其应用[M]. 北京:国防工业出版社,1994.
[50] 冯登国. 密码分析学[M]. 北京:清华大学出版社,2000.
[51] ITU - TG. 975. 1 - Forward error correction for high bit - rate DWDM submarine systems GlobalSpec[EB/OL]. [2023 - 05 - 26]. https://standards. globalspec. com/std/643903/itu - t - g - 975 - 1#: ~ :text = Forward% 20error% 20correction% 20for% 20high% 20bit - rate% 20DWDM% 20submarine, Rec. % 20G. 975% 20in% 20the% 20optical% 20fibre% 20submarine% 20cable.
[52] HENDERSON P M. Forward Error Correction In Optical Networks[J]. 2001.
[53] 柴先明,黄知涛,王丰华,等. 信道编码盲识别问题研究[J]. 通信对抗,2008(2):4.
[54] 宋镜业. 信道编码识别技术研究[D/OL]. 西安:西安电子科技大学,2009[2023 - 05 - 25]. https://kns - cnki - nets. libyc. nudt. edu. cn/KCMS/detail/detail. aspx? dbName = CMFD2009&filename = 2009065366. nh.
[55] 端木承中. 美国最新窃听手段:切开海底光缆[J]. 国家安全通讯,2002(4):3.
[56] 王瑛剑,董俊宏,胡斌. 对海底光缆进行窃听的技术分析[J]. 舰船电子工程,2008

(5):3.

[57] CLARKE R A,KNAKE R. Cyber War:The Next Threat to National Security and What to Do About It[M]. USA:Harper Collins Publishers,2010.

[58] 王甲峰,蒋鸿宇,胡茂海,等. RS 码的校验和识别方法[J]. 太赫兹科学与电子信息学报,2021,19(1):31 - 37.

[59] 吕喜在,苏绍璟,黄芝平. 一种 RS 码快速盲识别方法[J]. 国防科技大学学报,2011,33(4):5.

[60] JO D,KWON S,SHIN D J. Blind Reconstruction of BCH Codes Based on Consecutive Roots of Generator Polynomials[J]. IEEE Communications Letters,2018:894 - 897.

[61] CHANG Y,ZHANG W,WANG H,et al. Fast Blind Recognition of BCH Code Based on Spectral Analysis and Probability Statistics[J]. IEEE communications letters:A publication of the IEEE Communications Society,2021,25(10):1.

[62] 王甲峰,吴辉,蒋鸿宇,等. 缩短 RS 码的伽罗华域傅里叶变换识别方法[J]. Journal of Terahertz Science and Electronic Information Technology,2020.

[63] WU Z,ZHONG Z,ZHANG L. Blind Recognition of Cyclic Codes Based on Average Cosine Conformity[J]. IEEE Transactions on Signal Processing,2020,68(99):2328 - 2339.

[64] KUDEKAR S,RICHARDSON T,URBANKE R L. Spatially Coupled Ensembles Universally Achieve Capacity under Belief Propagation[J]. IEEE Transactions on Information Theory,2013,59(12):7761 - 7813.

[65] Schwandter S, Alexandre G I A, Matz G. Spatially - Coupled LDPC Codes for Decode - and - Forward Relaying of Two Correlated Sources over the BEC[J]. IEEE Transactions on Communications,2014,62(4):1324 - 1337.

[66] MITCHELL D,LENTMAIER M,COSTELLO D J. Spatially Coupled LDPC Codes Constructed from Protographs[J]. IEEE Transactions on Information Theory,2015,61(9):4866 - 4889.

[67] 吴昭军,张立民,钟兆根,等. 基于迭代消元的卷积码快速识别[J]. 电子学报,2021,49(6):1108 - 1116.

[68] 王甲峰,胡茂海,蒋鸿宇,等. 长约束非递归系统卷积码的盲识别[J]. 西安电子科技大学学报,2020,47(1):7.

[69] 钟兆根,刘杰,张立民. 基于极大极小准则下的(n,k,m)卷积码识别[J]. 系统工程与电子技术,2019,41(5):1133 - 1142.

[70] HUANG L,CHEN W,CHEN E,et al. Blind recognition of k/n rate convolutional encoders from noisy observation[J]. Journal of Systems Engineering and Electronics,2017(2):235 - 243.

[71] 李勐. 纠错编码类型识别与缩短 RS 码参数估计技术[D/OL]. 哈尔滨:哈尔滨工程大学,2020[2023 - 05 - 25]. https://kns - cnki - net - s. libyc. nudt. edu. cn/KCMS/detail/detail. aspx? filename = 1020161482. nh&dbname = CMFDTEMP.

[72] PYNDIAH R,GLAVIEUX A,PICART A,et al. Near - optimum decoding of product codes: block turbo codes[J]. IEEE,1998,46(8):1003 - 1010.

[73] VUCETIC,BRANKA. Turbo Codes. Principles and Applications[J]. IEEE Circuits & Devices

Magazine,2002,18(1):30 - 31.

[74] 胡延平,张天骐,白杨柳,等. 删余型 Turbo 码分量编码器盲识别算法[J]. 信号处理,2021,37(11):2207 - 2215.

[75] WU Z,ZHANG L,ZHONG Z. A Maximum Cosinoidal Cost Function Method for Parameter Estimation of RSC Turbo Codes[J]. IEEE Communications Letters,2019,23(3):390 - 393.

[76] 归零 Turbo 码的盲识别方法 - 中国知网[EB/OL]. [2023 - 05 - 26]. https://kns - cnki - net - s. libyc. nudt. edu. cn/KCMS/detail/detail. aspx? dbname = cjfd2016&filename = xtyd201606031&dbcode = cjfq.

[77] CHOI C,YOON D. Novel Blind Interleaver Parameter Estimation in a Non - Cooperative Context[J]. IEEE Transactions on Aerospace and Electronic Systems,2018,(99):1.

[78] Ramabadran S,Madhukumar A S ,Ng W T,et al. Parameter Estimation of Convolutional and Helical Interleavers in a Noisy Environment[J]. IEEE Access, 2017:6151 - 6167.

[79] G W T,et al. Parameter Estimation of Convolutional and Helical Interleavers in a Noisy Environment[J]. IEEE Access,2017,5:6151 - 6167.

[80] 吴昭军,张立民,钟兆根. 基于最大序列相关性的 Turbo 码交织器识别[J]. 航空学报,2019,40(6):262 - 273.

[81] PEI R,WANG Z,QIANG X,et al. Blind identification for Turbo codes in AMC systems[C]// 2016 8th IEEE International Conference on Communication Software and Networks (ICCSN),2016.

[82] 王伟年,彭华,董政,等. 误码及随机交织条件下信道编码类型识别[J]. 信号处理,2018,34(1):10.

[83] KWON S,SHIN D J. Blind Classification of Error - Correcting Codes for Enhancing Spectral Efficiency of Wireless Networks[J]. IEEE Transactions on Broadcasting,2021,67(3):1 - 13.

[84] SWAMINATHAN R,MADHUKUMAR A S. Classification of Error Correcting Codes and Estimation of Interleaver Parameters in a Noisy Transmission Environment[J]. IEEE Transactions on Broadcasting,2017,63(3):463 - 478.

[85] DEHDASHTIAN S,HASHEMI M,SALEHKALEYBAR S. Deep - Learning Based Blind Recognition of Channel Code Parameters over Candidate Sets under AWGN and Multi - Path Fading Conditions[J]. IEEE Wireless Communications Letters,2021,10(5):1041 - 1045.

[86] SHEN B,HUANG C,XU W,et al. Blind Channel Codes Recognition via Deep Learning[J]. IEEE Journal on Selected Areas in Communications,2021,39(8):2421 - 2433.

[87] MOOSAVI R,LARSSON E G. A Fast Scheme for Blind Identification of Channel Codes[C]// Global Telecommunications Conference,2012.

[88] MOOSAVI R,LARSSON E G. Fast Blind Recognition of Channel Codes[J]. IEEE Transactions on Communications,2014,62(5):1393 - 1405.

[89] XIA,TIAN,HSIAO - CHUN. Novel Blind Identification of LDPC Codes Using Average LLR of Syndrome a Posteriori Probability. [J]. IEEE Transactions on Signal Processing,2014.

[90] TIAN X,WU H C. Blind Identification of Nonbinary LDPC Codes Using Average LLR of Syn-

drome a Posteriori Probability[J]. IEEE Communications Letters,2013,17(7):1301 - 1304.

[91] XIA T,WU H C,CHANG S Y,et al. Blind identification of binary LDPC codes for M - QAM signals[C]2014 IEEE Global Communications Conference,2014.

[92] XIA T,WU H C. Joint Blind Frame Synchronization and Encoder Identification for Low - Density Parity - Check Codes[J]. IEEE Communications Letters,2014,18(2):352 - 355.

[93] PEIDONG,YU,HUA,et al. On blind recognition of channel codes within a candidate set[J]. IEEE Communications Letters,2016,20(4):736 - 739.

[94] WU Z,ZHANG L,ZHONG Z,et al. Blind Recognition of LDPC Codes over Candidate Set[J]. IEEE Communications Letters,2020,24(1):11 - 14.

[95] LIU Q,ZHANG H,YU P,et al. An Improved Method for Identification of LDPC Codes Within a Candidate Set[J]. IEEE Access,2021,9:1896 - 1903.

[96] SHEN B,WU H,HUANG C. Blind Recognition of Channel Codes via Deep Learning[C] //2019 IEEE Global Conference on Signal and Information Processing (GlobalSIP),2019.

[97] NI Y,PENG S,ZHOU L,et al. Blind Identification of LDPC Code Based on Deep Learning [C] //2019 6th International Conference on Dependable Systems and Their Applications (DSA),2020.

[98] XIN B,HUANG Y,GAN W Y,et al. Reconstruct LDPC codes in an error - free environment [C] //International Conference on Computer Science & Network Technology,2016.

[99] XIN,BAO,YUANLING,et al. Reconstruct LDPC Codes in a Noisy Environment[C] //2015 IEEE International Conference on Progress in Informatics and Computing(PIC 2015).

[100] 罗路为,雷迎科. 基于线性约束关系的 LDPC 码校验矩阵盲识别算法[J]. 探测与控制学报,2019,41(2):120 - 124,130.

[101] 陈泽亮,彭华,巩克现,等. 误码条件下 LDPC 码参数的盲估计[J]. 电子学报,2018,46(3):652 - 658.

[102] RAMABADRAN S,KUMAR A,GUOHUA W,et al. Blind Recognition of LDPC Code Parameters over Erroneous Channel Conditions[J]. IET Signal Processing,2019,13(1):86 - 95.

[103] CARRIER K,TILLICH J P. Identifying an unknown code by partial Gaussian elimination [J]. Designs Codes and Cryptography,2018,87(2/3):685 - 713.

[104] 吴昭军,张立民,钟兆根,等. 高误码率下 LDPC 稀疏校验矩阵重建[J]. 通信学报,2021,42(3):1 - 10.

[105] 于沛东,彭华,巩克现,等. 基于寻找小重量码字算法的 LDPC 码开集识别[J]. 通信学报,2017,38(6):108 - 117.

[106] CANTEAUT A,CHABAUD F. A new algorithm for finding minimum - weight words in a linear code:application to McEliece's cryptosystem and to narrow - sense BCH codes of length 511[J]. IEEE Transactions on Information Theory,1998,44(1):367 - 378.

[107] QIAN L A,HAO Z A,GSB A,et al. A fast reconstruction of the parity - check matrices of LDPC codes in a noisy environment[J]. Computer Communications,2021,176:163 - 172.

[108] CLUZEAU M,FINIASZ M. Recovering a code's length and synchronization from a noisy in-

tercepted bitstream[C] //2009 IEEE International Symposium on Information Theory,2009.

[109] LEI Y,LUO L. Novel Blind Identification of LDPC Code Check Vector Using Soft - Decision [C] //2020 IEEE 20th International Conference on Communication Technology (ICCT),2020.

[110] LOIDREAU P. Using algebraic structures to improve LDPC code reconstruction over a noisy channel[C] //2019 IEEE International Symposium on Information Theory (ISIT),2019.

[111] BONVARD A,HOUCKE S,MARAZIN M,et al. Order Statistics on Minimal Euclidean Distance for Blind Linear Block Code Identification[C] //IEEE International Conference on Communications,2018.

[112] BONVARD A,HOUCKE S,GAUTIER R,et al. Classification Based on Euclidean Distance Distribution for Blind Identification of Error Correcting Codes in Non - Cooperative Contexts [J]. IEEE Transactions on Signal Processing,2018,66(10):2572 - 2583.

[113] WILLNER A E. Introduction to the Feature Issue on Fundamental Challenges in Ultrahigh - capacity Optical Fiber Communication Systems[J]. IEEE Journal of Quantum Electronics,1998,34 (11):2053 - 2054.

[114] ZHU X,ZENG Q. Cross - phase modulation - induced penalties in multichannel DWDM optical transport networks[J]. Chinese Optics Letters,2003(5):263.

[115] 龚倩,徐荣. 高速超长距离光传输技术[M]. 北京:人民邮电出版社,2005.

[116] 赵同刚,任建华,崔岩松. 通信光电子器件与系统的测量及仿真[M]. 北京:科学出版社,2010.

[117] 王志功. 光纤通信集成电路设计[M]. 北京:高等教育出版社,2003.

[118] MAO W,LI Y,AL - MUMIN M,et al. All - optical clock recovery for both RZ and NRZ data [J]. IEEE Photonics Technology Letters,2002,14(6):873 - 875.

[119] SAVOJ J,RAZAVI,et al. A 10 - Gb/s CMOS clock and data recovery circuit with a half - rate binary phase/frequency detector[J]. IEEE Journal of Solid - State Circuits,2003.

[120] LI W,CHEN M,YI D,et al. All - Optical Format Conversion From NRZ to CSRZ and Between RZ and CSRZ Using SOA - Based Fiber Loop Mirror[J]. IEEE Photonics Technology Letters,2004,16(1):203 - 205.

[121] YU,XINLIANG,ZHANG,et al. All - optical format conversion from CS - RZ to NRZ at 40Gbit/s[J]. Optics Express,2007,14(16)189.

[122] Fukushima S,Yonenaga K,Kurosaki T,et al. 300 - pin MSA optical transceiver with large dynamic range for L - band DWDM network[J]. IEEE,2009.

[123] COCKROFT G. Small Form - Factor Pluggable (SFP) Transceiver Multisource Agreement [J]. 2000:25 - 30.

[124] LIU H,TENG L,ZENG D. Design of a Two - channel Ultra High Frequence Data Acquisition System Based on FPGA[C]Radar,2006. International Conference on.

[125] HAIBO L,TENG L,DAZHI Z. Design of a Two - channel Ultra High Frequence Data Acquisition System Based On FPGA[C]2006 CIE International Conference on Radar,2006.

[126] LIU F,KASHYAP C,ALPERT C J. A delay metric for RC circuits based on the Weibull dis-

tribution[C] //IEEE/ACM International Conference on Computer - Aided Design, ICCAD 2002,2002:620 - 624.
[127] SAPATNEKAR S S. A timing model incorporating the effect of crosstalk on delay and its application to optimal channel routing[J]. IEEE Transactions on Computer - Aided Design of Integrated Circuits and Systems,2000,19(5):550 - 559.
[128] YAMASHITA K, ODANAKA S. Interconnect Scaling Scenario Using a Chip Level Interconnect Model[J]. IEEE Transactions on Electron Devices,2000,47(1):90 - 96.
[129] 谭聪,卜海祥,唐璞山. 一种改进的用于 FPGA 的快速数字锁相环电路设计[J]. 复旦学报(自然科学版),2009,48(4):470 - 476.
[130] 任爱峰,初秀琴,常存,等. 基于 FPGA 的嵌入式系统设计[M]. 西安:西安电子科技大学出版社,2004.
[131] BUDRUK R, ANDERSON D, SOLARI E. PCI Express System Architecture[M]. Pearson Education,2003.
[132] WILEN A, SCHADE J, THORNBURG R. Introduction to PCI Express[C] // High Energy Physics & Cosmology. High Energy Physics and Cosmology,2003.
[133] 郜林,黄芝平,唐贵林,等. 并行缓存结构在高速海量数据记录系统中的应用[J]. 计算机测量与控制,2008(4):527 - 529.
[134] 肖文昌,鲁新灵,钱水春,等. CDMA 2000 反向链路中帧长盲判的研究[J]. 电子技术,2002,29(5):3.
[135] 吕喜在,苏绍璟,黄芝平. 基于字频统计的子同步码盲检测方法研究[J]. 西安电子科技大学学报,2011,38(3):189 - 196.
[136] 吕喜在. 光纤骨干网信息侦测关键技术研究[D]. 长沙:国防科学技术大学,2011.
[137] ZEPERNICK H J 等. 伪随机信号处理:理论与应用[M]. 甘良才,等译. 北京:电子工业出版社,2007.
[138] BYEONG, GI, LEE, et al. Recent advances in theory and applications of scrambling techniques for lightwave transmission[J]. Proceedings of the IEEE,1995,83(10):1399 - 1428.
[139] 盛骤,谢式千,潘承毅. 概率论与数理统计[M]. 北京:高等教育出版社,2001.
[140] LIN S, COSTELLO D. Error Control Coding[M]. 2nd edition. Upper Saddle River, N. J: Pearson,2004.
[141] IMAD R, SICOT G, HOUCKE S. Blind frame synchronization for error correcting codes having a sparse parity check matrix[J]. IEEE Transactions on Communications,2009,57(6):1574 - 1577.
[142] IMAD R, HOUCKE S, JEGO C. Blind Frame Synchronization of Product Codes Based on the Adaptation of the Parity Check Matrix[C] //2009 IEEE International Conference on Communications,2009.
[143] IMAD R, POUILLAT C, HOUCKE S, et al. Blind frame synchronization of Reed - Solomon codes: non binary vs. binary approach[J]. medical physics,2010.
[144] IMAD R, HOUCKE S. Theoretical analysis of a MAP based blind frame synchronizer[J]. IEEE

Transactions on Wireless Communications,2009,8(11):5472 - 5476.

[145] QI Y,WANG B,RONG M,et al. Comments on "Theoretical Analysis of a MAP Based Blind Frame Synchronizer" [J]. IEEE Transactions on Wireless Communications,2011,10(10):3127 - 3132.

[146] ZHOU J,HUANG Z,SU S. Blind Frame Synchronization of Reed - Solomon Coded Optical Transmission Systems [J]. OPTIK,2013,124(11):998 - 1002.

[147] 许以超. 线性代数与矩阵论:第 2 版[M]. 北京:高等教育出版社,2008.

[148] FORNEY G J. Structural analysis of convolutional codes via dual codes[J]. IEEE Transactions on Information Theory,2003,19(4):512 - 518.

[149] GOLUB G H,LOAN C. Matrix Computations[M]. Johns Hopkins University Press,1996.

[150] 卢策吾,邱磊,邝育军,等. CSPIRD:一种基于相位信息和实部检测的 OFDM 盲帧同步方法[J]. 重庆邮电学院学报(自然科学版),2006,18(4):4.

[151] 张永光. 一种盲帧同步的搜索和定位策略[J]. 信息技术,2008,32(9):5.

[152] 彭承柱,彭明鉴. 光通信误码指标工程计算与测量[M]. 北京:人民邮电出版社,2005.

[153] NEWTON N J. Data synchronization and noisy environments[J]. IEEE Transactions on Information Theory,2002,48(8):2253 - 2262.

[154] SAVAGE J E. Some Simple Self - Synchronizing Digital Data Scramblers[J]. Bell System Technical Journal,2013.

[155] ARAZI B. Self Synchronizing Digital Scramblers[J]. IEEE Transactions on Communications,1977,25(12):1505 - 1507.

[156] FAIR I J,BHARGAVA K. On the power spectral density of self - synchronizing scrambled sequences[J]. IEEE Transactions on Information Theory,1998,44(4):1687 - 1693.

[157] HENRIKSSON U. On a Scrambling Property of Feedback Shift Registers[J]. IEEE Transactions on Communications,1972,20(5):998 - 1001.

[158] MASSEY J. Shift - register synthesis and BCH decoding[J]. IEEE Transactions on Information Theory,2003,15(1):122 - 127.

[159] 丁石孙. 线性移位寄存器序列[M]. 上海:上海科学技术出版社,1982.

[160] 陈东军. 序列密码的还原方法[D]. 长沙:国防科学技术大学,2003.

[161] ZEPERNICK H J 等. 伪随机信号处理:理论与应用[M]. 甘良才,等译. 北京:电子工业出版社,2007. 3.

[162] LEEPER D G. A Universal Digital Data Scrambler[J]. Bell Labs Technical Journal,2014,52(10):1851 - 1865.

[163] LEE B G,KIM S C. Scrambling Techniques for Digital Transmission:Telecommunications Networks and Computer. [M]. New York:Springer - Verlag,Inc,2000.

[164] THOMPSON K,MILLER G J,WILDER R. Wide - area Internet traffic patterns and characteristics[J]. IEEE Network,2002,11(6):10 - 23.

[165] 施雨,李耀武. 概率论与数理统计应用[M]. 西安:西安交通大学出版社,2005.

[166] 杨忠立,刘玉君. 自同步扰乱序列的综合算法研究[J]. 信息技术,2005,29(2):3.

[167] 朱华安,谢端强．基于 m 序列统计特性的序列密码攻击[J]．通信技术,2003(8):96 - 98.

[168] 罗向阳,沈利,陆佩忠,等．高容错伪随机扰码的快速盲恢复[J]．信号处理,2004,20(6):7.

[169] 朱洪斌．对伪随机扰码和自同步扰码的盲识别[J]．科技风,2010(14):220 - 221.

[170] 游凌,朱中梁．Walsh 函数在解二元域方程组上的应用[J]．信号处理,2000,16(B12):5.

[171] 伍文君．光纤骨干传输网信息截获与处理关键技术研究[D]．长沙:国防科学技术大学,2010.

[172] 刘玉君．信道编码[M]．郑州:河南科学技术出版社,2001.

[173] BERLEKAMP E R. Algebraic coding theory[M]. McGraw - Hill,1968.

[174] MASSEY J. Shift - register synthesis and BCH decoding[J]. IEEE Transactions on Information Theory,2003,15(1):122 - 127.

[175] BERLEKAMP E R. Factoring polynomials over large finite fields[J]. Bell Labs Technical Journal,1970,46(111):713 - 735.

[176] 张树功,雷娜,刘停战．计算机代数基础:代数与符号计算的基本原理[M]．北京:科学出版社,2005.

[177] ITU - T Recommendation G. 707. Network node interface for the synchronous digital hierarchy (SDH)[EB/OL]. http://www. itu. int/rec/ T_REC_G. 707.

[178] ITU - T Recommendation G. 975. Forward error correction for submarine systems [EB/OL]. http://www. itu. int/rec/ T_REC_G. G95. 1996.

[179] 王新梅,肖国镇．纠错码:原理与方法．[M]．修订版．西安:西安电子科技大学出版社,2001.

[180] TOMIZAWA M. Parallel FEC code in high - speed optical transmission systems[J]. Electronic Letters,1999,35(16):1367 - 1368.

[181] 昝俊军,李艳斌．低码率二进制线性分组码的盲识别[J]．无线电工程,2009,39(1):4.

[182] VALEMBOIS A. Detection and recognition of a binary linear code[J]. Discrete Applied Mathematics,2001,111(1/2):199 - 218.

[183] CLUZEAU M,FINIASZ M. Recovering a code's length and synchronization from a noisy intercepted bitstream [C] // 2009 IEEE International Symposium on Information Theory. IEEE,2009.

[184] CLUZEAU M. Block code reconstruction using iterative decoding techniques[C] //2006 IEEE International Symposium on Information Theory. IEEE,2006.

[185] CHABOT C. Recognition of a code in a noisy environment[C] IEEE,2007.

[186] 闻年成,杨晓静．BCH 码识别方法研究[J]．电子对抗,2010(6):5.

[187] 杨晓静,闻年成．基于码根信息差熵和码根统计的 BCH 码识别方法[J]．探测与控制学报,2010,32(3):5.

[188] 吕喜在,黄芝平,苏绍璟．BCH 码生成多项式快速识别方法[J]．西安电子科技大学学报,2011(6):159－162.

[189] 王甲峰,岳旸,权友波．二进制 BCH 码的一种盲识别方法[J]．太赫兹科学与电子信息学报,2011,9(5):591－595.

[190] 王兰勋,李丹芳,汪洋．二进制本原 BCH 码的参数盲识别[J]．河北大学学报:自然科学版,2012,32(4):6.

[191] LEE H,PARK C S,LEE J H,et al. Reconstruction of BCH codes using probability compensation[C] // Communications. IEEE,2012.

[192] JIANG J,NARAYANAN K R. Iterative Soft Input Soft Output Decoding of Reed－Solomon Codes by Adapting the Parity Check Matrix[J]. IEEE Transactions on Information Theory, 2006,52(8):3746－3756.

[193] 刘健,谢锘,周希元．RS 码的盲识别方法[J]．电子科技大学学报,2009,38(003):363－367.

[194] 闻年成,杨晓静．采用秩统计和码根特征的二进制循环码盲识别方法[J]．电子信息对抗技术,2010,25(06):26－29.

[195] 闻年成,杨晓静,白彧．一种新的 RS 码识别方法[J]．电子信息对抗技术,2011,26(2):5.

[196] 戚林,郝士琦,李今山．基于有限域欧几里得算法的 RS 码识别[J]．探测与控制学报,2011,33(2):5.

[197] 王平,曾伟涛,陈健,陆继翔．一种利用本原元的快速 RS 码盲识别算法[J]．西安电子科技大学学报,2013,40(1):105－110,168.

[198] LIN S,COSTELLO D. Error Control Coding[M]. 2nd edition. Upper Saddle River,N. J:Pearson,2004.

[199] KAI Z,HUANG X,WANG Z. High－throughput layered decoder implementation for quasi－cyclic LDPC codes[M]. IEEE Press,2009,27(6):985－994.

[200] LI Z,CHEN L,ZENG L,et al. Efficient encoding of quasi－cyclic low－density parity－check codes [J]. IEEE Transactions on Communications. 2006,54 (1):71 － 81.

[201] BS 11/30254299 DC. BS ISO 22641. Space data and information transfer systems. TM(telemetry)synchronization and channel coding[S]. 2011. 11. 11.

[202] IEEE 802. 11az－2022. IEEE Standard for Information Technology—Telecommunications and Information Exchange between Systems Local and Metropolitan Area Networks －－Specific Requirements Part 11:Wireless LAN Medium Access Control(MAC) and Physical Layer (PHY)Specifications Amendment 4:Enhancements for Positioning[S]. 2023. 03. 03.

[203] IEEE B E. IEEE Standard for Local and metropolitan area networks Part 16:Air Interface for Broadband Wireless Access Systems[C] // IEEE Std 802. 16－2009 (Revision of IEEE Std 802. 16－2004). IEEE,2009.

[204] 3GPP. NR. Multiplexing and channel coding,38. 212 [R]. 2018. Version 15. 0. 0.

[205] MITCHELL D,SMARANDACHE R,JR D C. Quasi－Cyclic LDPC Codes based on Pre－Lif-

ted Protographs[J]. IEEE,2014,60(10):5856-5874.

[206] 刘宗辉. 交织和分组码参数盲估计与识别技术[D]. 成都电子科技大学,2011.

[207] RICE B. Determining the Parameters of a Rate 1/n Convolutional Encoder over GF(q) [C] // Proc. 3rd International Conference on Finite Fields and Applications, Glasgow, 1995.

[208] GAUTIER R, MARAZIN M, BUREL G. Blind Recovery of the Second Convolutional Encoder of a Turbo-Code when Its Systematic Outputs are Punctured[J]. 7th IEEE Communications, 2008.

[209] BARBIER J. Reconstruction of Turbo-code encoders[J]. Proceedings of SPIE - The International Society for Optical Engineering, 2005, 5819:463-473.

[210] FILIOL E. Reconstruction of convolutional encoders over GF(q)[J]. Springer-Verlag, 1997.

[211] 邹艳. 信息截获与处理的容错技术研究[D]. 上海:复旦大学,2006.

[212] 刘健,陈卫东,周希元,等. 一种容误码的卷积码编码参数盲识别方法:CN200910074411.4[P]. 2009-10-14.

[213] 邹艳,陆佩忠. 关键方程的新推广[J]. 计算机学报,2006,29(5):8.

[214] WANG F, HUANG Z, ZHOU Y. A Method for Blind Recognition of Convolution Code Based on Euclidean Algorithm[C] // International Conference on Wireless Communications. IEEE, 2007.

[215] 解辉,王丰华,黄知涛. 基于改进欧几里得算法的1/2码率卷积码盲识别方法[J]. 电子对抗,2010(1):5.

[216] 刘健,王晓君,周希元. 基于Walsh-Hadamard变换的卷积码盲识别[J]. 电子与信息学报,2010(4):5.

[217] DINGEL J, HAGENAUER J. Parameter Estimation of a Convolutional Encoder from Noisy Observations[C]IEEE Isit. 2007.

[218] MOON T K. The expectation-maximization algorithm[J]. IEEE Signal Processing Magazine, 1996, 13(6):47-60.

[219] MARAZIN M, GAUTIER R, BUREL G. Dual Code Method for Blind Identification of Convolutional Encoder for Cognitive Radio Receiver Design[C] //2009 IEEE Globecom Workshops, 2009.

[220] GOLUB G, LOAN A. Matrix Computations[J]. Mathematical Gazette, 2011, (168):1-9.

[221] MARAZIN M, GAUTIER R, BUREL G. Blind recovery of k/n rate convolutional encoders in a noisy environment[J]. EURASIP Journal on Wireless Communications and Networking, 2011(1):168.

[222] SICOT G, HOUCKE S. Blind detection of interleaver parameters[C] // IEEE International Conference on Acoustics. IEEE, 2005.

[223] PROAKIS J, SALEHI M. Digital Communications [M]. New York: McGraw-Hill, 2007.

[224] RAMSEY J. Realization of optimum interleavers[J]. IEEE Transactions on Information Theory, 1970, 16(3):338-345.

[225] FORNEY G. Burst-Correcting Codes for the Classic Bursty Channel[J]. IEEE Transactions on Communication Technology, 1971, 19(5):772-781.

[226] SICOT G, HOUCKE S. Blind detection of interleaver parameters[C] //IEEE International Conference on Acoustics. IEEE, 2005.

[227] SICOT G, HOUCKE S. Theoretical Study of the Performance of a Blind Interleaver Estimator [C] //Proc. ISIVC 2006, Hammamet, Tunisia, 2006.

[228] LU L, LI K H, YONG L G. Blind Detection of Interleaver Parameters for Non – Binary Coded Data Streams[C] //IEEE International Conference on Communications. IEEE, 2009.

[229] BUREL G, GAUTIER R. Blind Estimation of Encoder and Interleaver Characteristics in a Non Cooperative Context[J]. Nrnaonal Onfrn on Ommnaon, 2003.

[230] 甘露,刘宗辉,廖红舒,等. 卷积交织参数的盲估计[J]. 电子学报,2011,39(9):2173 – 2177.

[231] GAN L, DAN L I, LIU Z H, et al. A low complexity algorithm of blind estimation of convolutional interleaver parameters[J]. Science China Information Sciences, 2013(4):1 – 9.

[232] 解辉,王丰华,黄知涛. 卷积交织器盲识别方法[J]. 电子与信息学报,2013,35(8):1952 – 1957.

[233] PROAKIS J, SALEHI M. Digital Communications [M]. New York: McGraw – Hill, 2007.

[234] 张天宇. OTN 的前向纠错技术[J]. 电信技术,2011(4):81 – 83.

[235] 侯建,王剑,张前恩. 无人机面临安全挑战[J]. 科学大观园,2012(5):41.

[236] 马林立. 外军网电空间战:现状与发展[M]. 北京:国防工业出版社,2012.

[237] 苏晓琴,郭光灿. 量子通信与量子计算[J]. 量子电子学报,2004(6):706 – 718.

[238] LIU X B, KOH S N, CHUI C C, et al. A Study on Reconstruction of Linear Scrambler Using Dual Words of Channel Encoder[J]. IEEE Transactions on Information Forensics & Security, 2013, 8(3):542 – 552.

[239] 黄芝平,周靖,苏绍璟,等. 基于游程统计的自同步扰码多项式阶数估计[J]. 电子科技大学学报,2013,42(4):5.

[240] 伍文君,黄芝平,唐贵林,等. 含错扰码序列的快速恢复[J]. 兵工学报,2009,30(8):1134 – 1138.

[241] LIU X, KOH S N, WU X W, et al. Reconstructing a Linear Scrambler with Improved Detection Capability and in the Presence of Noise[J]. IEEE Transactions on Information Forensics & Security, 2012, 7(1):208 – 218.

[242] CLUZEAU M. Reconstruction of a Linear Scrambler[J]. IEEE Transactions on Computers, 2007, 56(9):1283 – 1291.